Introduction to Energy Resources Scientifically

（Review Energy Realm from Materials）

能源科学概论

（能源·材料）

主　编　姜洪舟

主　审　刘　伟　傅正义

王志峰　麦立强

U0370428

武汉理工大学出版社

Wuhan University of Technology Press

【内容简介】

本教材的"核心"是电能。作为最高级能源,电能在当今社会获得了最广泛的应用。电能属于"二次能源",即电能是从其他能源转换而来的。怎样有效、稳定、高效、清洁地将"一次能源"转换为电能,便是编撰本教材的根本出发点。为此,本教材的主要内容是关于发电技术及其材料、储能技术及其材料以及节能减排技术。

本教材的特点:从材料介质的视角来认识能源,既展示了众多亮丽的科技成就,又按照科学与逻辑的思路来设计各章节顺序,还深入浅出、分门别类地介绍能源及其开发方面的专业基础知识,尤其重点介绍新能源开发、能量储存与利用、新能源材料、节能减排等方面的技术原理。

本教材面向能源、材料等学科专业,编写目标是为这些专业的学生打下良好的能源科学基础,同时也能够为学生以后从事相关的科研活动与研发工作而提供坚实的理论知识支撑与先进技术支持。

若未特别指明,本教材所使用的物理量单位和量纲,均为国际单位制(SI 制)中的单位和量纲。

图书在版编目(CIP)数据

能源科学概论/姜洪舟主编.—武汉:武汉理工大学出版社,2024.8
ISBN 978-7-5629-6917-4

Ⅰ.① 能… Ⅱ.① 姜… Ⅲ.① 能源-高等学校-教材 Ⅳ.① TK01

中国国家版本馆 CIP 数据核字(2023)第 254682 号

武汉理工大学本科教材建设专项基金项目
武汉理工大学材料学院出版基金资助教材

能源科学概论(能源·材料)

Nengyuan Kexue Gailun(Nengyuan·Cailiao)

项目负责人:田道全 王兆国		**责 任 编 辑**:雷红娟	
责 任 校 对:王 威		**封 面 设 计**:蔡 倩	

出 版 发 行:武汉理工大学出版社
社 址:武汉市洪山区珞狮路 122 号
邮 编:430070
网 址:http://www.wutp.com.cn
经 销:各地新华书店
印 刷:武汉市洪林印务有限公司
开 本:889×1194 1/16
印 张:13.25
字 数:401 千字
版 次:2024 年 8 月
印 次:2024 年 8 月第 1 次印刷
印 数:1—2000 册
定 价:49.00 元

凡购本书,如有缺页、倒页、脱页等印装质量问题,请向出版社发行部调换。
本社购书热线电话:027-87515778 87515848 87785758 87165708(传真)
·版权所有 盗版必究·

《能源科学概论》编审委员会

主审(按教材章节排序):

刘伟　傅正义　王志峰　麦立强

主审专家简历二维码

编审委员会专家(按照姓氏拼音排序):

程晓敏　潘　牧　沈　强　唐新峰　王　涛
吴劲松　徐　林　殷官超　张高科　周启来

编审委员会专家简历
二维码

策　　划：田道全　王兆国
责任编辑：雷红娟
总　编　辑：张青敏

《能源科学概论》编写人员等

主　编:姜洪舟[1]

副主编:王桂明[1]　李洪斌[1]　蒋玉荣[2]

　　　1—武汉理工大学材料科学与工程学院

　　　2—河南师范大学物理学院、河南省先进半导体与功能器件集成重点实验室

参　编:饶美娟　蹇守卫　肖俊彦　(武汉理工大学材料科学与工程学院)

　　　赵青南　(武汉理工大学材料研究与测试中心)

　　　夏冬林　(武汉理工大学硅酸盐建筑材料国家重点实验室)

整理材料:夏梦玲

视频整理:岳鹏宇　李　新

提供影像友人:李娟娟　王晓梅　杨新萍　姜进宪　李志伟　李福洲

前　言

小时候,我们就曾经有仰望天空的幻想,那是我们天真朦胧的童心!上学以后,我们有了科学的梦想,那是我们对于认知自然规律的向往!心在高等学校的我们,又会跟随着本教材而步入"能源·材料"的科学殿堂,让我们在这个神圣殿堂中享受能量之源、材料之本!

从科学的角度来说,能量就是指:做"功"的能力。能量的本质造就了各种能源(energy source),即能量之源。通常来说,能源是较为集中的含能体或运动过程。也就是说,凡是能够直接获取(或者经过转换后可以获取)某种能量的自然资源或者自然力量都可以作为能源。能源让人类获得了从事各类社会活动所需的原动力。当然,人类希望的能源是那些(可有效且高效利用的)优质、稳定、清洁、可再生能源。这是能源类专业相关课程必须传授的知识。

材料之本是指材料的性能,它们可为能源的开发与利用而提供基础支持。作为高等学校材料类专业相关课程所用教材,其重点放在"能源"与"材料"的契合点上,即从材料的角度来阐释能源世界。基于此,清洁能源、可再生能源、能源发电、能量储存、节能减排、能源材料也就成为本教材的几大主题词。

在能源领域,能量是以多种形式存在的,例如,热量、动力、电能……。对于现代社会,电能的应用最为广泛。这是由于电能是最高级能量,具体来说,电能至少有以下四大优点:(1) 使用效率高;(2) 控制精度高;(3) 长距离输送便利;(4) 使用时几乎无环境污染。

上述这四大优点对于十分讲究"可持续发展"的现代社会而言是极其重要的。因此,"电"也就成为现代文明社会的重要标志之一,即现代社会离不开电能。人们甚至于无法设想:假若没有电能存在,现代人类怎么生活?

为此,在现代社会中,大多数能源都要转换为电能来使用。这种转换就涉及能源开发、能量转换、能量传递、能量输送、能量利用以及能量储存等问题。当然,人们也应认识到:并非所有能源都能够被开发利用,即便是那些可以开发利用的能源,其能量利用效率也是低于100%。这就是说,地球上并不缺乏能源,人类需要的是那些可以被开发利用的能源(utilizable energy resource);地球上也不缺乏能量,人们想获得的是那些高品质的能量(high-quality energy);地球上亦不缺乏能量供给,人们渴望的是那些不会对环境造成很大伤害的清洁能量供给(clean energy supply)。

当今社会,人们正在夜以继日地、不可逆地开发利用以及大量地消耗地球上那些(原本就少有的)可开发能源。这种行为在造福人类的同时,也给环境与生态带来了巨大破坏。例如,人类曾经长期且大量地以柴草、秸秆、化石燃料作为能源,而且对其粗放利用与随意挥霍,这加速了地球人气层中的"温室效应",导致地球表层空气的平均温度不断上升。任何问题都有"从量变到质变"的过程,于是,人类的上述行为也直接或间接地导致了烟尘、雾霾、沙尘暴、局部干旱、局部洪涝、冬天异常寒冷、夏天过度炎热等极端气候。

为此,人们需要树立正确的"能源开发与能量利用"意识,而且还要将正确的意识转化为自觉的行动,这也是需要通过本教材向学生传授清洁能源开发利用知识而非纯粹能源知识的缘由所在。这也正符合中国古人所阐述的理念:"一年之计,莫如树谷;十年之计,莫如树木;百年之计,莫如树人"(引自:《管子·权修》)。

随着传统能源开发对环境的副作用越来越突显,无论国际层面,还是国家层面,人们都越来越重视清洁能源与可再生能源的开发利用。这些新能源开发都需要能源材料的支持。因此,本教材是从材料的角度来介绍能源的规律及其开发利用技术。

管子曰:"物之所生,不若其所聚"(引自《管子·轻重甲篇》)。这里,我们借用这个理念有两层含义:其一,将能量集中开发利用(提高能量密度),可以大大提高能源的有效利用率,这正是能源高效开发利用的本质所在;其二,我们借助科学逻辑的思路,将众多的能源科学知识"聚合"在本教材有限的篇幅中,这既有利于"教",也有利于"学"。

码 0.1

辩证唯物主义者认为,宇宙由两类事物构成:运动与物质。运动蕴藏着能量,物质造就了材料,因此,本教材的副标题是"能源·材料",即从材料角度来看能源世界。于是,能源与材料有机融合,这便是本教材的一大特色,这也是符合新时代教育体系提倡的学科交叉融合之特性(参见码 0.1)。

为进一步诠释本教材的该特色,这里借用数学中的"坐标"概念来表述之,即"人一生最重要的是:通过不懈努力找到自己的理想坐标;物理量最重要的是:通过相关变化找到自身的优化坐标;教科书最重要的是:通过课程匹配找到教材的合理坐标;章与节最重要的是:通过逻辑推理找到各自的科学坐标"。本教材正是从能源本质与能源介质的角度来设置各章节的,即把所介绍的内容按照科学与逻辑的思路分散在相关章节的"坐标"之中。这样,不仅能够让读者学习到有关的能源知识,也能够让读者了解到相关的能源材料知识(尤其是新能源材料方面的知识),以便于读者正确认识与合理掌握各个知识点在整个能源"坐标系"中的位置。这在一定程度上可以深化读者对于各个知识点及其相互联系的理解,还能够提升读者的学习兴趣,从而让他们感到"学之所值、学有可期、学而实用"。

综上所述,本教材是为材料类或能源类专业的学生学习能源工程、能源材料等方面的知识所编撰的,即本教材是为这些专业中的相关课程服务的。当然,作为通用知识类教材,我们既希望本教材被选为相应课程所用教材,也希望它能够作为有关科技人员"充电"时的重要参考书。

最后,向能源行业与材料领域内各行各业辛勤耕耘的众多人士及他们所取得的成果表示深深的敬意与衷心的谢意!

编者

2023 年 9 月

知之者不如好之者,好之者不如乐之者。

——孔夫子(儒家之先师)

假如没有热情,世界上任何伟大的事业都不会成功。

黑格尔(德国哲学家)

目　　录

二维码目录

1 绪 论

能源与能量分别是现代社会保持正常运转的"心脏"与"血液"。如果没有能源来提供能量,也就没有现代化社会。

现代社会中的各行各业都需要能源的支撑。所以说,能源乃是人类物质文明和技术进步的核心支柱之一。然而,想要正确地认识能源,继而合理、有效、高效地开发利用能源,首先需要弄清楚能量产生的根源。

按照目前的认知水平,科学家普遍认为:人类可观测的宇宙起源于一次奇点大爆炸(big bang),大爆炸的瞬间只有极高的能量。此后,在希格斯场作用下,部分能量很快转换为大量极端渺小的微观粒子(例如,像夸克、电子这样的基本粒子)。不同的夸克组合形成了质子与中子,质子与中子又构成原子核,原子核捕获与约束电子后便构成了原子(即形成最早的元素)。按照这个演化规律,自从宇宙大爆炸发生起,3 min 后就有大量的轻原子核出现。然而,还需要超过 38 万年的漫长演化,才会产生第一批轻元素(大量的氢,少量的氦,微量的锂、铍)。这就标志着物质时代的到来。后来(自从大爆炸发生起,超过 5000 万年以后),在引力场与核聚变的共同作用下,才形成了第一批恒星。再后来,恒星内部的持续核聚变、超新星爆炸、超新星合并等因素又导致了更多元素产生[①]。这样,就使得(迄今可探测到的)物质世界更加丰富多彩,即"万物之始,大道至简,衍化至繁"(引自《道德经》)。有关这方面的更多资料,如码 1.1 中所述。

码 1.1

有了物质,也就有了与之相关的能量,即在物质中蕴藏着极大的能量,这是根据伟大的科学家阿尔伯特·爱因斯坦(Albert Einstein)的狭义相对论而推导出的质能公式(或称:质能方程,其推导过程见码 1.1 中所述)而推衍的结论,具体为:

$$E = mc^2 \tag{1.1}$$

式中　E——能量,J;

　　　m——质量,kg;

　　　c——真空中的光速,$c = \dfrac{1}{\sqrt{\varepsilon_0 \mu_0}} \approx 3 \times 10^8$ m/s[②]。这里,ε_0 为真空中的介电常数,$\varepsilon_0 =$

8.854187817$\times 10^{-12}$ F/m;μ_0 为真空中的磁导率,$\mu_0 = 4\pi \times 10^{-7}$ N/A^2。

在明白了能量产生的根源以后,如果想有效地开发与利用能量来造福于人类社会,还需要弄清楚能量的本质规律,首先需要知道"能量的转换规律"。

在自然界中,能量转换规律遵循的两个最基本原则是:第一,质能守恒原理;第二,最低能量原理。

关于**质能守恒原理**,它取决于质能公式 $E = mc^2$,但是,c^2 这个数值非常之大(约 9×10^{16} m^2/s^2),因此,质量减少会导致巨大的能量释放,例如,发生核爆炸时(核裂变或核聚变)因质量亏损会释放出

[①] 从核能角度来看,自然界中能量最低的元素是铁-56($^{56}_{26}$Fe)。在地球中,自然存在的最重元素是铀($_{92}$U),它主要包括^{238}U 以及少量的^{235}U、微量的^{234}U)。地球中,天然镎($_{93}$Np)几乎不存在(只是在极个别的铀矿中曾发现过极其微量的天然镎);在地球中,天然钚($_{94}$Pu)不存在,何况更重的元素。

[②] 1983 年 10 月在法国巴黎召开的第 17 届国际计量大会规定:真空中光速的精确值为 299792458 m/s。

巨大的能量;反之,在释放能量时,按照质能公式,质量也会有损耗,只是由于 $1/c^2$ 值极其小(约 $1.1\times10^{-17}\ \mathrm{s^2/m^2}$),所以,在核能以外的领域,由能量释放所导致的质量损耗非常非常小(小到将其忽略也不会造成任何明显的误差),于是,质能守恒原理也就简化为质量守恒原理与能量守恒原理(即可以分别进行质量平衡计算与能量平衡计算)。

能量最低原理是指:任何的能量状态总是具有自发地向着比它更低能量状态进行转变的趋势,这也就是说,低能态比高能态能够更稳定地存在。

经过上述科学分析与简化,便可知道:自然界的能量转换过程遵循两个最基本原理——能量守恒原理(law of conservation of energy)与能量最低原理(minimum energy principle)。

码 1.2

茫茫宇宙,能量浩瀚。这就是说:自然界中的能源极其巨大。在广袤的宇宙之中,尽管地球是一个极其渺小的天体,然而,这个天体上也蕴藏着巨大的能量,如码 1.2 所示,例如,核能、太阳能、大气层中各种能量、水力能、潮汐能以及海洋中各种能量、地质能、生物质能、燃料的化学能等。当然,就地球存在的上述能源而言,除了核能、地质能以及潮汐能以外,其他所有的能量均来自太阳能(实质上,太阳能本身就是核聚变能的释放)。

地球上的能量虽然众多且丰富,但是,这些能量并非都可以得到有效利用。有些能量尽管非常巨大,但是,人们至今也无法实现对其可控的有效利用,例如,大气层中的闪电具有极其巨大的能量,然而,人们没有找到能够利用它的可控有效方法。同样,火山爆发时产生的巨大能量、发生地震时释放的巨大能量、台风与龙卷风等强风拥有的巨大能量,人们也没有找到能够可控地利用它们的有效方法。还有,关于海洋中巨大能量的开发利用、地球上核聚变能的和平利用也都是困扰人们的很大难题。所以说,当前地球上的可开发能源(exploitable energy source)只占地球上能量总和之中非常渺小的一部分。这也是人类社会有可能发生能源危机的重要原因之一,因此,人们要有节能意识。

码 1.3

关于地球上能源的有效利用,其实早在远古时代,我们的先人们就曾经有过一些尝试(例如,人们利用传统的风车、水车作为人工劳作的辅助动力)。只是人类社会大规模地有效利用可开发能源,则是在英国发明家瓦特[1]改进了纽科门蒸汽机而且将其作为动力源以后(如码 1.3 所述)。这一次的能源动力革命也推动实现了第一次工业革命(the first industrial revolution)。从此以后,人类便进入了大规模利用能源的时代。

码 1.4

当然,上述蒸汽机后来被效率更高的涡轮机(turbine)、内燃机(internal combustion engine)等动力机所替代。而且,在第二次工业革命(或称:电气革命,如码 1.4 所述)之后,现代能源的结构形式逐渐归整到电力能源(简称:电能)。这是因为,电能在使用的高效性、输送的便利性、控制的精确性、环境的清洁性等诸多方面都表现出更优越的性能。

在当今社会,除了火箭、(燃油或燃气的)机动车以及船舰艇舟、火力发电、一些材料的生产过程、冬季取暖、食品烹调等仍然是以燃料燃烧为主要动力源或热源[2]以外,大部分行业都以电能为能源。即便是不以电能为主要能源的上述几大应用中,电能也是其必不可少的能源。在现代化社会,人们甚至无法预计没有电力供应的后果。当然,作为二次能源的电能,它既来自一次能源,也是一次能源有效利用的最重要体现。

电能的最大缺点是本身难以有效地储存,尤其是交流电,很难找到其直接储存方法(交流电直接储存的唯一方法就是通过低温超导线圈)。直流电能够找到一些有效的直接储存方法,例如,蓄电池、超级电容器、低温超导线圈等,尤其是蓄电池与超级电容器,它们已经成为当今的热点领域。

正是由于电能在现代能源结构中所起到的作用十分关键、不可替代,而且拥有极高的使用效率,

---

① 詹姆斯·瓦特(James Watt,1736—1819),英国人,1736 年 1 月 19 日出生于苏格兰的格林诺克(Greenock)。因为他将纽科门蒸汽机(Newcomen steam engine)改进为高效的蒸汽机,从而被后世所敬仰。

② 当今,非电力能源作为"动力源"的主要实例有:利用原动机提水、助推、驱动、制热、制冷等。非电力能源作为"热源"的主要应用有:材料的干燥、热制备与热加工、冬季室内采暖、各种饮食烹饪等。

因此,本教材主要是围绕着电能而展开。或者说,有关发电技术、储电技术、节电技术的介绍便构成了本教材的核心内容。

按照主体工作介质来分类,有效发电的方法主要有三种:第一是流体动力发电;第二是能源材料发电;第三是生物质发电。

就流体动力发电方式而言,传统的火力发电方式(特别是燃煤发电)尽管对于人类社会的现代化进程做出过不可磨灭的贡献,而且至今仍是主要的电力供应源,但是,它所导致的副作用也是巨大的,人类社会为此付出了极大的环境代价和生态代价,例如,燃料燃烧排放的温室气体、有害物质与粉尘微粒等排放物给环境、气候与生态造成了很严重的负面效应(全球气候变暖、极端天气频繁再现、偶尔可见的雾霾等环境事件都与其有很大的关联)。这迫使人类不得不寻求更清洁的能量供应源,以保持"与环境友好、与环境和谐、与环境协调"的发展模式。

当前,就地球上可开发的一次能源而言,清洁能源主要包括:太阳能、水力能、风能、潮汐能与部分海洋能、地热能、氢能(绿氢或白氢)、生物质能等。

在现代能源构成中,作为主要能源供应的化石燃料(例如,煤、石油、天然气等)皆是不可再生的能源,它们是历经了亿万年的地质演化而留给当今人类的宝贵遗产。另外,对于曾经作为新能源的核裂变发电,其所用的核燃料也是有限的、不可再生的。因此,这些能源是"用之少,少而竭,竭而尽"。这种现实促使人类必须去寻求可再生能源[①]的供应,以保持人类社会的可持续发展。当今,地球上可再生能源的供应主要有:太阳能、水力能、风能、潮汐能与部分海洋能、地热能、生物质能、可燃废弃物的化学能等能源。

1.1　能量本质及其性质

1.1.1　能量的本质与能源的概念

从哲学角度来说,能量(energy)的本质为:能量是一切物质的运动、变化以及相互作用之度量。从广义角度来说,能量是指:可以产生某种效果或者可以产生某种效果变化的能力(反过来讲,也就是:产生某种效果或者产生某种效果变化的过程必然伴随着能量的消耗或能量的转换)。当然,简单来讲,能量是指"做功的能力",这也是"功能转换"原理的本质所在。

能量可以产生有益的效果,例如,利用能量提供动力、利用电能使电子元器件工作。然而,能量也会造成破坏,比如,某物体被损坏就是它被迫地吸收了过多能量后而导致其内部结构被破坏,同样,人体骨骼被迫吸收了过多能量后,也会遭受损坏。基于此,人们研发了很多类型的吸能材料来为产品或者人体提供保护,如码1.5中所述。能量具有正、反效果的另一个实例是:核衰变产生的核放射能,可以被核电池用来发电(参见第2.2.4.2)。然而,核放射能也会对材料造成破坏、核放射能还会对人体造成损害。

码 1.5

人类需要能量,人们利用能量之目的就是让其产生对人类有益的效果。这就是说,人们要科学地、适度地开发能源以造福于人类,而不是加害于人类。

关于能源(energy resource),在不同的资料中有着不同的表述。这里,遴选的表述是:凡是能够直接获得某种能量,或者经过转换而获得某种能量的自然物质或过程都可以称之为能源。

当然,从哲学观点来说,事物总是一分为二的。在能源提供能量进而产生有益效果的同时,必然

[①]　可再生能源(renewable energy source)是指:在可以预见的、有限的时间段内,能够得到不断补充以弥补其消耗量,从而使其总量大体保持平衡的那些能源。

会产生一些对环境有害的副作用。这就是说,人类发展必然要消耗能量,然而,能量消耗所带来的那些(对于环境有害的)副作用则是人类不希望的、是要尽可能减少的、是要千方百计防止其危害的。这也就是"与环境友好型、与环境和谐型、与环境协调型"的可持续发展模式。

在地球上,能源是以热能、动能、势能(重力势能以及像变形能、压能、表面能这些非重力势能)、声能(特殊的机械能)、电能、磁能、电磁波(包括:γ射线、X射线、紫外线、可见光、红外线、微波、无线电波)、化学能、电化学能、核能、生物质能等能量形式存在的,而且,也是以这些能量形式加以利用的。

如果将这些能量形式做适当的归纳总结,则主要有七大类能量:热能、机械能、电能(注:电磁相关)、辐射能、化学能、核能、生物质能。关于这些能源的概述,见第1.2.2小节。

就材料领域而言,电能的应用范围最为广泛。同时,新型能源材料主要是为了将光能、热能、化学能、生物质能等能量形式转换为电能;或者,将电能转换为化学能、静电能、磁能、光能(或其他波段的辐射能)、声能等能量形式来高效地、多模式地、多渠道地、多姿多彩地储存或释放在恰当的场合,或者找到最合适的用途。

1.1.2　能量的性质

能量的性质主要表现在六个方面:状态性、可加性、传递性、转换性、做功性与贬值性。

(1) 能量的状态性是指:能量取决于相应物质所处的状态,即物质的状态不同,物质所具有能量的数量与质量也就有所差异,例如,就常用的能量体系而言,基本的状态参数有以下两类:

第一类称为:强度量(例如,温度、压强、速度、电势、化学势等)。由于强度量与物质的量无关,所以任何强度量都不具有"加和性"。

第二类叫作:广延量(例如,体积、动量、电荷量、物质量等)。广延量与物质的量有关,正因为如此,每个广延量都具有"加和性"。

关于具体的状态参数,如果以热力系统中的工作介质(简称:工质)为例,则状态参数就是温度T、压强p与体积V(这三个量实质上是相互关联的,它们的自由度为2)。于是,热力系统中工质的能量状态便可以表示为:

$$E=f(T,p) \quad 或 \quad E=f(T,V) \quad 或 \quad E=f(p,V) \tag{1.2}$$

式中　E——工质的能量,J;

T——工质的温度,K;

p——工质的压强,Pa;

V——工质的体积,m³。

(2) 能量的加和性(或称:可加性)是指:物质的量不同,物质具有的能量也有差异。总能量等于全部相关物质具有的能量之和,即一个体系获得的总能量等于输入该体系的多种能量之和。于是乎,能量的"加和性"可表示为:

$$E=E_1+E_2+\cdots+E_n=\sum_{i=1}^{n}E_i \tag{1.3}$$

式中　E——某一体系中物质的总能量,J;

E_i(即E_1、E_2、$\cdots$、E_n)——同一个体系中各种物质拥有的能量,J。

(3) 能量的传递性是指:能量既可以从一种物质传递给另一种物质,也可以从一个位置传递到另一个位置。例如,作为能量之一的热能就可以被传递,热量传递的过程也叫作:传热过程,它所对应的学科被称为:传热学。

(4) 能量的转换性是指:各种形式的能量可以相互转换,而且,其转换的方式、转换的数量、转换的难易程度不尽相同,即它们之间的转换效率不一样。研究能量转换的核心任务是要设法提高能量的转换效率,因此,本教材注重的是:怎样才能够更合理、更有效、更高效地将(可开发利用的)一次能源转换为高品质的电能(二次能源)。

(5) 能量的做功性是指:利用能量来做功,这就是利用能量的基本手段与主要目的。能源的根本用途之一是被用来获得能量从而产生做功的能力,这里所说的功是"广义功",通常情况下,主要是指"机械功"。

一般来说,按照"能功转换"程度的差异,能量又被划分为:无限制转换能(能量可以全部转换为功,例如,利用电能通过超导输电线去做功)、有限制转换能(能量只能部分转换为功,例如,利用热能做功)、不转换能(那些不能够转换为功的能量,例如,散失在环境中的热量)。

按照通常的称谓,"无限制转换能"叫作:高质能(或称:高品质能);"有限制转换能"叫作:低质能(或称:低品质能);"不转换能"叫作:废能。

能量的做功性也可以用能级 λ(或称:品质系数)来表征,即:

$$\lambda = \frac{E_x}{E} \tag{1.4}$$

式中　λ——能级(能量的品质系数),无量纲;

　　　E_x——㶲(有用能),参见式(1.16),J;

　　　E——能量,J。

(6) 能量的贬值性是指:在能量的传递与转换过程中,由于某些不可逆因素的存在,总会伴随着一些不可避免的、不可逆的能量损失。这表现为能量品质的降低(即能量做功能力的降低,甚至达到与环境状态平衡从而失去做功的能力,即成为废能),这方面两个典型的实例就是"热物质表面向环境散热"与"被动式摩擦生热"。在热力过程中,能量的贬值性可以用贬值能 E_0 来表征,即:

$$E_0 = T_0 \Delta S \tag{1.5}$$

式中　E_0——贬值能,J;

　　　T_0——环境温度,K;

　　　ΔS——热力系统的熵值增量,J/K。

1.2　能量的根源、类型与规律

正如以上所述,广义上的能量是指:可以产生某种效果或者可以产生某种效果变化的能力。而在狭义上,能量可以理解为"能够做功的能力",所以,在物理学中有"功能转换"之说。

1.2.1　能量根源

根据爱因斯坦的质能公式 $E = mc^2$,所有的能量都与质量有关,所以,能量产生都是以相应物质的部分质量"亏损"为代价。尽管有时人们会注意这个问题(例如,核能领域),然而,在大多数情况下,人们会将该问题予以忽略。这里,以两个具有相同出力的发电厂为例[1]来说明这个问题:假设有一个发电功率为 600 MW 的燃煤发电厂在连续不断地工作,每年消耗煤量约为 2×10^6 t;同样,某个发电功率为 600 MW 的核裂变发电厂也在连续不断地工作,每年大约消耗铀矿 1 t。若从能量转换的角度来看(即从质能公式 $E = mc^2$ 的角度来看),上述这两个发电厂每年因为能量转换所造成的质量"亏损"都在 640 g 左右,这也就是说,无论是化学反应还是核裂变过程,如果它们产生的能量相同,则它们在能量转换过程中所造成的"质量亏损"也应该相同。然而,就相对质量亏损(质量亏损量与质量消耗量之比)而言,前者则要比后者小得多,前者为 $640/(2 \times 10^6 \times 10^6) \times 100\% = 3.2 \times 10^{-8}\%$;后者则为 $(640/10^6) \times 100\% = 0.064\%$。显然,$3.2 \times 10^{-8}\%$ 是一个非常渺小的数字,人们完全可以将它忽略;然而,对于 0.064%,这并非一个极其小的数字,人们自然会予以关注。

反过来说,若能够准确地测量出能量转换过程中的质量亏损,便可根据质能公式 $E=mc^2$ 准确地计算出所产生能量的大小。然而,在非核能的实际能源工程中,质量亏损的数值确实太小太小了,$\Delta m=\Delta E/c^2 \approx \Delta E/(3\times10^8)^2 \approx 1.1\times10^{-17}\Delta E$。如此渺小的数值,在非核能的实际工程中很难(甚至无法准确地)将其测量出来,所以,在非核能的实际能源工程领域中,关于能量的计算、能量的分析与能量的探讨,仍需要沿用经典物理学中的理论来分门别类地解决。

1.2.2　能量类型

（1）热能

构成物质的微观粒子始终处于运动状态。对于无序运动的大量微观粒子,它们的动能与势能之"总和"的宏观表现便是热能。所以说,**热能是微观粒子无序运动的能量在宏观世界的综合表征**。

热能是最基本的能量表现形式,所有其他形式的能量都可以转换为热能。热能的多少便是热量,热量通常是用温度的高低来表征,即温度高低表征了微观粒子运动的激烈程度。在热力学中,热量则是用"熵值"的变化来表述,具体如下式所示。

$$Q=\int T\,\mathrm{d}S \tag{1.6}$$

式中　Q——热量(热能的多少),J;

　　　　T——热力系统的温度,K;

　　　　S——热力系统的熵值,J/K。

码 1.6

（2）机械能

机械能有两种:一是与物质宏观运动有关的能量;二是因物质空间状态而蕴藏的能量。前者被称为:动能 E_k(kinetic energy 或 dynamic energy);后者叫作:势能 E_p(或称:位能,potential energy)。有关这两种能量的拓展,如码 1.6 所述。

物质的动能 E_k 与其运动速度 v 有关,具体计算公式可以根据动量公式(牛顿第二定律变换而来)与能量本质而推导出来,即根据"冲量等于动量差"和"能量本质是做功"这两个原理推导而来。这里,物质所受的合外力用符号 F 表示,单位:N;时间用符号 τ 表示,单位:s;物质的质量用符号 m 表示,单位:kg。于是,按照功能转换原理(能量=功=力×长度),便可以得到:

$$E_k=\int_0^l F\cdot \mathrm{d}l=\int_0^\tau F\cdot v\,\mathrm{d}\tau=\int_0^\tau F\,\mathrm{d}\tau\cdot v=\int_0^\tau v\cdot(F\,\mathrm{d}\tau)$$

将动量方程 $F\,\mathrm{d}\tau=\mathrm{d}(mv)$ 代入该式,便可以得到:

$E_k=\int_0^{mv} v\cdot \mathrm{d}(mv)=m\int_0^v v\,\mathrm{d}v=\dfrac{1}{2}mv^2$ [①],这便是物质动能 E_k 的计算公式,即

$$E_k=\frac{1}{2}mv^2 \tag{1.7}$$

式中　E_k——物质的动能,J;

　　　　m——物质的质量,kg;

　　　　v——物质的运动速度,m/s。

物质的势能 E_p 与物质的位置或状态有关,最常见的势能是物质的重力势能(gravity potential energy,或称:位置势能,简称:势能)$E_{p,g}$,除了重力势能以外,对于固体,还有弹性势能(或称:弹力能)$E_{p,e}$;对于流体,还有压力势能(简称:压能)$E_{p,p}$;对于液体与固体,还有表面势能 $E_{p,s}$。

这四种势能都可以按照"能量=功=力×长度"的原理与相关公式,再通过数学推导而得到各自

---

① 这里,只考虑牛顿力学体系(即质量不变)。如果考虑质量随速度而变的情况,那便会积分得到爱因斯坦质能公式 $E=mc^2$,至于具体的推导过程,请见码 1.1 中所述。

的计算公式(这方面的更多表述,见码 1.7 中所述)。

对于重力势能(通常称为:势能,任何物质都具有重力势能),做功的力就是物质的自身重力 mg,相应的长度是该物质重心所在的高度 H,所以,重力势能的计算公式为:

$$E_{p,g} = \int_0^l F \cdot dl = \int_0^H mg \, dH = mg \int_0^H dH = mgH$$

即

$$E_{p,g} = mgH \tag{1.8}$$

式中　$E_{p,g}$——物质的重力势能,J;

　　　m——物质的质量,kg;

　　　g——重力加速度,$g \approx 9.807 \, \text{m/s}^2$[①];

　　　H——物质相对于零势能面(或称:基准面)的垂直高度,m。

对于弹性势能(或称:弹力能,elastic potential energy,只有固体或黏弹性体才具有弹性势能),做功的力是弹性力,做功的长度是物体的弹性变形量。根据物理学中的胡克定律(Hooke's law),弹性力 F 的大小与弹性变形量 x 成正比,其比例系数为 k,于是,弹性势能的计算公式为:

$$E_{p,e} = \int_0^l F \cdot dl = \int_0^x F \, dx = \int_0^x kx \cdot dx = k \int_0^x x \cdot dx = \frac{1}{2} kx^2$$

即

$$E_{p,e} = \frac{1}{2} kx^2 \tag{1.9}$$

式中　$E_{p,e}$——固体(或黏弹性体)的弹性势能,J;

　　　k——胡克定律中的劲度系数(或称为:倔强系数,也叫作:弹性系数,coefficient of stiffness),$\text{N/m} = \text{kg/s}^2$;

　　　x——固体(或黏弹性体)的弹性变形量,m。

对于压力势能(常称为:压能,pressure potential energy,只有流体才具有压力势能),做功的力是压力(压力=压强×面积),做功的长度是流体流动的长度 l,所以,得:

$$E_{p,p} = \int_0^l F \cdot dl = \int_0^l pA \, dl = pA \int_0^l dl = pAl$$

即

$$E_{p,p} = pAl \tag{1.10}$$

式中　$E_{p,p}$——流体的压力势能,J;

　　　p——流体的压强,Pa;

　　　A——垂直于压力的作用面之面积,m^2;

　　　l——流体流动的长度,m。

对于表面势能(surface potential energy)$E_{p,s}$,它是由于物质表面原子的受力不平衡所引起。

就液体表面势能而言,做功的力是液体的表面张力 σ(单位液体边界周长上所承受的拉引力)与液体边界的周长 L 之乘积,做功的长度是液体边界法线方向上的拉伸量 y,于是,便可得到液体表面势能的计算公式为:

$$E_{p,s} = \int_0^l F \cdot dl = \int_0^y \sigma \cdot L \cdot dy = \sigma \cdot L \int_0^y dy = \sigma \cdot Ly = \sigma \cdot S$$

即

$$E_{p,s} = \sigma \cdot S \tag{1.11}$$

---

① 重力加速度 g 的数值与所在区域的纬度有关,但是,变化不大。例如,在赤道附近,$g = 9.780 \, \text{m/s}^2$;在北极地区,$g = 9.832 \, \text{m/s}^2$。国际上,将纬度为 45° 的海平面上所精确测得的物体重力加速度 $g = 9.80665 \, \text{m/s}^2$ 作为重力加速度的标准值。

式中　$E_{p,s}$——液体的表面势能,J;

　　　σ——液体的表面张力,N/m;

　　　S——液体相界面的面积,m^2。

就固体表面势能而言,它的宏观表现就是固体表面的物理吸附作用。固体表面势能也叫作:表面能。固体的比表面积越大,其表面能就越大,例如,粉体、多孔材料等就具有很大的表面能。

（3）电能

从微观角度说,电能是自由电子或离子①定向移动的结果。从宏观角度来看,电能有直流电（符号:DC,direct current）与交流电（符号:AC,alternating current）之分②。

直流电与交流电的能量计算公式是不同的,如果以单位时间的能量（即功率 P,单位:W）来表征,则它们的计算公式分别如下所述。

对于直流电,功率 P 的计算公式为:

$$P = UI \tag{1.12}$$

或

$$P = \frac{U^2}{R} \tag{1.12a}$$

或

$$P = I^2 R \tag{1.12b}$$

式中　P——直流电的功率,W;

　　　U——直流电的电压,V;

　　　I——直流电的电流,A;

　　　R——直流电负荷的电阻,Ω。

对于三相交流电,功率 P 的计算公式为:

$$P = \sqrt{3} \cdot UI \cdot \cos\phi \tag{1.13}$$

式中　P——交流电的功率,W;

　　　U——所用交流电源的线电压,V;

　　　I——交流电负荷的线电流,A;

　　　$\cos\phi$——交流电负荷的功率因数（或称:功率因子）,无量纲。

（4）辐射能

辐射能在本质上就是（温度大于绝对零度的）物质以电磁波的形式向外发射的能量。在自然界中,等于或小于绝对零度的物质是不存在的,因此,辐射能在自然界中普遍存在。对于地球上的人类,最常见且必不可少的辐射能就是来自太阳的辐射能（被称为:太阳能辐射,或称:太阳能）。

在科学领域,辐射能的大小用全辐射力 E（emissive power）的概念来表征。全辐射力的定义为:单位面积的物质在单位时间内、在其辐射的半球空间内所发射的总能量,单位:W/m^2。黑体辐射的全辐射力计算公式叫作:斯蒂芬-波尔兹曼定律（Stefan-Boltzmann law）③。对于实际物体,还需要再

①　自由电子与离子都属于载流子（carrier）。载流子的本意就是运载电流的微观粒子（current carrier）,或者说是运载电荷的微观粒子（charge carrier）。请注意:自由电子导电相对快,离子导电相对慢。以化学电池为例,其最基本的工作原理是:电极反应产生的自由电子通过外电路高速移动;电极反应产生的离子通过（电池内的）电解质快速移动。另外,还请注意,在半导体领域,自由电子往往会导致电子空穴（hole）产生。所以,半导体领域中将自由电子（常称:电子）与电子空穴（常称:空穴）统称为:载流子。

②　现代的机械运动,大多数来源于电动机的轴转动（转动再通过机械转换,就会产生各种运动）,在电动机转动方面,（具有交变电磁场的）交流电动机具有优势;而（正、负极固定的）直流电动机则需要换向器。但是,所有的电子元器件却都是在直流电驱动下工作。因此,交流电与直流电各有利弊,必须共存。交流电转换为直流电被称为:**整流**,相应的装置叫作:整流器（手机充电用的调配器就是整流器）;直流电转换为交流电被称为:**逆变**,相应的装置叫作:逆变器。交流电转换为直流电后再转换为交流电,这属于**变频**技术。

③　斯蒂芬-波尔兹曼定律实质上可以通过对普朗克定律（辐射的最基本公式）在全波长范围内（0→∞）积分来得到。

乘一个无量纲的系数,该系数叫作:发射率(emissivity,或称:辐射率),具体计算公式为:

$$E = \varepsilon E_0 = \varepsilon \cdot c_b \left(\frac{T}{100}\right)^4 \tag{1.14}$$

式中　E、E_0——实际物体的全辐射力、黑体的全辐射力,W/m^2;

　　　　ε——实际物体的发射率(或称:辐射率,曾经叫作:黑度),无量纲;

　　　　c_b——黑体辐射系数[①],$c_b \approx 5.67\ W/(m^2 \cdot K^4)$;

　　　　T——物体的热力学温度(也叫作:绝对温度,或称:开氏温度),K。

(5)化学能

化学能实质上是物质内能的一种,具体为物质的结构能(或称:化合能),即物质进行化合反应时所释放的热量(当然,分解反应时会吸热)。常见的化学能有:

其一,进行剧烈的氧化反应(即燃烧反应)所释放的热能;其二,电池放电(电化学反应)所产生的电能。

① 燃烧热:在火力发电厂以及很多材料产品的工业生产过程中,所需要的热量就来自燃料燃烧释放的化学能,这是因为燃料燃烧产热的成本比电能产热的成本低很多。燃料燃烧释放的化学能用燃料的发热量 Q(calorific value)来表征。发热量又叫作:热值(heat value),或者称为:发热值(heating value),它是指:每 1 kg 燃料(对于固体燃料或液体燃料)或者每 1 m³ 燃料[对于气体燃料,这里的 m³ 是指气体燃料在标准状态(0 ℃,1 atm)的体积单位]完全燃烧且燃烧产物冷却到燃烧前的温度时所释放出的热量。

码 1.8

实际上,按照其燃烧产物中水的状态不同,燃料的发热量又被分为两种:高位发热量 Q_{gr}(gross calorific value)与低位发热量 Q_{net}(net calorific value)。

高位发热量 Q_{gr} 是指燃烧产物中的水蒸气全部凝结为水的情况;低位发热量 Q_{net} 则指燃烧产物中的 H_2O 仍为水蒸气的情况。所以,Q_{gr} 与 Q_{net} 之差就是水蒸气的冷凝热,按照国家标准 GB/T 213《煤的发热量测定方法》(如码 1.8 中所示)的规定,每 1 kg 水的冷凝热大约为 2300 kJ。

不同种类煤的发热量差别很大,即便同一种煤也会因为水分、灰分的不同而有所差异。为了便于科学统计与精准评价,人们便创造了"标准煤"这个概念,按照国家标准 GB/T 2589《综合能耗计算通则》(参见码 1.8)的有关规定,标准煤(符号:ce[②])是指 Q_{net} 为 29307 kJ/kg 的假想煤(这里,7000 $kcal_{IT}$/kg ≈ 29307 kJ/kg,其中,$kcal_{IT}$ 表示"国际蒸汽表卡")。

② 电化学能:化学电池是释放化学能的另一种方式,这便是"电化学能"。化学电池有四种类型:燃料电池、激发电池(或称:贮备电池)、一次电池(或称为:原电池)、二次电池(也叫作:蓄电池)。关于这四种电池的介绍,参见第 2.2.3 与第 3.1.2 小节。

(6)核能

核能是蕴藏在原子核内部的巨大能量。人们常说的核能是指核裂变能与核聚变能,这两种核能也属于物质的内能,它们本质上来源于原子核的结构能(或称:原子核结合能),注:某同位素的原子核结合能是指它的原子核形成时所释放的巨大能量。

对于铀(^{233}U、^{235}U)、钚(^{239}P)这样的重金属同位素,它们的原子核发生核裂变时会释放出巨大的能量,这是核裂变能(fission energy);对于氘(^2H)、氚(^3H)、氦-3(^3He)等轻元素同位素,它们的原子核发生核聚变时会释放出更加巨大的能量(核裂变能的几倍),这便是核聚变能(fusion energy)。无

---

① c_b 的精确值为 5.67051±0.00019。另外,在有的教科书中,将斯蒂芬-玻尔兹曼定律写成 $E_0 = \sigma_b T^4$ 的形式。这种情况下,该式中的 σ_b 被称为:斯蒂芬-玻尔兹曼常数,$\sigma_b = (5.67051±0.00019) \times 10^{-8}\ W/(m^2 \cdot K^4)$。

② "标准煤"是我国从俄语中直接翻译过来的称呼,现在仍在沿用。在英语中,这个概念是"标准煤当量"(或称:煤当量,ce = coal equivalent)。

论是核裂变,还是核聚变,都明显存在着"质量亏损",因此,可以直接利用爱因斯坦的质能公式 $E=mc^2$ 来计算释放的核能。

除了核裂变与核聚变以外,还有一种通过核衰变反应[①]来释放的核能,被称为:核衰变能。关于这种核能(核衰变能)的规律与应用,参见第 2.2.4.2。

地球上的能量主要是以上述这六种能量形式存在(生物质能可归类于化学能之中)。

当然,不同类型的能量之间,可以相互转换;同一类型能量之间,也可以传递,而且,能量转换与能量传递还相互联系。以下(第 1.2.3 与第 1.2.4 小节)就是这方面的综述。

1.2.3　能量转换

能量转换(energy conversion)是能量最重要的属性之一,也是能量利用过程中最重要的环节之一。人们常说的能量转换是指能量形式上的转换,例如,实例 1:燃料的化学能通过燃料燃烧转换为热能、热能通过热机转换为机械能、机械能通过发电机转换为电能。实例 2:燃料的化学能通过燃料电池直接转换为电能。实例 3:热能通过吸热反应转换为物质的化学能。这三个实例都属于能量转换。另外,从更广的角度来看,能量转换还应当包括以下两项:一是能量在空间域内的转移(transfer),即能量的传输(transportation),具体见第 1.2.4 小节;二是能量在时间域内的转移,即能量的储存(storage)。按照能量守恒的原理,储存的能量=输入能量-输出能量。关于能量储存方法(储能方法)的介绍,见第 3 章。

当然,也要认识到:尽管不同形式的能量之间可以相互转换,但是,这需要在一定的条件下才能够实现,而且,还需在必要的设备内或系统内或材料内才可以进行。

另外,还要认识到:能量是分品质的,参见第 1.3.3 小节。能量的品质用能级(或称:能质系数)来表征,参见表 1.1。一种能量的能级越大,其品质就越高。请注意:高品质能向低品质能的转换是高效率的(甚至可以全部转换,例如,电阻通电产生焦耳热 I^2R,这里,I 表示电流,R 表示电阻);反之,低品质能向高品质能的转换是低效率的(甚至不能转换,例如,与环境同温度的水就不能膨胀做功来发电)。

1.2.4　能量传递

能量利用是通过能量传递(energy transfer)来实现的,因此,能量利用过程通常也涉及能量传递的过程。关于能量传递的过程,主要有以下几个特点:

(1) 能量传递的结果

能量传递的结果主要体现在以下两个方面:第一,在能量使用过程中,能量所起到的作用;第二,能量传递的最终去向。

若以材料产品的工艺过程为例,能量利用的结果主要体现在用于制备或加工材料产品,部分能量最终成为材料产品的一部分;其余的能量,除了循环利用或某些用途的部分能量以外,其他能量则都作为废能而最终进入环境之中。

若以物质的输送过程为例,能量利用的结果主要体现在实现了物质从一处向另一处的转移,部分能量用于该转移过程中的能量消耗;其余的能量作为废能而最终进入环境之中。

若以机械的动力过程为例,能量利用的结果主要体现在部分能量成为有用的驱动力(该驱动力可以用于直接动力驱动等用途,然而,更多的情况则用于动力发电);其余的能量作为废能最终进入环境之中。

---

① 核反应有四种类型:核裂变、核聚变、核衰变、人工核转变。人工核转变是指"人为地用入射粒子轰击原子核来引发核反应",最知名的就是卢瑟福 α 粒子散射实验,但是,它只是用于科学研究,不涉及核能利用。

若以能源材料的工作过程为例,能量利用的结果体现在部分能量实现了材料内部的自由电子[①]
或离子做定向移动;其余的能量作为废能最终进入环境之中。

综上所述,在能量利用过程中,能量传递的结果是:部分能量成为有用能,但是,也不可避免地会
有一部分能量成为无用能而散失于环境之中。关于"有用能"与"无用能"的更深入探讨,参见
第1.3.3小节。

（2）能量传递的本质

能量传递的本质实际上就是能量利用的实质。若将"有用能"的使用结果也包括在内,那么能量
的最终去向也只能是唯一的,即最终进入环境。这也就是说,能量的利用是通过能量传递而使能量由
能源最终进入环境,其结果是"有用能"被利用了;"无用能"则被消耗掉了。

然而,就能量本身而言,如果不考虑其渺小的"质量亏损",则它是守恒的、不会消失,因此,从
能量利用的根源来看,能量传递的本质是:人类利用能量不是利用能量的数量,而是利用能量的品
质。在能量被利用后,其品质降低,而且最终进入环境之中。关于能源品质的表征,参见第1.3.3
小节。

（3）能量传递的条件

能量传递是有条件的,其传递的推动力也就是"势位差"（能量传递具有自发地从高势位向低势位
进行传递的趋势）,例如,导电要有电势差、传热要有温度差、扩散要有浓度差、化学反应要有化学势
差、流体流动要有高度差或压强差等。

（4）能量传递的规律

能量传递遵循着这样的规律:能量传递的速率与能量传递的势位差成正比,而与能量传递的阻力
成反比。于是,可以得到以下形式的通用计算式。

$$E_{tr} = \frac{\Delta P_{tr}}{R_{tr}} \tag{1.15}$$

式中　E_{tr}——能量传递的速率;

　　　ΔP_{tr}——势位差（能量传递的推动力）;

　　　R_{tr}——能量传递的阻力。

【实例1.1】　对于导电过程,式(1.15)便具体地转换为式(1.15a)。

$$I = \frac{U}{R} \tag{1.15a}$$

式中　I——电流（单位时间内传递的电量）,A;

　　　U——电势差（或称:电压,电能传递的推动力）,V;

　　　R——电阻,Ω。

【实例1.2】　对于传热过程,式(1.15)便具体地转换为式(1.15b)。

$$Q = \frac{\Delta t}{R_{th}} \tag{1.15b}$$

式中　Q——传热量（单位时间内传递的热量）,W;

　　　Δt——温度差（或称:温差,传热的推动力）,K;

　　　R_{th}——热阻（传热方式共有三种:传导传热、对流传热、辐射传热,这三种传热方式的热阻计算
　　　　　公式各不相同）,K/W。

（5）能量传递的形式

广义上的能量传递包括"能量转移"与"能量转换"这两种形式。

---

① 半导体材料中电子空穴的移动,在本质上则是自由电子反向移动的结果。

能量转移是指同种形式的能量从一个位置转移到另一个位置,或者从一种物质传递给另一种物质。能量转换(见第 1.2.3 小节)是指一种形式的能量转变为另一种形式的能量。实际上,能量转移与能量转换往往同时存在或交替存在,它们共同完成了广义上的能量传递。

(6) 能量传递的途径

能量传递的途径基本上有两条:由物质交换和质量迁移而携带的能量叫作:携带能;在体系边界面上的能量交换被称为:交换能。就开口体系而言,这两种途径同时存在;但是,对于封闭体系,能量交换的途径只能够依靠交换能。

(7) 能量传递的方法

在体系边界上的能量交换,主要是以两种方法来进行:传热与做功。传热是由温度差引起的能量交换,这是能量传递的重要形式;这里所说的做功是指广义上的"功",它是由非温度差所引起的能量交换。

(8) 能量传递的方式

能量传递的方法主要是传热与做功。因此,能量传递的方式也是围绕这两种方法而展开的:传热的基本方式有三种:传导传热、对流传热与辐射传热;机械做功的三种基本方式是:容积功、转动轴功和流动功,其中,流动功也叫作:推动功,这就是流体动力发电(参见第 2.1 节)的动力源。而广义上的做功还包括:使材料内部的自由电子、正离子、负离子定向运动所做的功等。

1.3　能源的分类与评价

作为能量的来源,能源的类型也是多种多样的。因此,需要对其进行科学分类。另外,也还需要从开发效益、环境保护以及可持续发展的角度来对能源进行评价。

1.3.1　能源的分类

能源的分类方式很多,下述是几种常见的能源分类方式。

(1) 若按照能量的来源来分类,有以下三类能源:

① 第一类能源:能量来自地球以外的天体,主要是太阳能。这包括:第一,已被吸收而且已固化在有关物质中的太阳能,例如,化石燃料(煤、石油、天然气、可燃冰,它们都是由久远至数亿年之前的有机物质演变而来)、植物燃料、动物能量等;第二,由太阳能转化而来的各种能源,例如,风能、水力能、部分海洋能等;第三,直接利用的太阳能,例如,自然界中的光合作用,人为设计的光电转换、光热转换、光化学转换、光电化学转换等方式而获得的能源。

② 第二类能源:能量来自地球本身。这主要包括:地震能、地质能(例如,火山爆发释放的能量、地下热水、地热蒸气、干热岩等);核能(例如,由矿石或海水提炼的核燃料中蕴藏的核裂变能与核聚变能,地壳中或海水中的核同位素衰变所释放的能量)。

③ 第三类能源:能量来自地球和其他天体之间的相互作用。这主要有:地球与月球之间、地球与太阳之间相互吸引而导致的潮汐能。

在地球上,可开发能源主要是太阳能及其衍生能源(例如,化石燃料、风能、水力能、部分海洋能)、地质能、核能和潮汐能。这几项能量的总和,大约占地球上全部可开发能源能量的 99.9% 以上。

(2) 若按照能源的获得方法来分类,有以下两种能源:

① 一次能源:以现有形式存在于大自然中的能源。请注意:地球上的大多数能源都属于一次能源。

② 二次能源:需要由其他能源制取的或产生的能源。主要包括:电能、蒸汽、热水、余热、余压、

火药、焦炭、汽油、煤油、柴油、甲醇、乙醇、氢气、煤制气、油制气等。二次能源的特点是使用方便,易于利用,而且,大多数二次能源往往是高品位的能源,请注意:电能是最重要的二次能源。

（3）若按照能源是否可以得到有效补充来分类,有以下两种能源：

① 可再生能源:不会随其本身转换或被利用而造成其总量日益减少的能源。主要包括:太阳能、水力能、风能、海洋能（洋流能、波浪能、海水温差能、海水盐差能）、潮汐能、生物质能、地质能、闪电能、发生地震时释放的能量、火山爆发释放的能量等。国际能源署（International Energy Agency,缩写IEA）曾推荐,将可再生能源再细分为三类:第一类,大、中型水电站;第二类,传统生物质能利用;第三类,新型可再生能源,具体包括太阳能、风能、海洋能、潮汐能、地质能、新型生物质能等。

② 非再生能源:会随着人类对它的开发利用而使其总量逐渐减少的能源,具体包括化石燃料（煤、石油、天然气、可燃冰）、核裂变燃料（铀矿、钍矿）。

（4）若按照能源本身的性质来分类,有以下两种能源：

① 含能体能源（或称:载体能源）:以某种能量载体形式被存储起来,后来,再被人们开发利用的能源。这主要包括各种化石燃料、核燃料、地质能、水的重力势能、空气的压力势能、电化学能、氢能（氢气中所含的化学能）等。

② 过程性能源:在物质运动过程中所存在的能量,即以动能形式存在的能量。这主要包括风能、水力能、洋流能（海流能）、潮汐能、闪电能、发生地震时释放的能量、火山爆发时释放的能量、电流等。过程性能源基本没有办法来直接储存,若必须储存,往往[①]需要把过程性能源转换为含能体能源后,再来储存,这方面的主要实例有:第一,用过剩电能驱动水轮机将低位水库里的水排向高位水库,储存水的重力势能。第二,用过剩电能驱动空压机来压缩空气,储存空气的压力势能。第三,直流电源向蓄电池充电来储存电化学能、直流电源向超级电容器充电来储存静电能。第四,用过剩电能来电解水制氢,储存氢能。

（5）若按照是否需要燃烧才能够被利用来分类,有以下两种能源：

① 燃料能源:可作为燃料使用的能源。主要包括各种化石燃料、柴薪燃料、秸秆燃料、可燃废弃物等。

② 非燃料能源:不能通过燃烧来使用的能源。主要包括太阳能、水力能、风能、潮汐能、波浪能、洋流能、电能等。请注意:这里是强调不能燃烧,并非不能起到燃料的某些作用,例如,属于非燃料能源的热水或水蒸气,它们可通过燃料燃烧热而获得,但是热水或水蒸气本身不能燃烧,只可作为工业余热利用。另外,人们普遍将核裂变或核聚变过程作为广义上的"燃烧过程",所以才会有"核燃料"的概念。

（6）若按照其开发技术的成熟程度来分类,有以下两种能源：

① 常规能源（或称:传统能源）:经过长期的开发利用,在技术上已经成熟而且被广泛地使用的能源,主要包括化石燃料、风能、水力能等。

② 新能源（或称:非常规能源,又称:可替代能源）:开发利用率较低或者对其正在不断研发中的能源,主要包括太阳能、核聚变能、地热能、潮汐能、生物质能等。

这里,请注意:核能曾经是新能源,然而,在国内,随着核裂变发电技术的不断成熟,核裂变能逐渐淡出新能源行列而被当作常规能源看待。当然,历经长期研发但至今尚未实现规模发电的核聚变能仍属于新能源。

（7）若按照其开发时对于环境的危害程度来分类,有以下两种能源：

① 清洁能源:其开发利用对于环境无污染或污染程度很低的能源,主要包括太阳能、水力能、风能、潮汐能、波浪能、洋流能、海水温差能、海水盐差能、氢能（绿氢、白氢）、核聚变能等。

---

① 请注意:这里说的是往往,而非全部,例如,飞轮储能、超导线圈储电就是直接储存过程性能源。

② 非清洁能源:其开发利用过程中会造成一定程度环境污染的能源,它的典型代表是煤炭、重油、石油焦等。

另外,在某些文献资料或者一些大众媒体中,还会看到商品能源、非商品能源、绿色能源、低碳能源、农村能源、终端能源等一些与能源有关的术语或者名词。根据这些词语的前缀词义,便不难理解它们各自的内涵。

1.3.2　对能源开发的评价

能源的开发利用与国民经济、与人民生活、与人类社会密切相关。在一定程度上讲,能源的开发利用量伴随着人类社会的文明程度而递增。因此,在当今世界,各国都非常重视能源开发、能源保障、能源安全以及能源消耗与环境保护之间的协调统一。所以,对能源开发的评价,需要从开发效益、环境保护以及可持续发展等方面来综合考虑。

从开发效益的角度来看,某种能源是否值得去开发,需要从它的储量(尤其是在现有技术水平上的可开采资源量)、能量密度(这与开发效益有关)、开发利用的成本、储能的可能性、供应的连续性、地理分布的合理性、输送的便利性以及能源的品质等几个方面来综合考虑。

从环境保护的角度来看,尽管传统能源的开发给人类社会带来了巨大的文明成果,但是,它们也给环境、生态以及气候带来了巨大的副作用。现在的人类还是在夜以继日地、不可逆地开发以及大量地消耗地球上那些少有的可开发能源。这种行为在造福人类的同时,也给人类的生存环境带来巨大

码 1.9

的破坏,例如,人类长期且大量地以木柴、秸秆、化石燃料为能源而且对它们随意地挥霍,这就导致了烟尘(soot)弥漫以及大气中明显产生"温室效应"。该效应就使得地球表层大气中的平均温度逐渐上升。而且,任何事物都会有"从量变到质变"的过程,于是,这些行为直接地或间接地造成雾霾(smog)、沙尘暴(sandstorm 或 dust gale)、局部干旱、局部洪涝、冬天过度寒冷、夏天异常炎热等极端气候,参见码 1.9。所以说,人们一定要树立正确的"能源开发与能量利用"意识,也一定要注重评价所开发利用的能源对于环境的不利影响。而且,必须把正确的意识转化为自觉的行动。为此,也就要重视清洁能源的开发利用。

从可持续发展的角度来看,能源与社会的发展步伐密切相关(能源是文明进步的基石),能源开发与国民经济的提升密切相关(能源是现代化的动力源)、能源与人民生活改善密切相关(能源是人们衣食住行、文化娱乐以及医疗卫生等日常生活的基本保障)。所以,必须重视能源开发、能源供给、能源保障、能源安全等大问题。我们要遵循能源开发、能源安全以及节约能源并重的基本原则(能源消费的年平均增长率与同期国民生产总值的年平均增长率之比,被称为"能源消费弹性系数",这是评价能源有效利用率的一个很重要指标)。而且,还要注重能源的可再生性(开发新能源时,要优先选用可再生能源)。

综上所述,在当今社会,人类非常重视清洁能源、可再生能源与新能源的开发与利用。

就清洁能源而言,这个概念很清晰。然而,对于"可再生能源"与"新能源"这两个概念,尽管它们是从两个不同分类法中衍生出来的,但是,它们却有一些重叠的内容。为此,需要对它们进行专门的甄别。

可再生能源是相对于人类长期消耗的那些不可再生能源(例如,化石燃料)而言的。可再生能源的重点在于:在可预见的有限时间段内能够得到不断补充,以弥补其持续消耗量,从而使其总量保持大致平衡的那些能源,例如,水力能、风能、潮汐能以及部分海洋能、生物质能、可燃废弃物中的化学能等就属于可再生能源。另外,有些能源尽管不会得到有效补充,但是,其总量在可预见的时间段内是消耗不完的,这类能源也被归类到可再生能源的范畴,例如,太阳能、地热能,另外,还有:核聚变能,这是因为,根据科学家们的粗略估计,在海洋中富含的核燃料氘(^{2}H)之总量能够支持核聚变发电长达 10^{10} 年之久,所以说,人类正在努力研发的核聚变发电也属于可再生能源。

新能源是相对于传统能源(例如,火力发电)以及那些开发利用技术已经成熟的能源(例如,水力发电、风能发电、热中子核裂变发电等)而言的。从广义角度来讲,新能源强调的是"那些人类新发现、新开发以及那些还未实现大范围应用的能源",例如,太阳能制氢、海水制氢、生物质发电、生物质制氢、热电材料发电、第4代核裂变发电、核聚变发电、可燃冰开发以及天然氢开发等是属于新能源。1981年8月10日至21日,在肯尼亚首都内罗毕召开了"联合国新能源和可再生能源会议"(The United Nations Conference on New and Renewable Sources of Energy),这次会议对于新能源的定义则较为宽泛,具体为:以新技术和新材料为基础,使传统的可再生能源得到现代化开发和利用,用取之不尽、周而复始的可再生能源取代(资源有限、对环境有污染的)化石能源,重点开发的新能源是:太阳能、风能、生物质能、海洋能、地热能和氢能。在我国发布的相关文件中,新能源一般是指:在新技术基础上可加以开发利用的可再生能源,这包括太阳能、水力能、风能、地热能、生物质能、核能、潮汐能、波浪能、洋流能、海水温差能、海水盐差能、氢能、沼气、甲醇、乙醇等。只有煤炭、石油、天然气等化石能源,才被归类于常规能源。

1.3.3 能源品质及其表征

能源是能量的来源。从能量角度来看,作为一切运动的表征,能量被分为"有序能"与"无序能":有序能是由宏观物质的有序运动(例如,各种机械能)或微观粒子的定向运动(例如,电流)所产生;无序能是由微观粒子的无序运动所产生(例如,分子的无序热运动)。大量的事实表明:有序能可以完全、自发地转换为无序能;然而,如果想将无序能转换为有序能,那可是有条件的、不完全的。

能量与能量转换的上述特性,决定了能量不仅有量的多少,还会有品质的高低(或者说,能源是要划分能级的)。下面针对这个问题,进行能量的"可用性"分析。

(1)㶲与㷻的概念

对能量的可用性分析会涉及有关能量的两个基本概念——"有用能"与"无用能"[2]。

有用能也叫作:㶲,这是按照热力学定律而引入的一个概念。

我们知道,最重要的热力学定律是热力学第一定律、热力学第二定律。这两个定律也可以用另一个概念来进行表述,这个概念就是"有用能",被称为:㶲。

㶲这个名称,在科学界并不统一。在国内,曾有人将它叫作"有用能"或"有效能"或"可用能"。在国际上,它的名称也是多种多样,例如,有人将它叫作 available energy,也有人称之为 exergie 或 exergy,还有人称其为 I'energie utilisable,亦有人把它叫作 availibility。现在,国内广泛接受的是国家标准 GB/T 4270《技术文件用热工图形符号与文字代号》(如码 1.10 中所示)规定的称呼"㶲(exergy)",它是指:以给定的环境为基准,在一定形式的能量中,理论上可以最大限度地转换为"最大功的那部分能量"。这句话也可以这样表述,"㶲"是指:一定形式的能量,在一定的环境条件下,转换到与环境处于平衡状态时所做的最大功。

码 1.10

相对于㶲,也有㷻(anergy)的概念。对于一定形式的能量,在给定的环境条件下,理论上不可能转换去做功的那部分能量就叫作:㷻,也叫作:无用能,或称:无效能。

按照上述"㶲"与"㷻"这两个概念,能量可以分为"可以转换做功"和"不可转换做功"这两个部分,前者是㶲,后者是㷻。于是,一切能量都可以看作是由㶲和㷻组成,即

$$E = E_x + A_n \quad (J) \tag{1.16}$$

式中 E——能量,J 或 kJ;
E_x——㶲,J 或 kJ;
A_n——㷻,J 或 kJ。

引入㶲的概念,可以把能量的"数量"和"品质"统一起来,从而更科学地评价能量的动力价值。由式(1.16)可知:能量中的㶲值越高,其品质就越高,反之,能量品质越低。所以,最高级的能量全为㶲,

其㶲值为 0;最低级的能量全为㶲,其㶲值为 0。

从热力学第一定律、第二定律的角度来看,㶲与㶲的关系有如下的规律:第一,任何过程中,㶲与㶲的总量总是守恒的,不会自行产生,也不会自行消失。第二,根据热力学第二定律的基本原理,㶲可以转换为㶲,但是,㶲却不能转换为㶲。第三,在可逆过程中,㶲值保持守恒(其总量不变)。然而,在不可逆过程中,㶲不可能守恒:其值将会减少,减少的部分转变为㶲(即必然会有㶲损失)。

㶲的特性有以下四点:第一,㶲是能量的一部分,所以,它具有能量的量纲和属性;第二,㶲具有等价性以及互比性;第三,㶲具有相对性;第四,㶲具有可分性。

另外,还有"比㶲"与"比㶲"以及"比摩尔㶲"与"比摩尔㶲"概念。

单位质量的工质所具有的㶲值被称为:比㶲,符号:e_x,即

$$e_x = \frac{E_x}{m} \tag{1.17}$$

式中 e_x——比㶲,kJ/kg;

E_x——工质拥有能量中的㶲值,kJ;

m——工质的质量,kg。

单位质量的工质所具有的㶲值被称为:比㶲,符号:a_n,即

$$a_n = \frac{A_n}{m} \tag{1.18}$$

式中 a_n——比㶲,kJ/kg;

A_n——工质拥有能量中的㶲值,kJ;

m——工质的质量,kg。

具有单位物质的量之工质中所具有的㶲值叫作:摩尔比㶲,符号:e_x',即

$$e_x' = \frac{E_x}{n} \tag{1.19}$$

式中 e_x'——摩尔比㶲,J/mol;

E_x——工质拥有能量中的㶲值,kJ;

n——工质中物质的量,mol。

具有单位物质的量之工质中所具有的㶲值叫作:摩尔比㶲,符号:a_n',即

$$a_n' = \frac{A_n}{n} \tag{1.20}$$

式中 a_n'——摩尔比㶲,J/mol;

A_n——工质拥有能量中的㶲值,kJ;

n——工质中物质的量,mol。

(2) 三种转换能的概念

根据式(1.16),对于各种不同形式的能量而言,如果按照转换能力来对其分类,则可以分为以下三大类能量:

① 无限转换能(或称:全部转换能):这种能量在理论上可以全部转换为功,所以,又叫作"高质能"。这种能量全部为㶲,即 $E_x = E$,$A_n = 0$。这也就是说,这种能量的数量与质量是统一的。例如,电能、机械能、电池中的电化学能在理论上就是这种能量。从能量本质来讲,高质能是"有序运动"所具有的能量。从理论上来讲,各种高质能之间可以无限地相互转换。

② 有限转换能(或称:部分转换能):这种能量只能够部分转换为功,所以,又被称为"低质能",即 $E_x < E$,$A_n > 0$。对于低质能,其数量与质量是不统一的,例如,热能。

③ 非转换能(或称:不能转换能):这种能量受到环境的限制而不能转换为功,所以,又被称为

"废能",即 $E_x=0$,$E=A_n$。这就是说,这种能量必然是要被浪费掉的,例如,处于环境条件下的介质中所具有的热焓。

若从式(1.16)所示的㶲与㷋的概念来叙述,热力学第一定律也可以表述为"在孤立系统的任何过程中,㶲与㷋的总和保持不变";热力学第二定律则可表述为"一切实际过程均朝着总㶲值减少的方向来进行",或者说"由㷋转换为㶲是不可能的"。

依照㶲的概念及其本质,在能量利用的过程中,必然会存在能量利用效率的概念,其计算通式如下式所示。

$$\eta_{en} = \frac{E_{get}}{E_{in}} \times 100\% \tag{1.21}$$

式中　　η_{en}——能源利用效率,%;

　　　　E_{get}——获得的能量(或功率),J(或 W);

　　　　E_{in}——供给的能量(或功率),J(或 W)。

当然,对于具体的能量利用过程,能量利用效率的概念具有各自不同的名称、内涵及其计算公式。这方面的几个典型案例如下所述。

对于材料领域中的热工设备,则为"热效率"的概念,其计算公式为:

$$\eta = \frac{Q_{ef}}{Q_{in}} \times 100\% \tag{1.22}$$

式中　　η——某个具体热工设备(或某个具体热工设备系统)的热效率,%;

　　　　Q_{ef}——有效利用的热量(或单位时间内有效利用的热量),kJ(或 kW);

　　　　Q_{in}——供给的热量(或单位时间内供给的热量),kJ(或 kW)。

对于动力领域中的热机,也是"热效率"的概念,其计算公式为:

$$\eta = \frac{W_{out}}{Q_{in}} \times 100\% \tag{1.23}$$

式中　　η——热机的热效率,%;

　　　　W_{out}——热机对外输出的功(或功率),kJ(或 kW);

　　　　Q_{in}——供给的热量(或单位时间内供给的热量),kJ(或 kW)。

对于低温领域的制冷设备,则为"制冷系数"的概念,其计算公式为:

$$\varepsilon_c = \frac{Q_{ex}}{E_{in}} \times 100\% \tag{1.24}$$

式中　　ε_c——制冷设备的制冷系数(或称:制冷循环性能系数),%;

　　　　Q_{ex}——从低温热源"抽走"的热量(或单位时间内"抽走"的热量),kJ(或 kW);

　　　　E_{in}——制冷设备消耗的能量(或功率),kJ(或 kW)。

对于供热行业的供暖设备,则用"供暖系数"的概念,其计算公式为:

$$\varepsilon_n = \frac{Q_{out}}{E_{in}} \times 100\% \tag{1.25}$$

式中　　ε_n——供暖设备(例如,热泵)的供暖系数,%;

　　　　Q_{out}——供暖设备供给的净热量(或单位时间内供给的净热量),kJ(或 kW);

　　　　E_{in}——输入给供暖设备的能量(或功率),kJ(或 kW)。

请读者注意:利用能量的任何领域、任何设备、任何体系、任何过程或者任何场合,都存在着能量利用效率的问题,在实际工程中,除了上述几个有关能量利用效率的典型案例以外,在其他行业也都存在着能量利用效率的问题,例如,太阳能光伏发电行业中的光电转换效率(photovoltaic conversion efficiency,缩写 PCE)、半导体温差发电机的发电效率、燃料电池的发电效率等。

（3）能级的概念

能源的"能级"也叫作：能质系数，符号：λ，无量纲量。它是指：单位能量中所含有的㶲值大小，即能质系数 λ 是㶲与能量之比，具体如第 1.1.2 小节中的式（1.4）所示。

根据能级的定义，能源的能级大小在 0～1 之间。几种能源的能级值范围列在表 1.1 之中。

表 1.1　几种能源的能级大小（能级也叫作：能质系数，符号：λ）

不同形式的能量	λ（环境温度为 25 ℃）
电能	1.0
机械能	接近于 1.0
燃料	0.9～1.0
100 ℃的热水	很小
30 ℃的热水	接近于 0
25 ℃的热水	0

由表 1.1 可以看出，不同能源的能级（能质系数）是不一样的。所以，在评价能源利用方面，要从科学角度来看，即需要根据不同能源的能级来分析能量的可用性，然后再给出评价结论。这也就是说，在选用具体能源的种类时，除了需要考虑第 1.3.2 小节中所述的评价方面之外，还必须确定所用能源的品质（能级），然后，综合能源价格等方面的因素来科学选取能源。当然，也要根据科学用能的原则，掌握科学用能方法，以便充分、高效地利用所选择的能源。

这里，还要提醒读者注意的是：高能级能量转换为低能级能量是自发的。

【例 1.1】　各种机械装置（机器）或者各种电子元器件在工作时，为什么会有发热现象？是否还需要为此而采取专门措施？请就这个问题给予综合分析。

【解】　能量是分品质高低的，这便是能级的概念，能级也叫作：能质系数。在所有类型的能量中，电能的能级最高；热能的能级最低，而且，温度越低，热能的能级越低。

高能级能量转换为低能级能量是自发的。

各种机械装置（机器）运转时，或者各种电子元器件工作时，其能量利用效率都不可能达到 100%。这就是说，处于工作状态的机器或电子元器件，它们除了做有用功以外，总有一部分输入能量变成无效能。由于高能级能量转换为低能级能量是自发的，而且由于热能的能级最低，所以，这些无效能会自发地转换为热量，从而升高了机器或电子元器件的温度（或者说，这些热量使得机器或者电子元器件发热）。

升温后的机器或电子元器件，它们的温度高于环境温度。于是，这些由无效能自发地转换而来的热量最终传递到环境之中而散失掉。如果机器或电子元器件的散热条件很好，依靠自然散热就可以保证机器或电子元器件的温度不会太高。但是，如果机器或电子元器件的散热条件不好或者散热量不够，则还需要采取附加增强冷却的一些措施，以强化它们工作时的散热效果（如码 1.11 中所示），从而确保其不会过热（机器过热或者电子元器件过热，就会降低它们的工作效率、缩短其使用寿命，严重时甚至停止工作）。

码 1.11

由上述论证，可以知道：某台机械装置（机器）或者某电子元器件的能量利用效率不高，不仅会增加其能量消耗（从而造成能量浪费），还会因为发热（温度升高）而对正在运转的机器或者正在工作的电子元器件本身造成一定程度的损害。所以，提高机器或电子元器件的能源利用效率，不仅有利于节能，也有利于延长机器或电子元器件本身的使用寿命。

1.4 能源的开发与利用

1.4.1 能源开发与电气化

自从人类学会了用火,能源便与人类社会息息相关。在古代,人们燃烧(来自草木的)柴薪、(农作物的)秸秆等生物质燃料来服务于做饭、取暖、照明等日常生活中所需,这是最早的燃料能源。后来,人们又学会了利用风车(风能)来提供运输的辅助动力、提供抽水的主要动力。而且,人们也学会了利用水车(水力能)来提供磨米、磨面、加工陶瓷原料等手工业所需要的动力。另外,在古代,中国局部地区的人们还发现且利用了煤炭、石油、天然气等火力更旺的化石燃料燃烧来产热。上述这些时期,尽管持续的时间很漫长,但是,就能源科学而言,这些时期中的那些与能源相关的活动只能算是"能源的小规模利用",不能叫作"能源的开发"。

人类大规模开发利用能源开始于 18 世纪,其主要标志是英国人瓦特改良了纽科门蒸汽机,以作为工业与交通的动力机,这促使英国乃至欧洲爆发了第一次工业革命。在那时,人们大规模开发利用的能源是煤炭(coal),即煤炭为工业化提供了巨大的动力源。到了 20 世纪,随着世界各地若干个大型油田(petroleum field)以及大型天然气田(natural gas field)相继被发现、被开采,煤炭在化石能源中的主导地位便逐渐让位于各种石油产品与天然气,从而创造了人类历史上空前的物质文明与经济繁荣。但是,在这样文明与繁荣的背后,却蕴藏着巨大的环境、生态与气候等方面的危机。由于人类不断地开发与消耗这些不可再生的化石燃料资源,也因为燃烧这些化石燃料会产生大量的温室气体(green house gases)与有害污染物(contamination components),而且因为"量变到质变"的过程在加快,于是,环境污染(例如,土地受到污染、水受到污染、空气受到污染、烟尘类污染、放射性污染)、生态问题(例如,雾霾、沙尘暴、水华、垃圾过多、臭氧真空区)、极端气候(例如,局部干旱、局部洪涝、冬天极冷、夏天极热)频繁出现,这无疑给人类敲响了警钟。

为了解决这些问题,我们还是先返回 19 世纪来看"电能的兴起"。19 世纪后期发生的第二次工业革命使得电能进入各个领域,人类社会从此开始了电气化革命。此后,电能不仅成为工业的动力源,也成为人们日常生活所需(随之问世的电灯、电话、电影、电视、电脑,至今还在服务于我们的生活),当今社会更是离不开电能。所以说,如果能够完全实现清洁化发电(例如,太阳能发电、水力发电、风力发电、氢能发电、快中子核裂变发电、核聚变发电、地热能发电、潮汐能发电、海洋能发电)以及最广泛地使用电能,将会有效地解决或者缓解上述环境方面、生态方面与气候方面的危机。所以说,电能开发乃是现代社会发展的基础,现在需要将清洁化发电放在优先发展的位置。在我国,污染程度相对较大的"火力发电"在总发电量中的份额较大,令人欣慰的是,该数据在逐渐降低,这是因为国家制定的相关政策与法规鼓励清洁化发电、新能源发电以及可再生能源发电。

在现代社会,尤其是人类社会进入电子化、信息化、网络化、智能化时代以后,电能已经成为各行各业的主导能源。所以说,千方百计地开发利用清洁的电能(或称:绿电)是确保能源供给、能源保障、能源安全与环境保护的根本。当今,大多数行业都是以电能为主导能源,只有若干工业领域与工程领域以及大部分的餐饮业仍然以化石燃料为主要能源。这里,就以动力、交通、材料这三大领域为例来对此做简单的分析与探讨。

在动力领域,这里重点探讨发电技术:我国当今的电力构成主要是火力发电(简称:火电)、水力发电(简称:水电)、风力发电(简称:风电)、太阳能发电(简称:光电)、核能发电(简称:核电)、地热能发电与氢能发电。另外,还有少量的潮汐能发电、海洋能发电。电能是清洁能源,但是,火力发电却不是清洁能源(尤其是燃煤发电)。只是由于发电成本较低而且能够稳定发电,因此,燃煤火力发电在国内的比重仍较大。当然,这个比重在逐渐降低。即便那些保留下来的火力发电站中(便于电网调峰所用),也要应用一些节煤新技术(例如,超临界水燃煤发电、超超临界水燃煤发电、超临界 CO_2 循环发电等新技术)以及应用清洁、高效的固体氧化物燃料电池(见第 2.2.3 小节)。水力发电属于清洁能源,其发电成本也较低,但是,发展水力发电要服从国家的整体布局,在选址方面,还要考虑地质与生态等方面的多种因素。风力发电属于清洁能源,发电成本不太高。但是,受风易变的影响,风力发电量不稳定。另外,发展风力发电也要服从于国家的统一布局,选址时还要考虑地理与生态等方面的综合因素。太阳能发电主要是太阳能热发电(简称:光热发电)与太阳能光伏发电(简称:光伏发电),前者涉及太阳能的聚焦技术(见第 2.1.6 小节);后者需要优质的光伏材料(见第 2.2.1 小节)。太阳能发电是清洁能源,国家鼓励发展。关于核能发电,主要是指核裂变发电,因为核聚变发电还没有实现。核裂变发电的成本也有竞争力,人们对于核裂变发电的担心还是核安全问题。令人欣慰的是,经过不断的科技进步,第三代、第四代核裂变发电技术已经解决了核安全问题,而且,也使得核能逐渐清洁化。现在,国内正在积极地布局建设更多的核裂变发电站。当然,发展核电也需要国家的统筹安排。地热能发电也是清洁能源,但是,发展地热能发电受到地理方面的限制,这是因为,只有地热能丰富的地区才适合开发地热能发电。用绿氢或白氢的氢能发电也是清洁能源,当前,发展氢能发电的"瓶颈"问题是绿氢或白氢还不太普及,储氢的成本也相对较高。

在交通领域,航空业消耗化石燃料产品(航空煤油);海上运输主要消耗化石燃料产品(柴油、液化石油气、液化天然气);对于陆地车辆,大部分汽车(包括:卡车、挖土机、推土机等重型工程车辆)主要消耗化石燃料产品(汽油、柴油、压缩天然气、液化石油气等)。然而,汽车排放出的尾气是雾霾的成因之一,因此,国家相关的政策法规是鼓励发展电动车辆(包括:混合动力车、纯电动车)、氢燃料汽车。电动汽车是以蓄电池(见第 3.1.2 小节)或超级电容器(见第 3.1.3 小节)为动力源;氢燃料汽车主要以质子交换膜燃料电池(见第 2.2.3 小节)为动力源。

在材料领域,进行材料实验研究以及材料实验教学时,基本上都是以电能为能源。然而,在材料工业中,考虑到经济成本等因素,无机非金属材料产品的生产普遍以化石燃料产品(煤炭、柴油、重油、天然气、人造煤气①)为热源,具体就是通过燃料燃烧来提供材料生产所需的热量。另外,在进行新材料产品的试验研究时,为了使试验条件与生产条件尽可能接近,相关试验设备也以燃料燃烧来提供热能,例如,在陶瓷工业中常用的梭式窑就是如此。当然,在材料的生产过程中,也有以电能为热源的情况,例如,玻璃工业中的电助熔技术、全电熔窑技术等。当今的材料工业中,国内的现状是大宗产品产能过剩,这无论从资源消耗还是从能源消耗的角度来看,都是不合理的。因此,国家相关的产业政策是压缩不合理的产能(例如,限制普通钢铁、普通水泥、普通玻璃、普通陶瓷等低档材料产品的产能),与之同时,鼓励通过技术革新与技术创新来提升相关材料产品的档次及其附加值。对于这些新技术,它们在很大程度上都需要以(清洁的)电能为依托。另外,就能源材料而言,产生电能(见第 2.2节)与储存电能(见第 3.1 节)是其主要目标。因此,电能在材料领域中也起到了极其重要的作用。

正如第 1.3 节中所述,电能具有最高的能级(电能的能质系数为 1.0,参见表 1.1)。电能还在"输送的便利性、控制的精确性、使用的环保性、工作的高效性"等方面具有优势。此外,电能在各行各业中起到了关键作用。所以说,电能是现今社会的主导能源。以下,就"电能的利用"展开简单的讨论。

1.4.2　电能的利用

电能是本教材的核心内容。在现代社会,关于能源利用,以电能的利用最为高效、方便、清洁,这是由于电能至少具有以下特点:

---

①　人造煤气包括:焦炉煤气、高炉煤气、水煤气、发生炉煤气、液化石油气等。

① 电能长距离输送方便与简洁,而且成本相对较低(这是因为,一旦高压输电线系统建成且投入使用后,长距离输送电能就不再是很困难的事情)。

② 电能的控制很方便,也最精确。

③ 电能的利用很洁净,这是因为电能本身对环境几乎不会产生有害物质的排放。

④ 相对于其他能源,电能的使用效率最高(所有能源中,电能的能级最高,参见表 1.1)。

电能有直流电(符号:DC,direct current)与交流电(符号:AC,alternating current)之分(对此,请见码 2.1 中的解释)。

由"交流电"转换为"直流电"的过程被称为:整流,于是,将交流电转换为直流电的装置就叫作:整流器(rectifier);由"直流电"转换为"交流电"的过程被称为:逆变,因此,将直流电转换变为交流电的装置便叫作:逆变器(inverter)。

电能利用分为四个连续过程:发电(电能产生,electricity generation)、输电(电能传输 electricity transmission)、配电(电能分配,electricity distribution)以及用电(电能应用,electricity application)。在现代社会中,电能几乎成为动力(power)的代名词,因此,电能也叫作:电力(electrical power)。

发电(电能产生):如果我们对当今广泛应用的发电方式或发电方法做一个归纳总结,则会发现:直接用来发电的工质(工作介质)主要有四种[①],分别是流体、半导体材料、电解质与生物体。以流体为工质的发电方式也就是人们常说的动力发电方式,或称为"流体动力发电",例如,火力发电、水力发电、风力发电、潮汐能发电、波浪能发电、洋流能发电、太阳能热发电、核能发电、地热能发电、燃氢发电等发电方式,见第 2.1.1～第 2.1.9 小节。以半导体材料为工质的发电方式,其典型代表是光伏材料发电(第 2.2.1 小节)、热电材料发电(第 2.2.2 小节)。以电解质为工质的发电方式则以电池为代表(包括:燃料电池、激发电池、一次电池、二次电池),见第 2.2.3 与第 3.1.2 小节。若进一步归纳,则以半导体材料为工质的发电方式与以电解质为工质的发电方式可归属于以能源材料为工质的发电方式,即"能源材料发电"。以生物质为工质的发电方式则叫作"生物质发电",或称为:生物质能发电,其中,生物电池是典型代表(见第 2.3 节),这涉及生物、化学、物理的过程。

输电(电能传输):电力输送系统也叫作:电网。例如,中国有国家电网、南方电网等大型的国家级电力企业以及一些地方电网企业,如码 1.12 中所述。

码 1.12

为了减少电力输送过程中的电能损耗,长距离的电能输送是通过高压输电线来完成的(高压输电线路中的"高压"也分等级——高压、超高压、特高压)。传统上是采用交流高压输电线路,参见图 1.1(a)。为了更高效地输送电能,现在也兴建了很多特高压的柔性直流输电线路,参见图 1.1(b)。另外,在城市或者土地很珍贵的区域,还会采用地下高压输电线路。有关国内电网以及输电线路方面的更多信息,参见码 1.12 中所述。

配电(电能分配):由电网分配到各个用电单位的电能被称为:电源。通过电源可以向各个用电负荷提供电能。对于由电动机驱动的设备而言,使用交流电较为方便,这是因为,交流电动机的结构简单、紧凑以及操作方便;关于直流电动机,因为需要换向装置,从而使其结构相对复杂,但是,直流电动机的调速很方便。当然,随着变频技术以及永磁电动机的普及[②],直流电动机调速方便这一优势不再存在。对于电子元器件,其工作原理都是基于直流电驱动,然而,通常的电源都是交流电源,为此,电子设备要么需要整流器,要么需要配备电池。

用电(电能应用):电网分配到各个电力用户的电能,在各个设备中、各种场合中得到有效与高效

---

① 这是主要的四种发电工质。其他的发电工质还有介电功能材料等,只是现在它们的发电方式还未广泛应用。

② 交流电机(交流发电机与交流电动机)的同步转速=电源的频率÷极对数,极对数是由具体交流电机的结构决定的。所以,改变频率可改变交流电动机的转速,即变频可使交流电动机的转速随着电负荷的要求而变,以达到节能目的(按需变速、避免浪费)。另外,在一些重要的行业中,还使用永磁电动机(直驱电动机),由此可以减少一些机械装置(例如,减速器),从而大大提高了电能的利用效率。

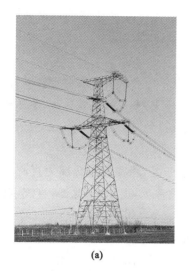

图 1.1　高压输电线

(a) 交流高压输电线(三相三线输电);(b) 直流特高压输电线(正负极两线输电)

的应用(电尽其用),这就是用电的根本。

从发电(供电侧),到输电、配电、用电(用电侧),这是一个连续的过程,即供电侧与用电侧要实时平衡。为此,还需要储电(电能储存)作保障与增效,储电属于储能环节。

1.5　本教材内容的概括

作为本章的最后总结,这里结合以上所述,对本教材的内容进行整体概括,以便读者对于本教材内容先有一个较为透彻的了解,这也正是设立本章(**第 1 章 概论**)的主要目的所在。

本教材是关于能源的。在所有能源当中,电能的优势最大(电能具有输送的便利性、控制的精确性、应用的环保性、使用的高效性),所以,本教材是以电能为核心。正如第 1.4.2 小节中所述,电能利用有四个连续过程:发电(电能产生)、输电(电能传输)、配电(电能分配)、用电(电力应用)。作为能源方面的教材,本教材注重讲述发电方面的知识。关于输电与配电,只是作少量介绍(参见码 1.12);关于用电,则鼓励节约用电(请参考第 3.1.3 小节)。

基于以上所述,本教材**第 2 章**是介绍发电技术,该章有三大主体内容:第 2.1 节(流体动力发电);第 2.2 节(能源材料发电);第 2.3 节(生物质发电)。

本教材之所以这样设置第 2 章的内容,这是因为:迄今为止,可以用来发电的工质主要有四种——流体、半导体、电解质以及生物质。在这其中,以流体为工质的发电技术是动力发电方式,或者说是"流体动力发电方式"。而以半导体、电解质为工质的发电技术是属于"能源材料发电方式"。利用生物质来发电的技术则是"生物质发电方式"(或称:生物质能发电方式)。

通过流体来实现动力发电,这是当前主流的发电方式,这种发电方式确实为人类的现代化建设做出了巨大的贡献,然而,这其中的火力发电方式所消耗的往往是(不可再生的)化石燃料,而且,燃料燃烧过程及其产物对于环境、生态与气候的负面作用很大。其他一些流体动力发电技术(例如,水力发电、风力发电、潮汐能发电、海洋能发电、太阳能热发电、地热能发电、燃氢动力发电)的可开发范围受限;至于核裂变发电技术,人们对于它在安全方面的顾虑仍未完全消除。这里,请注意:流体动力发电技术属于能源与动力专业必须掌握的知识范围;材料类学科专业的读者只需掌握其主体要点即可。

通过能源材料来发电几乎没有可动部件(或者说:可动部件数极少),更重要的是,这种发电技术本身对于环境与气候的副作用很小也很少。只是当前能源材料发电量的份额还较低,但是,光伏发电的发展势头迅猛。经过科研人员的不断努力,光伏材料的造价在持续降低,其发电成本已经可以与火力发电成本相媲美,甚至更低。这里,提醒读者注意:能源材料发电技术是材料类学科专业必须掌握的知识范围;对于能源类学科专业,鼓励将其弄懂弄通。

关于生物质发电技术,其优点类同于能源材料发电技术,这同样是未来很有发展前景的能源利用方式之一。只是生物质发电技术在目前还是处于初级研发阶段或者试用阶段,其发电量极其有限。因此,生物质发电技术现在还无法与其他发电方式竞争。读者对其有一般的了解即可。

电能的最大缺点是不容易储存(尤其是交流电),为此,往往需要将电能转换为其他能量形式来储存。

本教材**第 3 章**的内容正是关于能量储存的,这也是本教材的重点内容,能源类学科专业与材料类学科专业都应当予以掌握。第 3 章的内容包括三大主体:第 3.1 节(储电技术);第 3.2 节(储热技术);第 3.3 节(储氢技术)。实质上,第 3 章的内容既与第 2 章的内容密切相关,也与第 4 章的内容相关,即它起到承上启下的作用。具体来说,第 3 章中所述的储电技术(第 3.1 节)、储热技术(第 3.2 节)、储氢技术(第 3.3 节)既能够为发电设备的平稳运转"保驾护航",也可以大大地提高能源利用率(即这三方面的储能技术对于节能减排与环境保护都十分有益)。

本教材**第 4 章**的主体内容是节能减排,这是国家很重视、社会很关注、人们很关心的"热点内容"。对此,材料类学科专业与能源类学科专业都应当认真学习。

关于节能(第 4.1 节),汉语中有一个成语叫作"开源节流",若具体到能源方面,那就意味着:我们不仅要重视能源的合理开发(发电),也要注重高效储能、科学用能,还需要力行节能以及尽可能回收余能。

关于减排(第 4.2 节),主要是减少"温室气体"排放量(双碳目标便是针对这个问题而提出的,现在,中国政府以及各行各业对此都很重视)、杜绝有害物质排放以及有效地回收排放物(使其被循环利用)。

思　考　题

1.1　为什么说能量是现代社会保持正常运转的"血液"?为什么又说,能源就是供给这种"血液"运行的"心脏"?

1.2　在我们通常遇到的能量转换过程中,会遵循两个最基本原理,请问:这两个最基本原理分别叫什么?

1.3　地球上的大部分能源都来自哪个巨大的能源?

1.4　太阳能在本质上是哪种能源?

1.5　自然界中蕴藏着巨大的能量,那我们为什么还要反复强调每个人都要有节能意识?

1.6　第一次工业革命的特征是动力革命,那么,第二次工业革命的特征是什么?

1.7　请你列举几个第三次工业革命的成就(最好列举那些与能源有关的成就)。

1.8　现在正在发生的是第几次工业革命?

1.9　当今世界最重要的二次能源是什么?

1.10　什么能源才能够算是可再生能源?

1.11　能量有益,那么能量是否也有害?

1.12　按照本教材的归纳总结,常用的能量有哪七大类?

1.13　能量有哪六个方面的性质?

1.14　除了核能以外,其他类型的能量在消耗过程中是否也伴随着质量损失?

1.15　世界各地的重力加速度值是不是都相同?

1.16　液体有表面张力,那么固体有没有表面张力?另外,气体有没有表面能?

1.17　从宏观的角度来看,有两种最基本的可用电能,它们是 AC 与 DC,请问:这两个符号分别表示哪种电能?

1.18　核反应的类型有哪四种?哪一种核反应只用于科学研究而不用于核能利用?

1.19　高品质能向低品质能的转换效率高,还是低品质能向高品质能的转换效率高?

1.20　自发的能量传递是从高能态传递到低能态,还是从低能态传递到高能态?

1.21　按照能量的来源来分类,有哪三种能源?

1.22　按照能源的获得方法来分类,有哪两种能源?

1.23　按照能源是否可以得到有效补充来分类,有哪两种能源?

1.24　按照能源本身的性质来分类,有哪两种能源?

1.25　按照是否需要燃烧才能够被利用来分类,有哪两种能源?

1.26　按照开发技术的成熟程度来分类,有哪两种能源?

1.27　按照开发时对于环境的危害程度来分类,有哪两种能源?

1.28　清洁能源、可再生能源与新能源是三种不同分类法下的能源名称,它们所包含的内容是否有重叠?

1.29　请划线表示㶲、㶲与有用能、无用能之间的联系。

1.30　㶲和㶲之和是不是等于能量?

1.31　㶲有哪四个特性?

1.32　当能量不变时,㶲值会不会降低? 㶲值会不会增大? 㶲能不能转换为㶲?

1.33　无限转换能的㶲值是多少? 有限转换能的㶲值是不是小于能量? 非转换能的㶲值是多少?

1.34　能量利用效率通常是小于100%,还是等于100%?

1.35　能级又叫作:能质系数,电能的能级大,还是燃料的能级大?

1.36　与环境同温度的热水,为什么它的能质系数为0?

1.37　机器运转时,通电的电子元器件工作时,为什么会有发热现象?

1.38　人类开发能源给人类社会带来了以便利、高效、高产、高品质等为特征的现代化。然而,我们现在为什么又要反思以往能源开发利用过程中的副作用呢? 我们又应该怎样积极地应对这方面的问题呢?

1.39　电能有什么优点?

1.40　交流电转换为直流电的过程叫什么?

1.41　直流电转换为交流电的过程又叫什么?

1.42　对于现代电力行业,除了"发电、输电、配电、用电"这四个连续过程以外,还要求增加"储电"这个环节,为什么?

1.43　你对于本教材的总体安排(共4章),有什么认识与理解?

习　题

1.1　以教材中的式(1.7)之推导原理为推导原则,但是,不再将质量 m 作为常量,而是将质量 m 看作是与速度 v 有关的变量,即 $m=\dfrac{m_0}{\sqrt{1-v^2/c^2}}$,这里,$m_0$ 表示物体的静止质量,c 表示光速,其他符号的意义同上所述。由此,请推导出爱因斯坦质能公式,即 $E=mc^2$。

【提示】:在码1.1的最后,通过点击可看到本题推导过程。将你的推导过程与其对照,看看你的推导与爱因斯坦的推导是否一样,若有差异,再检查你的推导过程。

1.2　请根据真空中光速不变的原则,推导出真空中光速 c 的计算公式为 $c=\dfrac{1}{\sqrt{\varepsilon_0\mu_0}}$,单位为 m/s。这里,$\varepsilon_0$ 表示真空中的介电常数,单位为 F/m;μ_0 表示真空中的磁导率,单位为 N/A^2。

【提示】:在码1.1的最后,通过点击可看到本题推导过程。你可以将你的推导过程与其对照,若有差异,再检查之。另外,如何按照真空中光速不变的原理,将麦克斯韦方程组简化后再推导而得到"麦克斯韦波动方程",你可以上网搜索来获取推导过程。

1.3　根据 $c=\dfrac{1}{\sqrt{\varepsilon_0\mu_0}}$ 来计算真空中的光速 c 值。已知 $\varepsilon_0=8.854187817\times10^{-12}$ F/m,$\mu_0=4\pi\times10^{-7}$ N/A^2。

【提示】:答案为 $c=299792458$ m/s。

2   能源发电篇

正如第 1 章中所述,自从人类诞生以来,人们就在自觉或不自觉地利用各种能源。只是在古代,能源的利用范围狭窄、利用效率很低、利用数量较少。自英国人瓦特推出了实用型的蒸汽机,人类才真正地认识到规模化开发利用能源的重要性,从而开创了第一次工业革命。工业革命所依存的是大规模地利用能源,其结果是既生产出了大量工业产品,也把人们的双手从传统繁重的劳作中解放了出来。直到现代,人类还在享受着这场工业革命所带来的很多成果。

然而,工业革命在给人类带来财富的同时,也给社会带来了很多副作用。这些副作用是有害的(甚至是极其有害的),有时还带来了一些灾难性后果。现在,有时出现的雾霾、局部干旱或局部洪涝、冬天极冷或夏季酷热等极端气候,这都是人类长期以来利用化石燃料作为能源所带来的后果。因此,人们日益重视利用清洁能源,其目的是在给人类提供所需要的能源过程中,不会给地球、给社会带来较大的污染与负担。只有这样才能够支持人类社会的可持续发展。清洁能源的利用体现在水力能利用、风能利用、潮汐能利用、海洋能清洁利用、核能清洁利用、太阳能利用、地热能利用、氢能利用、生物质能利用等方面。

最早的能源利用是由一次能源产生的动力直接驱动机械装置工作。后来,随着电力体系问世与发展(第二次工业革命),能源应用逐渐转为"利用一次能源产生电能,电能再被利用",这是因为电能在很多方面都表现出其他能源难以匹敌的优势(参见第 1.4 节)。在现代社会,除飞机、火箭、大多数船舰艇舟、燃油机动车、燃气机动车、火力发电、某些材料产品的生产、冬季时大多数取暖装置的供热、大多数饮食的烹饪等仍以燃料作为主要动力源或者热源以外,大部分行业都以电能为能源。即便是不以电能为主要能源的领域,电能也是必不可少的。

如果按照工作介质(简称:工质)来分类,发电方法主要有三种:第一,以流体为工质来进行动力发电;第二,利用能源材料直接发电;第三,利用生物质来发电。

上述三种发电方式便构成了本章主体内容:2.1 流体动力发电;2.2 能源材料发电;2.3 生物质发电。本章第 2.4 节概述了地球上无法开发利用的一些巨大能源。第 2.5 节介绍了中国电力的概况与拓展。

2.1   流体动力发电

利用流体流动的能量来产生动力的机器叫作:原动机。原动机既可作为动力机直接驱动机器运转做功,也可以带动发电机运转发电。所以,流体动力发电技术的根本是:流动的流体通过原动机产生了驱动发电机转子转动的动力,这样,依据电磁感应的原理就可以产生电能。有关这方面的详细资料如码 2.1 中所述。

码 2.1

原动机通常也叫作:发动机(engine)。如上所述,最早的发动机是蒸汽机。后来随着科技的不断更新,现在,蒸汽机已经被更高效的发动机所取代。

这些高效发动机是涡轮机(turbine,或称:透平机)、内燃机(internal combustion engine)、斯特林发动机(Stirling engine)、热声发动机(thermoacoustic engine)。请注意:第一,与内燃机不同,涡轮机、斯特林发动机和热声发动机都属于外燃机。第二,涡轮机不需要活塞运动,然而,内燃机、斯特林发动机与热声发动机都需要活塞运动来工作。

在流体发电技术中,涡轮机用得最多。涡轮机的最基本工作原理就是将流体轴向来流的动能转换为涡轮机旋转运动的动能。按照工作流体的不同,涡轮机通常有 4 大类——蒸汽轮机、燃气轮机、水力机、风力机,它们分别依靠(高温高压)水蒸气、(高温高压)热烟气、(流动的)水、(流动的)空气而实现旋转运动,继而带动发电机的转子转动来发电。

利用不同类型的发电机,流体动力发电既可以产生交流电(alternating current,缩写 AC),也可以产生直流电(direct current,缩写 DC)。在流体动力发电方面的具体技术则包括:火力发电、水力发电、风力发电、潮汐能发电、海洋能发电、太阳能热发电、核能发电、地热能发电、燃氢动力发电等。

2.1.1　火力发电

火力发电的本质是:燃料燃烧产生热量,由该热量产生高温流体,高温流体在流经动力机械时带动其转轴转动,该转轴再驱动发电机的转子转动从而切割磁感线来产生电能(电能也叫作:电力)。

由此来看,火力发电的根本就是燃料燃烧产生热能(化学能转换为热能),热能再转换为功,功最后转换为电能,所以,火力发电的核心便是“大学物理”课程中热学部分的(或“物理化学”课程中热力学部分的)热机工作原理。热机的理论最大效率就是卡诺效率 η_c[①],这是理想的极限效率,实际过程是达不到的。如果再考虑到燃烧效率、传热效率、机械效率等因素,火力发电的效率一般只有 35%～40%(其热效率为 60%～70%)。

燃烧需要燃料,燃料主要是指化石燃料(煤、石油与天然气等)。当然,可燃废弃物(例如,垃圾中的可燃物)、生物质燃料也都是可用燃料。

若从更广泛的角度来说,凡是能够在空气中燃烧的物质便可统称为可燃物,但是,决不能将所有可燃物都称作燃料,例如,谷物、米类、豆类、薯类、糖类等农作物或食品,衣服、被褥等纺织物类用品都不能当作燃料来对待。即便是一些真正的燃料(例如,化石燃料),它们既是燃料,也可作为化工原料。

在化石燃料中,煤属于固体燃料(solid fuel),石油及其衍生燃料属于液体燃料(liquid fuel),天然气属于气体燃料(gaseous fuel)。

就火力发电而言,燃料的最重要参数就是发热量(也叫作:热值),这是因为该参数与燃料燃烧而产生的热量以及产生的高温直接相关。若干燃料的低位发热量参见附录 1 中的附表 1.1,关于“低位发热量”的概念,详见第 1.2.2 小节所述。

除了发热量以外,燃料燃烧的主要参数还包括着火温度、着火浓度范围、空气过剩系数、燃烧所需空气量、燃烧生成烟气量、燃烧温度等。关于这些参数,有的需要经测定获得,而有些参数还可以根据燃料成分通过计算得到。关于燃料成分,常用的测试与表征方法是:

固体燃料用元素分析方法,或者用工业分析法;液体燃料油用元素分析法;气体燃料用成分分析法。

不管哪种燃料,不管用哪种分析方法,燃料的主要成分(尤其是可燃成分)都是有机物。有关常用有机物的命名法,如附录 2 中所述。

火力发电主要包括:燃煤火力发电、燃油火力发电、燃气火力发电。另外,火力发电也是生物质能

---

①　尼古拉·莱昂纳尔·萨迪·卡诺(Nicolas Léonard Sadi Carnot,1796—1832),法国工程师、热力学创始人之一。他是最早从理论上把“热”和“动力”联系起来的人,这对后世的影响很大。他创造性地用“理想实验”的思维方法提出了熵不变的热机循环,即卡诺循环。他假定该循环在准静态的条件下是可逆的,与工质无关,从而创造了理想热机(卡诺热机)的概念,而且推导了该理想热机的效率(卡诺效率),即 $\eta_c = \left(1 - \dfrac{T_c}{T_h}\right) \times 100\%$,这里,$T_c$、$T_h$ 分别为低温热源与高温热源的温度,单位为 K(低温热源一般为环境)。

利用的一种方式,例如,焚烧垃圾火力发电、燃烧秸秆火力发电、焚烧(养殖场的)动物粪便发电等。

2.1.1.1　燃煤火力发电

煤是远古时代的植物在地下经过漫长且复杂的生物化学作用与物理化学作用而逐渐地演化而成的,这叫作:成煤作用。

由于成煤作用,像树木这样的高等植物形成了腐植煤,最后变成煤(coal);像草类、蕨类、地衣类这样的低等植物形成了腐泥煤,现在变成泥煤(peat)。

成煤作用一般被划分为两个阶段:第一个阶段是泥炭化阶段,古代植物经过该阶段变成泥炭后,就进入了第二阶段,即煤化阶段。第二阶段又分为两个阶段——成岩作用阶段与变质作用阶段(在成岩作用阶段,泥炭经过一系列变化后,就成为褐煤。当褐煤开始变为烟煤时,便进入变质作用阶段)。

按照煤化程度的不同,煤有很多类型。最简单的分类方法就是将煤分为褐煤、烟煤与无烟煤这三大类。按照用途不同(煤既可纯粹燃烧,也可制油、制煤气、炼焦,还可以提炼化工原料),每一大类煤又细分为若干小类,见附录1中的附表1.2。

码2.2

由煤的成因可知,煤是由有机物与无机物混合组成的,煤的主要元素组成是C、H、O、N、S、P以及微量稀有元素(Ge、Ga、Be、Li、V、U)、灰分A(ash)、水分M(moisture)。这其中,C、H、S、P可视作可燃成分,其余的则视为不可燃成分,这方面的更多资料如码2.2中所述。

煤从煤矿(露天煤矿或矿井煤矿)开采而来。而后,经过洗煤、选煤等工序后,再利用卡车、火车或船舶运输到燃煤火力发电厂。

运到发电厂的煤,在燃烧之前,还要进行加工处理。燃烧方式不同,加工处理的方式也有差异,例如,将煤粉磨成煤粉、将煤破碎成煤粒、将煤加工为型煤、将煤磨制成水煤浆(水煤浆的组成大致是:65%～70%的煤粉＋29%～34%的水分＋1%添加剂。水煤浆可作为燃油的替代品,其热值大约是燃油的一半,但是,其价格比燃油低很多)。

另外,与煤类似的燃料还有石油焦(petroleum coke,其热值大约是煤的1.5倍);与水煤浆类似的燃料还有澳沥(orimulon,天然沥青微粒与水均匀混合而成的一种液体燃料,其热值比煤的平均热值要高)。

另外,作为燃煤火力发电的替代燃料还有可燃废弃物(可燃垃圾)、(农作物的)秸秆、(动物养殖场的)粪便等。

关于煤的燃烧方法,传统上是直接燃烧原煤的“层燃法”,其燃烧效率低、环境污染大。现在,则采用燃烧煤粉的“喷燃法”(适合于普通煤)、燃烧煤粒的“流化床燃烧法”(适合于劣质煤或难燃煤)、燃烧煤粒的“旋风燃烧法”、燃烧水煤浆的“雾化燃烧法”等。

如图2.1所示的是由“喷燃法＋旋风燃烧法”构成的燃煤火力发电系统中煤燃烧部分的工作原理图,这方面的更多资料参见码2.3中所述。

码2.3

煤燃烧后产生高温烟气。高温烟气流经锅炉(boiler)时,便传热给锅炉内很多水管中流动的水。于是,水被加热为饱和蒸汽,饱和蒸汽进入汽包内储存与分离水,出汽包的饱和水蒸气再进入过热器被加热为过热水蒸气。高温高压的过热水蒸气再驱动蒸汽轮机(steam turbine)转动,继而带动发电机的转子转动便产生电能,该原理如图2.2所示。火力发电核心部件蒸汽轮机的真实结构,见图2.3。至于燃煤火力发电的更多资料,可浏览码2.3。

码2.4

现在,燃煤火力发电仍是国内基本的电力供给源,其最大优势是发电稳定、可靠、可调,发电成本也较低;其缺点是排放的废气对环境危害较大,所以,国家反复强调的节能减排、降低环境负担、减少环境污染、双碳目标,在很大程度上就是看燃煤火力发电设备的表现,尤其是各种节能减排技术、烟气收尘技术、脱硫技术、脱硝技术以及CCUS技术(carbon capture, utilization and storage)特别重要,这方面的更多信息,如码2.4中所述。

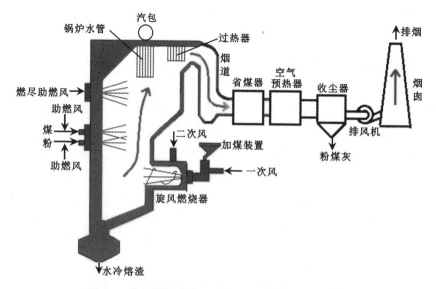

图 2.1 燃煤火力发电系统中煤燃烧部分的工作原理

（过热器将出锅炉汽包的"饱和蒸汽"加热为"过热水蒸气"；省煤器利用废气余热来预热锅炉的供水）

[空气预热器利用废气余热来预热（煤粉燃烧的）助燃空气]

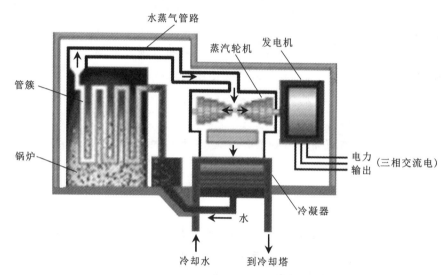

图 2.2 水蒸气驱动蒸汽轮机转动发电的原理

（注：该图中的管簇分为两部分——锅炉水管、过热器，参见图 2.1）

图 2.3 某正在建造中的蒸汽轮机

（图片来源：CCTV2 于 2021 年 5 月 17 日播放的节目《动力澎湃：第一集 燃烧的力量》）

2.1.1.2 燃油火力发电

这里所说的"油",具体是指用石油炼制而成的燃料油。

石油(petroleum,或称:原油,crude oil)是天然的、可燃的液态燃料。石油的外观呈黄色,或者呈褐色,或呈黑色,而且呈流动状或半流动状(黏稠液体)。

关于石油的形成,主要有两个理论学说:有机成油理论与无机成油学说。按照当前被普遍认可的有机成油理论,石油来自地下有机质漫长的演化过程:沉积于水底的有机物与淤积物,随着地球变迁,其埋藏深度会不断增加,在这个过程中会发生一系列的生物化学变化。它们先被需氧菌改造,后来被厌氧菌彻底改造。当细菌活动停止后,这些有机物便开始了由地温来主导的地球化学转化阶段。一般认为,有效的生油阶段大约是从 $50\sim60$ ℃开始,至 $150\sim160$ ℃时结束。如果地温过高,则会使已经生成的石油逐步裂解成甲烷(CH_4),并且最终演化为石墨(C)。这就是说,石油只是有机质在地下演化过程中的一种中间产物。

随着地下油田中的有限石油资源不断被采掘出来,其石油储量必然越来越少。针对这种情况与趋势,人们又将目光转向其他石油资源(例如,页岩油、致密油与油砂)以及生物质制油。在化石燃料方面,我国的特点是富煤、贫油、少气,为此,国内也十分重视"煤制油"技术(这属于煤化工技术)。有关石油与燃料油的更多资料,如码 2.5 中所述。

码 2.5

石油主要是由烷烃、环烷烃、芳香烃等烃类组成(组分为 C、H),也包含少量化合物(由 S、O、N 构成)、胶质与沥青质物质以及微量的金属元素(Na、Fe、Ni、V 等),当然,石油中也含有一些水分。石油元素分析法所给出的测试结果是:C、H、O、N、S、A(灰分)、M(水分)。

石油的元素组成一般为($85\%\sim90\%$)C、($10\%\sim14\%$)H、($0\%\sim1.5\%$)O、($0.1\%\sim2\%$)N、($0.2\%\sim3\%$)S 以及 1% 左右的灰分与 1% 左右的水分。

从油田开采出来的石油,在陆地上主要通过输油管道输送到炼油厂。若需要海运,则使用专门的运油船从油田所在港口运送到炼油厂所在港口。

在炼油厂,将石油精炼为各种液体燃料以及一些化工原料或化工产品。燃油火力发电机所用的燃料油主要是汽油与柴油。

汽油牌号是按照它的辛烷值来确定的。请注意:辛烷值(octane number)不是辛烷的含量,而是一个较复杂的测量计算值,它是表征汽油发动机抗爆震能力的一个指标。

柴油牌号是按照其凝固点来划分的。表征柴油发动机抗爆震能力的指标是其十六烷值(cetane number)。请注意:十六烷值也不是十六烷的含量,而是一个较复杂的测量计算值。

燃油发电或燃油驱动所有的动力装置都叫作:燃油发动机(oil engine)。

常用的燃油发动机有两种类型:其一是燃油气轮机(或称:燃气轮机,gas turbine),参见图 2.4 与图 2.5 以及码 2.6;其二是内燃机(internal combustion machine,如码 2.6 中所示)。不管用哪种动力装置,都是利用燃油产生的高温高压烟气直接驱动转轴转动而输出动力。它们既可用作运载工具的发动机(例如,高速飞机用的燃油气轮机,这里的"油"是航空煤油;相对慢速的船舶、车辆用的内燃机),也可作为发电机的原动机,注:燃油发电是用燃气轮机直接驱动发电机发电。因此,燃油火力发电厂不需要锅炉,也就不再需要冷却塔。

码 2.6

与蒸汽轮机相比,燃气轮机的优点有三个:第一,质量轻、体积小、投资省;第二,启动很快、操作方便;第三,水、电、润滑油的消耗量少。

中国的油普遍比煤贵,所以,国内的燃油气轮发电机组主要是为电网的尖峰负荷而提供辅助的电能,即服务于电网的调峰。

除了用于发电,燃油气轮机也用来直接提供动力或者作为启动辅机。例如:飞机用的涡轮喷气发动机、涡轮螺旋发动机、涡轮风扇发动机(涡扇发动机)都是以燃油气轮机作为主机;高速舰艇、水翼艇、气垫船也以燃油气轮机作为动力机;火箭发动机(rocket engine)的基本原理与之类似,当然,火箭

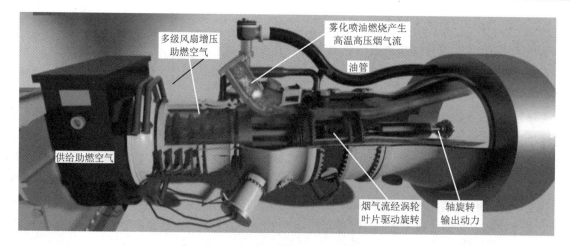

图 2.4 燃油气轮机的工作原理
(图片来源:CCTV2 于 2021 年 5 月 17 日播放的节目《动力澎湃:第一集 燃烧的力量》)

图 2.5 某建造中的燃油气轮机内部核心部件
(图来片源:CCTV2 于 2021 年 5 月 17 日播放的节目《动力澎湃:第一集 燃烧的力量》)

发动机需要用特殊燃料(液态或固态)以及氧气助燃。

内燃机通常是指活塞式内燃机(最典型的便是四冲程内燃机,如码 2.6 中所示)。这四个冲程分别是吸气、压缩、做功、排气(注:每个气缸都有这四个冲程,因此,内燃机的输出功率不仅取决于单缸排气量,也与气缸数量等因素有关)。在内燃机的做功冲程中,是利用燃油燃烧后气体膨胀来做功。燃油内燃机主要是为汽车、船舶提供动力。按照燃料油的不同,又分为柴油机和汽油机。如果用内燃机来发电,通常只用作辅助电源或者备用电源。

关于燃油火力发电所排放烟气的清洁化处理,可以参考燃煤火力发电系统(见第 2.1.1.1)中的相关内容。由于燃料油中的灰分很少,因此,燃油火力发电系统相比于燃煤火力发电系统,其除尘负担大大减轻。

2.1.1.3 燃气火力发电

这里所说的"气"是指气体燃料(学名:燃气,俗称:煤气)。

与煤、石油一样,燃气也是既可以燃烧产热,又可以用于合成化工原料。

燃气主要是指天然气(缩写:NG,natural gas)。通过管道送来的天然气,俗称:管道煤气。而被装入储罐中的天然气则叫作:压缩天然气(compressed natural gas,缩写 CNG)。

其他气体燃料多指"人造煤气",人造煤气包括:焦炉煤气(煤炭炼焦时的副产品)、高炉煤气(高炉炼铁的副产品)、水煤气(以水蒸气为气化剂的发生炉煤气)、发生炉煤气(以空气与少量水蒸气为气化剂的发生炉煤气)、城市煤气(由烟煤干馏或石油裂化而制取的气体燃料)以及液化石油气(炼制石油的副产品,liquefied petroleum gas,缩写 LPG)。

天然气的主要成分是甲烷(CH_4,含量 80%～90%),另外,还有少量的乙烷(C_2H_6)、丙烷(C_3H_8)与丁烷(C_4H_{10})等烃类。天然气的成因与石油的成因类似,而且它比石油更容易生成,例如,在化学条件与电化学条件都适合的条件下,甲烷菌生长温度为 0～75 ℃(最佳温度为 37～42 ℃)。有关天然气的更多信息,如码 2.7 中所述。

码 2.7

从天然气田开采出来的天然气,在陆地上,一般用专用输气管道从开采地输送到使用地的储气罐中(途中每隔 80～160m 要有一个增压站)。如果需要海运,先将天然气加压、降温为液化天然气(liquefied natural gas,缩写 LNG),然后,使用专用的 LNG 船从开采地港口运往使用地港口。在使用地港口,将 LNG 卸船后,再将其减压汽化为天然气,以便于储存与使用。如果有需要,LNG 还可以装罐运往偏远地区,有关这方面的更多资料,也如码 2.7 中所述。

在天然气中,除了主要的可燃成分以外,还包含一些有害杂质(例如,CO_2、H_2O、H_2S 与其他含硫化合物等)。所以,使用天然气之前,也要对其进行净化处理(脱 CO_2、脱硫、脱水、脱杂质)。

按照其来源来划分,常规的天然气有 4 种——纯天然气、石油伴生气、凝析气与矿井气,参见码 2.7 中所述。表 2.1 中所示的是纯天然气、石油伴生气以及矿井气的主要物性参数值[1]。

表 2.1　三种天然气的主要物性参数值(概略值)

天然气类型	相对分子质量	密度/$(kg \cdot m^{-3})$	体积定压比热容/$(kg \cdot m^{-3} \cdot K^{-1})$	标准状态下				理论燃烧温度/℃
				高位热值/$(kg \cdot m^{-3})$	低位热值/$(kg \cdot m^{-3})$	理论空气量/$(m^3 \cdot m^{-3})$	理论烟气量/$(kg \cdot m^{-3})$	
纯天然气	16.6544	0.7435	1.560	40403	36442	9.64	10.64	1970
石油伴生气	23.3296	1.0415	1.812	52833	48383	12.51	13.73	1986
矿井气	22.7557	1.0100		20934	18841	4.6	5.90	1900

注:本表中,除了密度的单位以外,其他单位中的 m^3 都为标准状态(0 ℃,1 atm = 101325 Pa)体积的单位。

除了上述 4 种常规天然气以外,天然气的家族成员还包括一些非常规天然气(页岩气、致密气、可燃冰等),参见码 2.8 中所述。

码 2.8

页岩气(shale gas)也叫作:页岩天然气。与页岩油一样,页岩气也是分布很广泛,而且储量很大,但是,开采难度很大(致密气比页岩气更难开采)。令人欣慰的是,人们已经掌握用"压裂法"高效开采页岩气、致密气的技术。

可燃冰(combustible ice)的正式名称是天然气水合物(natural gas hydrate,$CH_4 \cdot xH_2O$)。可燃冰广泛分布于深海沉积物中或陆地的永久冻土中。可燃冰实质上是由天然气与水在高压低温条件下形成的结晶体。因其外观像"冰",而且遇火即燃,所以俗称:可燃冰(也叫作:固体瓦斯,或称:气冰),它是下一代的清洁能源。

与煤、石油相比,天然气是优质的化石燃料,这是因为,不仅天然气的热值高(因为氢含量高),而且,天然气中的碳含量也比煤、比石油要低,即天然气属于低碳燃料。

针对我国"富煤、贫油、少气"的现实,利用煤化工技术来实现"煤制气"就很有必要。有关这方面的更多资料,请见码 2.8 中所述。

关于燃天然气的动力装置,它们与燃油动力装置类似(只是燃烧方式略有不同:燃油是雾化燃烧;燃天然气则是降压后直接燃烧)。这就是说,燃天然气的动力装置也主要有两种:其一是燃天然气的气轮机;其二是燃天然气的内燃机。前者(气轮机)常用于火力发电厂,一般通过专用管道将天然气从储气罐输送给气轮机;后者(内燃机)常用作燃气车辆或燃气船舶的动力源,需通过专用储罐将 CNG

（压缩天然气）输送给内燃机。当然，燃天然气的内燃机有时也用于发电（备用发电机）。有关这方面的更多信息，见码 2.6 中所述。

关于燃天然气火力发电系统中烟气的清洁化、环保化处理，可参见燃煤火力发电系统中（见第 2.1.1.1）的相关内容，当然，由于天然气中不存在灰分，所以，在燃天然气的火力发电系统中，几乎没有除尘的负担。

2.1.1.4　先进火力发电技术概述

火力发电是传统的发电技术，它稳定、可靠。至今，火力发电还发挥着巨大的作用（尤其在我国的电力构成中，火力发电仍占较大的份额）。随着人们节能减排意识的加强以及环境保护与生态保护被普遍关注，一些先进的火力发电技术相继被人们研发出来，以下就是这方面的概况。

先进的火力发电技术主要包括：超临界水燃煤发电（见码 2.4）、超超临界水燃煤发电（见码 2.4）、超临界二氧化碳循环发电（见码 2.4）、燃气/蒸汽联合循环发电（燃油或者燃天然气的气轮机，排气温度超过 500℃，将其引入余热锅炉中，可提高废气余热利用率，提高热效率）；整体煤气化联合循环发电（integrated gasification combined cycle，缩写 IGCC，它由两大系统组成——煤的气化、净化和燃气/蒸汽联合循环发电）、增压流化床燃气/蒸汽联合循环发电（pressurized fluidized bed combustion combined cycle units，缩写 PFBC-CC，燃煤流化床通过不完全燃烧而产生的煤气进入燃气轮机，焦油则返回流化床燃烧，在燃煤流化床中加入脱硫剂来脱硫。第二代 PFBC-CC 系统中增设了一个碳化炉或部分气化炉以及气轮机的顶置燃烧室）、燃料电池与 IGCC 系统组合的联合发电（关于燃料电池，参见第 2.2.3 小节，这里说的燃料电池是指"固体氧化物燃料电池"，它是高温型燃料电池，所用燃料是 H_2、CO、可燃烃等）、电力-蒸汽等联产系统（其主导思想是：能尽所能、物尽其用，例如，该系统既可以发电，也可产生供暖的热气、制冷的冷气、干冰、化工产品、建材产品等）。总而言之，上述先进火力发电技术的核心就是要千方百计地来提高火力发电厂的热效率与物品利用率。

码 2.9

除了上述火力发电的新技术以外，还有一些与环境保护有关的火力发电新技术，例如，燃烧垃圾发电与燃烧动物粪便发电（减轻社会环境负担，也创造经济效益）、燃烧秸秆发电（减少田地里焚烧秸秆的污染，也产生经济效益）、燃氢发电（H_2 燃烧产物是水，该燃烧过程几乎无污染）以及其他低碳火力发电技术。这方面的更多信息，如码 2.9 中所述。

2.1.1.5　磁流体发电与热电子发电简介

上述关于火力发电的新技术都是围绕着燃烧或工质而研发的。关于发电技术本身，仍采用上述的蒸汽轮机（或燃气轮机，或内燃机）驱动发电机发电。

火力发电的本质是热力发电。实际上也有其他一些热力发电技术，例如，码 2.25 中介绍的斯特林发动机驱动发电机发电、第 2.2.4.6 中介绍的热声发电技术以及这里介绍的两项有科学意义的热力发电技术——磁流体发电与热电子发电。

（1）磁流体发电

磁流体发电也叫作：MHD 发电（magnetohydrodynamic power generation），该发电法是利用流动的导电气体与周围磁场之间的相互作用来发电的。

按照法拉第[①]电磁感应定律，在磁场内运动的导体会切割磁感线，从而会在该导体中产生感应电流。设想一下：若将导体换成可导电的流体，让其高速流过磁场，同样会切割磁感线，于是在流体内感应出电流（感应电场的方向既垂直于磁场又垂直于流速），见图 2.6(a)。

普通流体变为导体有两种方法：第一，让气体直接电离为可导电的等离子体，例如，核聚变产生等离子体，个别的核聚变发电技术就利用等离子体直接发电；第二，在高温气体中添加 1%～2%（质量

---

① 迈克尔·法拉第（Michael Faraday，1791—1867），英国物理学家、化学家。1831 年，他在电力场研究方面获得了关键性突破，从此改变了人类文明的进程。由于他在电磁学方面所做出的伟大贡献，他被后人尊称为"电学之父"。

比)的易电离物质(K_2CO_3 或铯盐),则会依靠碱金属原子的高温电离从而引发高温气体电离(类似于等离子体),这就是磁流体发电法,如图 2.6(b)所示。

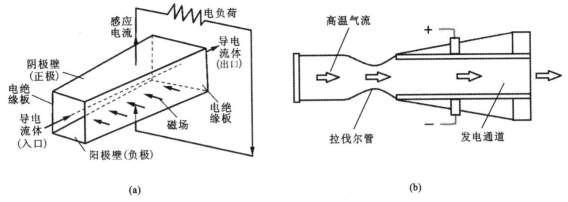

图 2.6 磁流体发电技术的原理与设备结构
(a) 工作原理;(b) 设备结构

高温的导电气体通过拉伐尔管喷射而获得加速后[见图 2.6(b)],它便能够以超音速(最大可达 3 Ma,这里,Ma 表示马赫数)高速地进入发电通道。

当导电气体流经发电通道,即导电气体流经超强磁区(5~8 T)时,就会在导电气体中感应出电动势。再通过(与导电气体接触的)正电极与负电极,便输出了直流电,参见图 2.6(a)。如果需要交流电,再利用逆变器转换后输出电能。

有关 MHD 发电技术的更多信息资料,如码 2.10 中所述。

码 2.10

(2) 热电子发电

热电子发电也是一种不需要可动部件而直接将热能转换为电能的发电法。它与磁流体发电技术相比,工作温度大大降低(700~900 ℃),而且,也不存在电极高温腐蚀的难题;它的整个发电系统还都是闭环操作的,这有利于环境保护。

码 2.11

热电子发电技术的原理是基于爱迪生[①]效应,如码 2.11 所示。按照爱迪生效应,当某种金属被加热到一定的温度后,金属中的电子所获得的动能就足以克服金属表面的"势垒"障碍,从而摆脱金属原子核的束缚而逸出金属表面,再进入外部空间。

从工作原理上来看,热电子发电不属于流体动力发电的范畴,而是属于能源材料发电范畴(参见图 2.110),然而,它是作为热力发电的新发电技术之一设置在这里。

传统型热电子发电装置的基本结构见图 2.7,它的基本部件是发射器与接收器,它们两者之间被称为:中间空间。其工作原理是:发射器在受热后逸出的电子,通过中间空间到达接收器,于是,在发射器与接收器之间形成电势差,即一个低压直流电源。

对于图 2.7 所示的热电子发电装置,其电容量很小、发电效率较低,这是因为电子的荷质比很大,所以,到达接收器的电子流密度很小。即它不能实现大功率的热电子发电。为了提高(到达接收器的)热电子流强度,从而提高发电功率以及发电效率,有人对此做了改进,例如,通过增设一个高压直流电源来产生强磁场,以增加到达接收器的热电子密度。有关这方面的更多资料,可用网络搜索或浏览码 2.11。

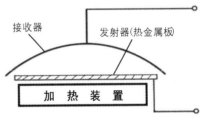

图 2.7 热电子发电装置的基本结构

---

① 托马斯·阿尔瓦·爱迪生(Thomas Alva Edison,1847—1931),美国的发明家、企业家。在历史上,他是专门从事发明而且将发明成果用于批量生产的第一人,尤其是他的电气工程研究实验室研发的很多科研成果对世界产生了巨大且深远的影响,例如,他所发明的留声机、电影摄像机、电灯等都对世界都有着极大的影响。他一生的发明有两千多项,拥有专利一千多项。

2.1.2 水力发电

通常所说的水力是指陆地上水流的力量,对于海岸线边缘的水力能(潮汐能)与海洋中的水力能(海洋能),将在第 2.1.4 和第 2.1.5 小节中介绍。陆地上大量的水主要来自其上空的降雨、降雪与降冰雹,其水汽供给源参见图 2.8。关于这方面的更多资料,如码 2.12 中所述。

码 2.12

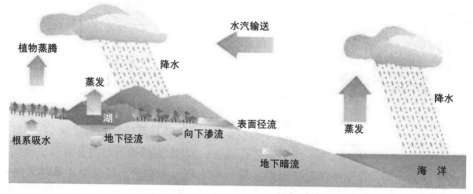

图 2.8 陆地上水流的起源

水汽除了图 2.8 所示的常规降水源之外,来自海洋的季风(monsoon)、热带气旋(tropical cyclone,缩写 TC)、台风或飓风①也给陆地带来了大量降水。

古人云:"上善若水,水善利万物而不争。……"(引自《道德经》)。水在地球上普遍存在,因此,水力能(或称:水能,也叫作:水利能)是自然界赐予人类的巨大能源。

在古代,人类就利用水流来驱动水车转动,以让其助力于人们的劳作,只是这些水车的能源利用效率较低。现在,人们则使用水轮机来高效地利用水力能。

作为常规能源的水力能,尽管不属于新能源,然而,它却是可再生能源,也是清洁能源。在这里,我们探讨的是水力能的发电技术,这也就是人们常说的水力发电(简称:水电)。请注意:不是所有的水流资源都适合开发大型水力发电。这是因为,大型水力发电需要上、下游水面存在较大的高度差(简称:高差,或称:落差,学名:水头),因此,有较大落差且有高山峡谷的流域(以峡谷地段的两侧高山为侧面,在下游建造堤坝可形成很大的人造落差)最适合建造大型水力发电站。当然,建造水电站是一个系统工程,需要科学地统筹、整体性布局,还要考虑生态、地质、环保、抗洪等多方面的因素,例如,可按照河流的地形、地貌与地质等条件,将河流分成若干区段来开发水力能,即建造"梯形水电站"。

水力发电的基本工作原理是:高水位势能→流水道中水流能量→驱动水轮机的转轴转动→带动发电机的转子转动→切割磁感线→发电(产生电能)。

关于水力发电的效率,它包括两个过程的效率:其一是水力能转换成机械能的效率(即水轮机的效率,小型水轮机为 75%~85%,大型水轮机为 85%~96%);其二是机械能转换为电能的效率(即发电机的效率,通常大于 98.5%)。这两个效率相乘就是水力发电效率(中、小型水电机组的发电效率通常为 75%~85%,大型水电机组的发电效率一般大于 90%)。

2.1.2.1 水力发电站

按照河流中是否建设有储水设施,水力发电站(简称:水电站)有储水式与径流式之分:前者需要建造堤坝等储水设施来形成人造的水位落差,因此发电量稳定且可调,所以应用广泛;后者只是利用江河溪流中的流水动能来发电,发电量受制于自然水流,通常只供当地即发即用。

---

① 台风(Typhoon)或飓风(Hurricane)是由热带气旋增强而来。就北半球而言,国际日期变更线以东的太平洋、大西洋以及一些海域叫作:飓风;国际日期变更线以西的太平洋以及一些海域称为:台风。另外,印度洋以及一些海域称为:旋风,其他一些地方还有当地的俗称。请注意:台风或飓风的形成无规律可寻,季风的到来则较有规律,参见码 2.12 中所述。

若按照流水道中落差利用方式的差异,水电站又可划分为四种类型:引水式水电站、堤坝式水电站、混合式水电站以及蓄能式水电站。这方面的更详细资料如码2.13中所示。

码2.13

（1）引水式水电站

引水式水电站(conduit hydropower station)通常是利用自然的水位高差来发电,参见图2.9[1]。它一般建造在地势险峻、水流湍急河段的中上游,或者建造在坡度较陡的河段。它是采用人工修建的引水道(例如,明渠、隧道、管道)来引水发电的。另外,引水式水电站不仅可以沿河流引水发电,还可以利用两条河流的水面高程差来实现跨河引水发电。

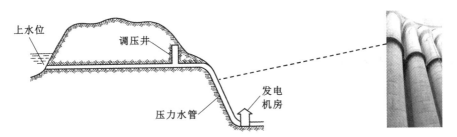

图2.9　引水式水电站的基本结构

建造引水式水电站不会淹没土地,这是这种水电站的优点。

引水式水电站的缺点是:因为受水流量的影响,其发电量不会太大,所以,引水式水电站多用于中、小型水电站。

在图2.9中,调压井①的作用是:当运转中的发电机组突然甩负荷,或者操作人员突然关闭导水叶片时,调压井能够防止因为水锤效应(参见码2.13中的解释)而击毁导水叶片或者损坏其他过流部件。即在设置了调压井以后,就能够让水锤效应拥有释放冲击力的缓冲通道。

（2）堤坝式水电站

堤坝式水电站(dam-type hydropower station)是指:在河道上兴建堤坝,以抬高上游的水位。这样,就人为地造成了集中的水位落差。然后,再利用流水道中的水流来发电。

堤坝式水电站是最常见的水电站。当然,因为坝基所在的地形与地质条件有差异,所以,堤坝与发电机房的相对位置也会不同。即堤坝式水电站有两种基本类型:河床式与坝后式。

河床式水电站(hydropower station in river channel)适用于河床的纵向坡度较平缓的河段。对于这种河段,为了避免被淹没的地表面积过大,只能建造不太高的拦河坝。因水位落差不高,所以,可以把发电机房与堤坝建造在一起,即可将发电机房看作是挡水坝的一部分,如图2.10所示。我国的长江葛洲坝水电站是国内最大的河床式水电站,它的引水流量较大,因此,它选用了大直径、低转速的水轮机发电机组。

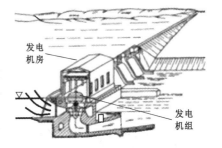

图2.10　河床式水电站的结构图

坝后式水电站(hydropower station after dam)的结构如图2.11所示。其特点是:发电机房与堤坝相互独立(施工时相互干扰少),这种水电站获得的水头很大(水头大,发电量也就大)。坝后式水电站适合建造在峡谷河段。在这种河段,由于淹没的地表面积较少,因此,允许建造很高的堤坝,这就使得水轮机能够获得很大的水头,进而发出很大的电量。长江三峡水电站就是采用坝后式水电站,参见图2.12。

①　调压井也叫作:压力井,统称为:调压室(或称:尾水调压室)。请注意:在山体内挖掘的井形调压室叫作:调压井;若调压室是高出地面的塔状结构,则称为:调压塔。此外,也有调压井与调压塔的混合结构。

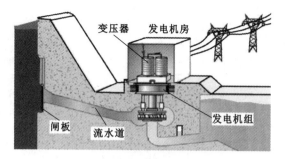

图 2.11 坝后式水电站的基本结构

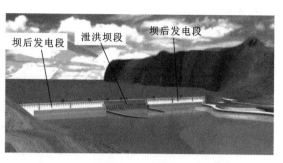

图 2.12 壮丽的三峡水电站效果图

（3）混合式水电站

这里所说的"混合"是指综合了堤坝式水电站与引水式水电站的优势，也就是说，既要建造堤坝来蓄水以升高水位，又要建设引水道（尤其是地下引水道）来实现水力发电。

对于泄洪量大、河床不宽的堤坝，其坝后位置只够建造泄洪道。在这种情况下，混合式水电站（dam-diversion type hydropower station）便应运而生（即这种水电站是由"堤坝"与"引水道"混合构成），如图 2.13 所示。

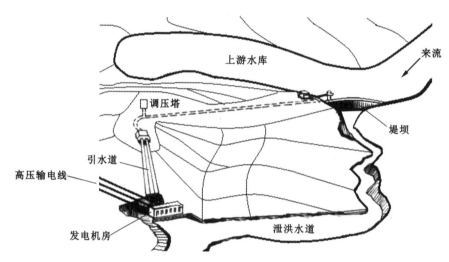

图 2.13 混合式水电站的示意图

混合式水电站是因河面较窄而不得不采取的建造方式。这种建造方式往往还要建设位于地下的引水道，所以其建造成本很大。一般来说，混合式水电站建造在上游地势平坦（适宜建坝）而下游坡度较陡的河段，或者河流拐弯较大的河段。中国两个最典型的混合式水电站就是在金沙江上建造的、令世人惊叹的乌东德水电站与白鹤滩水电站，见图 2.14 与图 2.15。

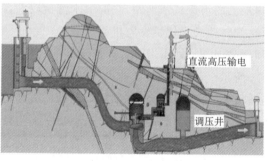

图 2.14 乌东德水电站的外观效果图与工作原理图

（图片来源：CCTV1 于 2020 年 9 月 13 日播放的节目《开讲了》）

 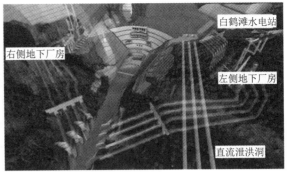

图 2.15　白鹤滩水电站的外观效果图与引水道布置图

(图片来源:CCTV1 于 2021 年 9 月 11 日播放的节目《开讲了》)

（4）蓄能式水电站

蓄能式水电站也叫作:抽水蓄能电站(pumped storage power station)。这种水电站需要有两个水库:上位水库与下位水库,如图 2.16 所示。

图 2.16　某蓄能式水电站的上、下位水库

(图片来源:CCTV1 于 2022 年 10 月 6 日播放的节目《征程》第 19 集)

蓄能式水电站,顾名思义就是为了储能(蓄能)而建造,具体是为了保持电网平衡(电网输入电量与输出电量之间的即时平衡)。蓄能式水电站的储能原理是:第一,在电网的用电负荷低谷时段,电网中的剩余电能将会驱动水轮机工作,使其把部分水体从下位水库抽取到上位水库,即水轮机在该时段充当抽水机组的作用(类似于水泵的作用);第二,当电网到了用电高峰时段,再让上位水库中的部分水体流向下位水库,该水流便驱动水轮机运转发电,以补充用电高峰时的电量不足,即水轮机在这个时段才被用于发电(水力发电机的作用)。

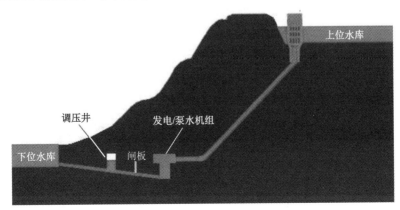

图 2.17　蓄能式水电站的工作原理

从能源角度来看,蓄能式水电站(抽水蓄能电站)的本质就是储能。鉴于此,这部分内容也将第 3.1.1 小节(流体储电法)中再作介绍。

2.1.2.2　水轮机

无论上述哪种水力发电站,它们的核心部件都是水轮机。水轮机是直接将水力能转换为机械能的原动机。水流通过驱动水轮机的叶片旋转而带动其轴转动,再带动发电机的转子转动,从而实现了水力发电。人们通常将"水轮机＋发电机"统称为:水轮机发电机组。

水力能中既有动能,也有势能。势能又包括重力势能与压力势能,关于这两种势能的定义,参见第 1.2.2 小节。

按照利用水流方式的差异,水轮机分为两大类——冲击式水轮机与反击式水轮机。这两大类水轮机又分为很多小类,即可以分为很多具体的水轮机,参见表 2.2[1]。

表 2.2　常用几种水轮机的代号与两个重要参数值

型　　式		代号	转速范围/(r·min⁻¹)	适用水头/m
冲击式	切击式(水斗式)	CJ	10~15(单喷嘴)	400~1000
	斜击式	XJ	30~70	20~300
	双击式	SJ	35~150	5~100
反击式	混流式	HL	50~300	<700
	轴流式　定桨式	ZD	250~700	<70
	轴流式　转桨式	ZZ	200~850	30~88
	斜流式	XL	100~350	40~120
	贯流式　定桨式	GD	500~900	<20
	贯流式　转桨式	GZ	500~900	<20

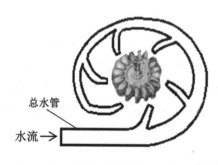

图 2.18　水斗冲击式水轮机的基本结构

总水管

水流→

冲击式水轮机的旋转只是利用水流的动能。按照水流与叶片的相对取向不同,冲击式水轮机又有切击式、斜击式与双击式之分。这其中,切击式又叫作:水斗式,因为这种水轮机的叶片并不是真正意义上的叶片,而是水斗状。这种水斗状冲击式水轮机较为常用,它适合于上述引水式水电站。关于切击式水轮机(水斗冲击式水轮机)的基本结构,如图 2.18 所示。

冲击式水轮机是水平布置,因此只能够利用水流的动能,不能利用水流的势能。然而,除了贯流式水轮机以外,其他的三种反击式水轮机(参见表 2.2)却是垂直布局,因此,这三种反击式水轮机(混流式、轴流式、斜流式)既能够利用水流的动能,也能够利用水流的势能。

从能量转换的角度来看,反击式水轮机是将轴向流动的水流能量,通过水轮机的叶片(或称:桨叶)转换为水轮机机轴的旋转动能,所以说,反击式水轮机是涡轮机的一种(或者说,涡轮机在水流中的具体应用便是反击式水轮机)。

对于垂直布局的反击式水轮机,按照它们的桨叶取向之差异,又分为混流式、轴流式与斜流式。这三者相比,混流式是适用于高水头的场合,轴流式则适合于中、低水头的情况,参见表 2.2。斜流式水轮机可用于上述的抽水蓄能式水电站。

混流式水轮机的结构如图 2.19 所示。从上游来的水流,经过流水道到达混流式水轮机的入口后,会经过一个蜗壳通道旋转地流入机壳内,再经导流叶片的导流,便向下螺旋式地冲击水轮机的桨叶,从而使这些桨叶高速旋转,再通过转轴来驱动上方发动机的转子高速旋转而发电。

就这种水轮机内的流型而言,水在进口蜗壳与导流叶片的导流下,会做旋转运动,同时,水在重力的作用下又会向下运动。这两种运动的叠加,也就是向下螺旋式流动,这种流型的水流在撞击到水轮机的桨叶后,便形成了较为复杂的混流流型。

混流式水轮机能够在高水头下高效运行。因此,适用于大型水电站,图 2.20 就是令世人惊叹的中国白鹤滩水电站所用的混流式水轮机在安装时的照片。

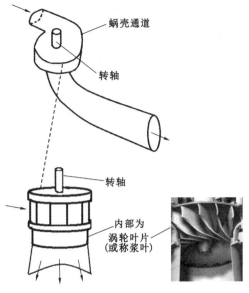

图 2.19 混流式水轮机的结构

(图中箭头方向为水流方向)

图 2.20 建造白鹤滩水电站时正在安装混流式水轮机发电机组

(图片来源:CCTV2 于 2021 年 5 月 18 日播放的节目《动力澎湃》第二集)

轴流式水轮机的结构如图 2.21 所示。轴流式水轮机又有定桨式与转桨式之分,定桨式的叶片是固定的,参见图 2.21(a);转桨式叶片的桨距角(叶片的倾斜角度)可以调整,参见图 2.21(b)。这两者相比,转桨式用得较多。

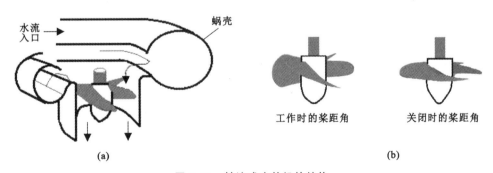

图 2.21 轴流式水轮机的结构

(a) 定桨式;(b) 转桨式

从流型角度来说,对于混流式水轮机,水流近乎于沿径向进入的,却是沿轴向流出;而对于轴流式水轮机,水流是沿轴向进入水轮机,也是轴向流出的。

从性能角度来说,轴流式水轮机的比转速高、效率曲线平坦与稳定性好,即稳定的高效率区较宽(转桨式水轮机的该指标为 25%～100%,混流式水轮机的该指标仅为 65%～100%),这对于水头的变化幅度较大或者水力发电机组较少而负荷变动很大的水电站来说尤为重要。另外,由于轴流式水轮机转轮叶片的数量比混流式水轮机要少,所以,轴流式水轮机的过流面积大,即若水头相同,轴流式水轮机可以缩小水轮机的尺寸,从而降低设备投资。

然而,正是由于叶片的表面积较小且流量与转速较大,因此,轴流式水轮机的汽蚀系数比混流式要高(即前者的抗汽蚀能力较差),这意味着轴流式水轮机所用的水头受限(迄今,最高的为意大利Nembia水电站的 88 m),所以轴流式水轮机适合于中、低水头的情况,即适合于中型、小型水力发电站。

斜流式水轮机的基本结构参见图 2.22。这种水轮机的桨叶与主轴线呈斜交状,倾斜角度一般为 45°～60°。

斜流式水轮机的这种结构,实际上是介于混流式水轮机与轴流式水轮机之间的。尤其是,45°的桨叶和导流叶片可以协联调节,这就使得斜流式水轮机在高效率区的流量范围与所用发电机的出力范围都较宽。然而,斜流式水轮机的结构复杂,加工工艺要求高,所以它的造价昂贵,实际上其应用并不多,主要应用于抽水蓄能式水电站。

贯流式水轮机的结构如图 2.23 所示。由表 2.2 可以知道:贯流式水轮机也是有定桨式与转桨式之分(可参考图 2.21)。

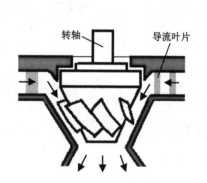

图 2.22　斜流式水轮机的结构

(图中箭头方向为水流的流向)

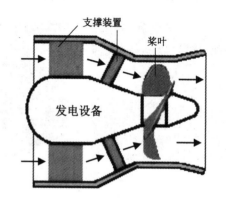

图 2.23　贯流式水轮机的基本结构

(图中的箭头方向为水流方向)

码 2.14

与其他三种反击式水轮机(呈垂直布局)不同,贯流式水轮机要么呈水平布置,要么是呈倾斜布置。若是如图 2.23 所示的水平放置时,贯流式水轮机只利用水流的动能;而如果倾斜放置,贯流式水轮机既可利用水流动能,也利用水流势能。

贯流式水轮机适用于第 2.1.4 小节中所述的潮汐能发电站。

有关水轮机的更多资料,请浏览码 2.14。

2.1.2.3　大坝水泥

水电站大坝实质上是由水泥的水化产物与集料(或称:骨料)以及钢筋所构成的巨大钢筋混凝土构件。

请注意:水泥水化反应是放热反应,而且,水泥水化产物与集料的导热性都很差,于是在(硬化后的)混凝土坝体冷却过程中,表面冷却快、内部冷却慢,这就造成大坝内部与大坝表面之间存在较大的温度差,即大坝的内部存在较大的热应力。热应力会导致大坝开裂,从而产生大坝裂缝。

为了解决这个问题,人们采用"浇筑混凝土时加冰块、混凝土大坝中增设很多冷却水管、在大坝混凝土中预埋(温度)传感器来实现即时监控"等措施,以减少温度差以及监控热应力。但是,这治标不治本。

水泥水化过程产热是水电站大坝产生裂缝的内因所在,所以解决这一问题的根本方法是用中热水泥或低热水泥来浇筑大坝混凝土,例如,建设三峡水电站大坝时,就是使用中热水泥,而且,为了降低水泥的水化热,浇筑混凝土时还添加了大量粉煤灰。后来,在建设金沙江上的乌东德水电站大坝、白鹤滩水电站大坝时,则使用低热水泥(贝利特水泥)。低热水泥的低水化热与微膨胀率再辅助上述措施,就可以根治水电站建造"无坝不裂"这一难题。

2.1.3 风力发电

2.1.3.1 风的起源及其规律

风在地球上普遍存在,但是,风"看不见、摸不着,只能感觉到"。这是因为,风就是空气在流动,而空气对于可见光是完全透明的。

太阳的光芒普照大地,但是,照射地面上的太阳能却是不均匀、不稳定的。这不仅与所在区域有关,而且还会随时变化。由此,便引起各地的温度差以及不同时段的温度差(尤其是昼夜的温度差)。温度差会导致空气密度差,密度差又会导致压强差。于是,在压强差的驱动下,空气便发生了流动,即产生了风,具体如码2.15中所述。

码 2.15

当然,风还有其他一些成因,第一个实例是海边的风:相对于陆地,海水的热容量更大,这导致海水的温度在白天比陆地低、晚上的海水温度却比陆地高,结果是:白天,陆地气温高,导致陆地空气密度低(浮力大)而上升,这会将海面上的空气吸向陆地,即形成从海面吹向陆地的海陆风;反之,晚上的海水降温慢,海面上的气温高,导致海上空气密度低(浮力大)而上升,陆地上的空气便被吸向海面,从而形成陆海风。该实例说明了为什么海岸地区适合于风力发电,见图2.24(a)。第二个实例是山谷风:在高山峡谷地带,白天,山上因日照足而导致气温高,即山上的空气上升,这吸引着山谷中的冷空气沿山坡向上流动,叫作:谷风;晚上山顶的空气降温后会沿山坡下降,这叫作:山风。该实例阐释了为什么山峰或山脊上适合安装风力发电机,见图2.24(b)。当然,在风力充沛地区的开阔场地,也适合风力发电,见图2.24(c)。

(a)

(b)

(c)

图 2.24 两种场地的风力发电

(a) 拍摄于广东省阳江市海边;(b) 拍摄于内蒙古满洲里市郊区;(c) 拍摄于内蒙古锡林郭勒草原

尽管局部风难以预料,但是,风的总体变化却有一定的规律可循:

第一,风的季节性变化,例如,我国大部分地区都是"夏天时,东南风占优势;冬季时,西北风占优势",如图2.25所示的是我国上海地区的风玫瑰图(该图中,N、E、S、W分别表示北、东、南、西)。

第二,中国风能资源丰富的地区,主要有内蒙古、河北(北部)、山西(北部)、陕西(北部)、宁夏、甘肃、新疆(北部)、青海、西藏、辽宁、吉林、黑龙江等省或自治区以及拥有海岸线的省或自治区,再加上其他一些局部区域。至于更具体的地理资料,可通过网络搜索来获知。

第三,在地面上,夜间的风弱、白天的风强;在高空,则是相反,即

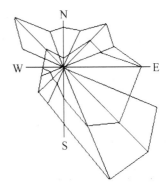

图 2.25 上海地区的风玫瑰图

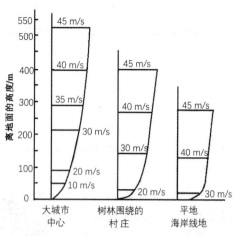

图 2.26　风速随高度变化的大致规律

白天的风弱、夜间的风强。发生逆变的临界高度在 $100 \sim 150\ \mathrm{m}$。

第四,关于风速沿高度的变化规律,如图 2.26 所示[1]。其原因是:地面附近(学名:地面境界层),空气流动会受到涡旋气流、空气黏度、地面植物、地上建筑物等阻尼,故而风速不大,风向基本不变。随着高度增加,风速增大。由此,也就可以理解为什么风力发电机要尽可能安装在高处[参见图 2.24(a)],而且,塔架也要很高。

按照风速的大小,世界气象组织将风力分为下述级别:0 级(小于 $0.3\ \mathrm{m/s}$)、1 级($0.3 \sim 1.5\ \mathrm{m/s}$)、2 级($1.6 \sim 3.3\ \mathrm{m/s}$)、3 级($3.4 \sim 5.4\ \mathrm{m/s}$)、4 级($5.5 \sim 7.9\ \mathrm{m/s}$)、5 级($8.0 \sim 10.7\ \mathrm{m/s}$)、6 级($10.8 \sim 13.8\ \mathrm{m/s}$)、7 级($13.9 \sim 17.1\ \mathrm{m/s}$)、8 级($17.2 \sim 20.7\ \mathrm{m/s}$)、9 级($20.8 \sim 24.4\ \mathrm{m/s}$)、10 级($24.5 \sim 28.4\ \mathrm{m/s}$)、11 级($28.5 \sim 32.6\ \mathrm{m/s}$)、12 级($32.7 \sim 36.9\ \mathrm{m/s}$)、13 级($37.0 \sim 41.4\ \mathrm{m/s}$)、14 级($41.5 \sim 46.1\ \mathrm{m/s}$)、15 级($46.2 \sim 50.9\ \mathrm{m/s}$)、16 级($51.0 \sim 56.0.8\ \mathrm{m/s}$)、17 级($56.1 \sim 61.2\ \mathrm{m/s}$)、17 级以上(大于 $61.2\ \mathrm{m/s}$)[3]。

3 级～7 级的风力可以进行风力发电。若超过这个风力范围:风速太小,不会启动;风速太大,便要改变风力机的桨距角而将桨叶转到顺桨位置(这时空气只绕流桨叶,不产生推力),同时利用轴系的机械制动装置共同使风力发电机组停机,以确保安全。

这也就是说,7 级以上的风力不仅会让风力发电机停机自行保护(不发电,以避险),这些强风还带来重大险情。为此,强风来临之前,所有船舶都要停靠港内避险。请注意:10 级以上的风在陆地上很少见。当然,局部区域偶尔也会发生极端天气。

2.1.3.2　风能利用与风能发电

在古代,就有风能利用的实例,例如,利用风车为磨米机、榨油机、提水机、抽水机等机械装置提供原动力。在人们的头脑中,印象最深的应该是荷兰风车,实际上,北欧的丹麦等国家在古代也是普遍利用风车来产生原动力。在蒸汽机问世之前,船舶上普遍安装风帆,以利用风能来为船只的航行提供主动力。除了风车与船帆用风助力以外,中国有些地区的人们也在手推车上安装上帆布旗,以实现风力助推。

在现代社会,风能利用主要体现在风力发电方面。当然,由风能提供原动力的实例也有,例如,风力泵水、风帆助航、风力供暖、风力制冷等。

风力发电(简称:风电)的核心设备是风力机(俗称:风车),风力机通过它的叶片将风能转换为旋转机械能,继而通过系列装置将机械能转换为电能。

尽管空气与水都是流体,然而,空气的密度大约是水密度的 0.125%,因此,风的势能可以忽略不计,即风能主要是指风的动能。

空气密度低也导致了风能的能流密度 E_A 远低于其他能源,参见表 2.3[1]。

表 2.3　几种典型能源的能流密度 E_A 值

能源的类型	能流密度/($\mathrm{kW \cdot m^{-2}}$)	能源的类型		能流密度/($\mathrm{kW \cdot m^{-2}}$)
风能(风速:3 m/s)	0.02	潮汐能(潮差:10 m)		100
水能(流速:3 m/s)	20	太阳能热利用	晴天平均	1.0
波浪能(波高:2 m)	30		昼夜平均	0.16

请注意:关于表 2.3 中的能流密度 E_A,其本质是指单位横截面积上的功率,单位:$\mathrm{kW/m^2}$,对于

风能 $E_A = \left(\frac{1}{2}mv^2\right)/A = \frac{1}{2}\rho A v \cdot v^2/A = \frac{1}{2}\rho v^3$。这里，$m$ 代表单位时间内通过的流体质量，$\mathrm{kg/s}$；A 代表横截面积，m^2；v 代表流速，$\mathrm{m/s}$。所以，对于风能，能流密度 E_A 的计算式为：

$$E_A = \frac{1}{2}\rho\, v^3 \tag{2.1}$$

式中　E_A——风能的能流密度，$\mathrm{W/m}^2$；

ρ——当时、当地的空气密度，$\mathrm{kg/m}^3$；

v——当时、当地的风速，$\mathrm{m/s}$。

由式(2.1)可看出：风能利用装置要安装在风速较大的地方(当然，风速也不能太大，以至于达到破坏风力机的程度)。还有，由于能流密度 E_A 是单位横截面积上的功率，这也就意味着：迎风面积越大，所获得的风力动能越大。因此，在保证叶片强度与刚度的前提下，叶片越长越好。为了制造强度高、刚度好、轻质的长叶片，需要用复合材料(风力机叶片的主要材料是玻璃纤维、巴沙木，关键部位会用碳纤维)。这方面的更多资料如码 2.16 中所示。

码 2.16

这里，请注意：风通过风力机之后，风速不会变为零。因此，风力机是不可能将风力的动能全部利用。这就是说，只有部分的风力动能会转换为可利用的机械能。由此，这就涉及风力发电的效率问题。风力机的理论最大效率 $\eta_{\max}$ 是贝兹效率(其最大值为 $16/27 \times 100\% \approx 59.3\%$)[1]，而实际风力机的效率 η 通常只有 $40\% \sim 45\%$，如果再考虑到机械传动效率、发电效率以及并入电网的电损耗，风力发电的效率一般为 $30\% \sim 40\%$。

【例 2.1】　请按照贝兹理论，推导出风力机的理论最高效率 $\eta_{\max} \approx 59.3\%$。

【解】　贝兹理论是建立在假想的"理想风力机"基础上的。贝兹假定：这种理想风力机能够接收(流经其叶片的)空气给予的所有风力动能，贝兹还假定：空气为不压缩流体，也没有任何因流动阻力产生的能量损失。由此，可得到风力机理论效率 η_0(单位：$\%$)的计算式为：

$$\eta_0 = \frac{P}{P_0} \times 100\% \tag{2.2}$$

式中　P——风力机全部叶片所接收的风力动能功率，即(风力机前)空气来流的动能功率与(风力机后)风的残余动能功率之差，W；

P_0——风力机前，空气来流的动能功率，W。

式(2.1)中，两个物理量 P 与 P_0 的计算式分别为：

$$P = \frac{1}{2}m(v_1^2 - v_2^2) = \frac{1}{2}\rho \cdot s \frac{v_1 + v_2}{2}(v_1^2 - v_2^2)$$

$$P_0 = \frac{1}{2}mv_1^2 = \frac{1}{2}\rho \cdot s v_1 v_1^2 = \frac{1}{2}\rho \cdot s v_1^3$$

式中　m——单位时间内流经风力机叶片的空气质量，$\mathrm{kg/s}$；

ρ——实际空气的密度，$\mathrm{kg/m}^3$；

v_1　风力机前，空气来流的流速(即，原风速)，$\mathrm{m/s}$；

v_2——出风力机叶片后，空气的流速(即，残余风速)，$\mathrm{m/s}$；

s——风力机叶片的扫风面积，m^2。

将上述两式代入式(2.2)中，便可以推导而得到：

---

① 阿尔伯特・贝兹(Albert Betz，1885—1968，注：在某些资料中，也将"贝兹"译为"贝茨")，德国物理学家。他于 1919 年提出了有关风力机的理论(被后人称之为：贝兹理论)，贝兹也因此而获得德国哥廷根大学(University of Göttingen)的博士学位。贝兹关于风力机的理论是建立在假想的"理想风力机"以及一些合理假定的基础上。贝兹经过相关数学推导后，得到结论：风力的理论最大效率约为 59.3%(参见【例 2.1】)。

码 2.17

$$\eta_0 = \frac{1}{2}\left(1 + \frac{v_2}{v_1}\right) \cdot \left[1 - \left(\frac{v_2}{v_1}\right)^2\right] \tag{2.3}$$

再对式(2.3)进行求导与求极值运算,便知:当 $v_2/v_1 = 1/3$ 时, η_0 有极大值 $\eta_{0,max}$:

$$\eta_{0,max} = \frac{1}{2} \times \left(1 + \frac{1}{3}\right) \times \left[1 - \left(\frac{1}{3}\right)^2\right] \times 100\% = \frac{1}{2} \times \frac{4}{3} \times \frac{8}{9}$$

$$= \frac{16}{27} \times 100\% \approx 59.3\%$$

风力机有三大类:水平轴式、垂直轴式与特殊型式,这方面的更多信息见码 2.17 中所述。

水平轴式风力机的应用最广泛,既有叶片的数量之分[单叶片、双叶片、三叶片、四叶片、五叶片、六叶片、多叶片],也有风向之分:迎风型与背风型,参见图 2.27。

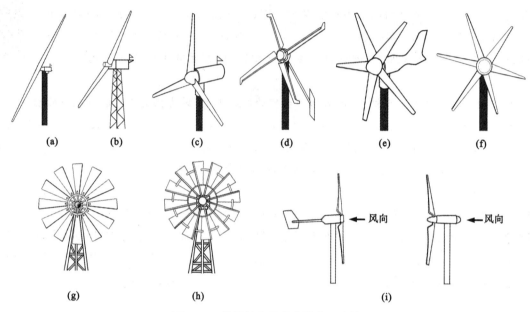

图 2.27　常见的水平轴式风力机结构

图(a)~(h)是按照叶片数量来分类:(a) 单叶片;(b) 双叶片;(c) 三叶片(最常用的机型);

(d) 四叶片;(e) 五叶片;(f) 六叶片;(g) 多叶片;(h) 多叶片(美国农场型)

图(i)是按照风向来分类:左侧图为迎风型(最常用);右侧图为背风型(很少用)

垂直轴式风力机的转动方向与风向无关,因此,不必像水平轴式风力机那样还需要有调向装置。但是,垂直轴式风力机的效率比水平轴式风力机要低,所以,前者比后者的输出功率要低。垂直轴式风力机的具体结构又分为两种:阻力型与升力型,分别如图 2.28 与图 2.29 所示。

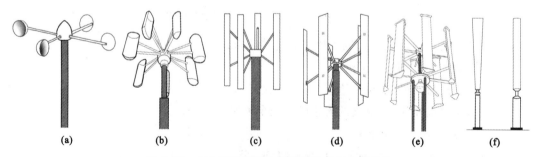

图 2.28　几种典型的阻力型垂直轴式风力机结构

(a) 斗形(四杯型);(b) 罩形桨叶(六桨叶);(c) 四板式叶片;(d) 五板式叶片;(e) 八板式叶片;

(f) 无叶片的柱子风力机(利用卡门涡街的振动原理来实现风力发电,原理解释见码2.17)

更多的以及一些特殊类型的风力机(既有水平轴式,也有垂直轴式),参见码 2.17 中所示。

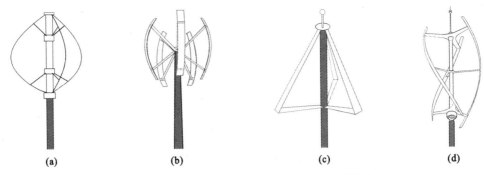

图 2.29　几种典型的升力型垂直轴式风力机结构

(a) Φ 型叶片(类型 1);(b) Φ 叶片(类型 2);(c) △型叶片(三角形叶片);(d) 扭曲型叶片

　　尽管如上所述的那样,风力机的形状以及类型多种多样,然而,对于大型风力发电机,则普遍采用三叶片水平轴式风力机,因为这种风力机在效率与成本等方面具有综合优势[①]。

　　远距离眺望过水平轴式风力发电机的人们会发现:风力机叶片旋转得并不快,这是从减少叶片受力、避免运动震颤、降低工作噪声等方面考虑而采取的举措。为此,在传统风力机的内部,还有齿轮增速箱(大齿轮转速慢、小齿轮转速快),能够将轴转速提升到 1000 r/min 以上,以配套发电机发电。当然,随着钕铁硼等强磁性材料(参见第 2.2.5.2)的普及应用,风力发电机也逐渐地转用直驱型永磁发电机,这样可省去齿轮增速箱这种复杂的机械机构,也减少了机械润滑与机械磨损的运行成本以及机械摩擦损耗的能量。如图 2.30 所示就是这种风力发电机。

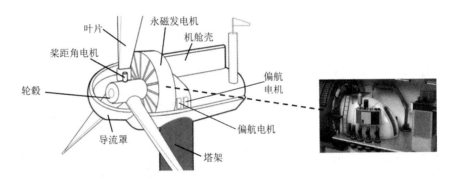

图 2.30　新型风力发电机的内部结构

　　风变化无常,即风力机所在地的风速都在不断地变化中。为了使风力机随时都能够高效、稳定地工作,风力机上必须设置调速装置。调速的作用是:风速变化时,风力机的转速能够保持稳定,若风速过高,还能起到过速保护作用。常用的调速装置有"固定叶片式调速装置"与"可变桨距角式调速装置(参见图 2.30)"等。对于水平轴式风力机,还要有调向装置(或称:偏航装置,见图 2.30),其作用是:使风力机的迎风面始终正对着风向,常用的调向装置有尾舵调向、侧风轮调向、自动调向以及伺服电动机调向等。

　　风力发电是清洁能源、可再生能源,这两个优点在十分重视节能减排、可持续发展以及低碳生活的当今社会,尤为重要。另外,风力发电的基建周期短、装机规模灵活。

　　建造风力发电站,尽管不会像水力发电站那样需要在地质、环境与生态等方面做全方位、深入的勘探与评估,然而也不是所有风能资源丰富的地方都可以建造风力发电站。风力发电站的选址除了

---

　　① 相关专家经过精密计算后,获知:对于水平轴式风力机,若仅从风能利用最大化的角度来考虑,四叶片型的效率最高(例如,人们熟知的荷兰风车,大多数是四叶片)。但是,三叶片型的也只是略低一点,如果再考虑制作叶片成本的话,那么,三叶片型的综合效益最高。此外,三叶片型的受力均匀性最优,这使得三叶片水平轴式风力机的稳定性好,能够更好地抵御强风(即安全性高)。基于这些理由,大型风力发电机便广泛采用三叶片水平轴式风力机。

要求风能丰富以外,还必须在安全、环境、生态等方面做必要的评估。

在安全方面,合理选择风力发电站的位置,不仅能够降低设备费用与维修成本,还能够避免一些事故的发生。此外,还要考虑自然条件的影响,例如,雷击、结冰、烟雾与沙尘等因素。在平坦地形上安装风力发电机时,应当考虑以下几个方面的条件:第一,在安装地点周围 1 km 的范围内,没有较高的障碍物。第二,如果存在障碍物(例如,小山坡),风力机的高度要比障碍物高 2 倍以上。如果能够在山脊或山顶上安装风力发电机,不仅增加了塔架的高度,而且,当风经过山脊时,还会得到加速。因此,山顶或山脊的肩部(即两个端部)是安装风力机较为理想的场所。当然,随着风力发电技术的不断发展,人们也在雪山之巅架设了风力发电机,被称为:雪山风电场。

在环境与生态方面,如果不考虑所需材料在生产过程中对环境造成的污染,通常认为,风力发电对于环境几乎没有污染。然而,随着人类的环境保护与生态保护意识越来越高以及保护的范围越来越广,对风力发电机的要求也越来越严,例如,现在筹建风力发电场时,以下几个方面的影响都需要考虑:噪声污染(机械噪声与气动噪声)、鸟类伤害(为避免鸟类受伤害,风力发电场要远离森林、远离鸟类集聚区、避开鸟类迁徙路线)、景观影响(需要美化设计风力发电机的周围景观,尤其要避免影响周围风景区以及文化古迹的景观)、电信干扰(风力发电机对电磁波有反射、散射与衍射,从而影响到无线电信号,这个问题也要予以重视)。

风力发电是国家鼓励发展的朝阳产业,随着风力发电的快速发展,陆地上可以建造风电场的场地日趋饱和。为此,人们又将风力发电的发展转向海上(甚至已经到达深远海区域),其发展潜力巨大。我国已在这方面取得巨大成就,参见图 2.31 以及码 2.17 中所述。

图 2.31　海上风力发电场(海上风电站)

2.1.4　潮汐能发电

沿海岸线的海水涨落就形成了潮汐(白天的海水涨落,叫作:潮;夜晚的海水涨落,则称为:汐)。

潮汐是由地球与天体之间相对运动以及彼此的相互作用所引起的。由于月球离地球最近,因此,月球对于地球上潮汐能的贡献最大,这方面的原因如码 2.18 中所述。

码 2.18

中国有着很长的海岸线,因此,也就有丰富的潮汐能资源可供开发利用。

当然,在具体建造潮汐能发电站之前,还要勘察所在地是否适合潮汐能发电。勘察时,主要看三条:第一,潮汐的幅度要大(至少要有数米之高);第二,海岸的地形必须能够储蓄大量海水,并且适合于土建工程施工;第三,要兼顾生态与环保,例如,需要考虑建造潮汐能发电站对水产养殖的影响、对洄游鱼类的影响、对地下水与排水的影响、对鸟类的影响、对海岸的侵蚀作用等。

潮汐能开发的主要方法就是构筑大坝来建造水库,如图 2.32 所示,然后,再按照第 2.1.2 小节中所述的水力发电方法发电。

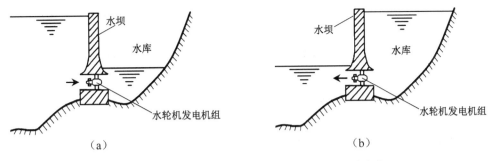

图 2.32　利用筑坝建造水库的方法来实现潮汐能发电

(a) 涨潮时；(b) 落潮时

(两个图中的箭头表示水流方向)

如图 2.32 所示的单水库潮汐能发电站属于"单水库双程式"，"双程"是指：涨潮时，它可以发电；落潮时，它也可发电。但是，单水库潮汐能发电站却不能够连续稳定发电。为了让潮汐能发电站能够连续稳定地发电，人们也建造了双水库型的潮汐能发电站，如图 2.33 所示。

双水库型潮汐能发电站是拥有两个相邻的水库，水轮发电机组就设置在这两个水库之间的隔坝内。在涨潮时，高位水库进水；落潮时，低位水库泄水。这样，就在高、低水库之间，始终保持一定的水位差，从而可实现全天候连续稳定地发电。

关于水轮机发电机组，由于海水潮汐的水位差显著地低于普通水电站的水位差，因此，潮汐能发电站一般使用低水头、大流量的水轮机发电机组。关于水轮机的类型，（如图 2.23 所示的）贯流式水轮机具有外形小、质地轻、管道短以及效率较高等优点，所以，在潮汐能发电站获得了广泛应用。

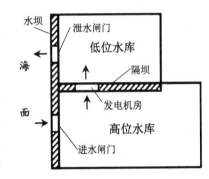

图 2.33　双水库型潮汐能发电站的结构俯视图

(图中的箭头方向表示水流方向)

现今，建造潮汐能发电站的技术也有了很大进步，例如：第一，在建造拦潮坝围堰时，可以采用特别的沉箱技术，这样就可大大缩短建造工期；第二，使用新型贯流式水轮机，以实现超低水头发电。

请注意：尽管上述（使用筑坝建水库来储蓄海水势能，以实现）潮汐能发电的技术是主流的潮汐能发电技术，但是，也有其他一些潮汐能发电技术在应用，例如，人们还发明了若干直接利用潮汐动能的发电法，如码 2.19 中所示。

码 2.19

2.1.5　海洋能发电

地球表面大部分是海洋。海洋中不仅有丰富的水产、矿藏，也蕴藏着巨大的能源。巨大的海洋能有待于人类去科学、有序地开发利用，例如，海底下面的化石燃料（石油、天然气、可燃冰）已经得到了适度开发；海面上方的海风也已用于风力发电（参见图 2.31 以及码 2.17）；海水中含有的丰富核聚变燃料氘（^{2}H，见第 2.1.7.2）将来可用于核聚变发电。此外，还有海岸线附近的潮汐能；海面处的波浪能；海洋中的洋流能、温差能、盐差能等。

关于化石燃料（石油、天然气、可燃冰）发电技术，在第 2.1.1.2 与 2.1.1.3 中已介绍过。关于风力发电技术，在第 2.1.3 小节中介绍过。关于潮汐能发电技术，在第 2.1.4 小节中介绍了。因此，本节只是简单地介绍以下几个方面的海洋能发电技术：（海洋表面的）波浪能发电技术，（海洋中的）洋流能发电技术、温差能发电技术、盐差能发电技术。

2.1.5.1　波浪能发电

无论是海还是洋，我们将其统称为海洋，而且，将它们拥有的含盐水统称为海水。

海洋表面的波浪主要是由风引起的海水起伏波动现象[①]，即海洋表层的海水吸收了风能后，也就形成了波浪。波浪能中既有势能也有动能。

波浪能的大小可以用海水起伏的势能变化来表征，具体可按式(2.2)来估算[1]。

$$P = 0.5T \cdot H^2 \tag{2.4}$$

式中　P——单位波前宽度的波浪功率，kW/m；

　　　T——波浪的周期，s；

　　　H——波浪的高度，m。

例如，若波浪的有效波高为 1 m，波浪周期为 9 s，对于 1 m 宽度的波浪而言，其功率为 4.5 kW。再由于海洋如此宽广，所以，波浪能是非常巨大的清洁能源，也是可再生能源。

当然，波浪能属于低品质的能源，自然状态的大部分波浪运动都没有周期性，因而对其开发利用的经济效益很低。一般来说，以海洋中波浪为动力的发电装置，必须具备以下三个特点：第一，能够充分利用与波浪高度有关的水位差；第二，对于波浪的幅度以及频率具有广泛的适应性；第三，既能够适应较小的波浪，又能够承受大风暴所引起的巨浪。

波浪能发电装置也叫作：波力发电装置。迄今为止，人们发明的波浪能发电装置多种多样。如果对它们归纳分类的话，则有以下 4 类波浪能发电装置：

第 1 类：利用波浪的垂直涨落来驱动动力机运转，然后带动发电机的转子转动而发电。

第 2 类：依靠凸轮或叶轮，利用波浪的来回运动或起伏运动来驱动水轮机转动，然后带动发电机的转子转动而发电。

第 3 类：依靠汹涌的波浪将海水汇聚到蓄水柜或高位水箱之中，然后，再像水力发电那样来驱动水轮机转动，继而带动发电机转子转动而发电。

第 4 类：依靠前推后拥的波浪，在容器内的材料体之间产生摩擦，以实现特殊材料体的摩擦发电[4]。

如图 2.34 所示的是一种典型的波浪能发电装置，叫作：海蛇发电装置，它的学名则是多节漂浮式海浪发电机，其工作原理是：各节(浮筒)内，安装有液压活塞。因节点(连接单元)上下波动，便会驱动液压活塞做往复运动，从而驱动发电机运转发电。

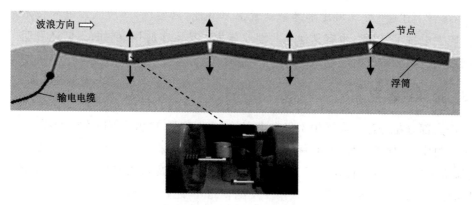

图 2.34　利用波浪能发电的多节漂浮式海浪发电机

(图中的箭头表示波浪上下起伏的方向)

海蛇发电装置的改进型叫作：巨蟒发电装置。它们外形类似，但是工作原理不同：巨蟒发电装置没有节点。它是依靠波浪的起伏运动来压缩内部空气使其快速从喷口排出，在喷口处有空气涡轮机，

---

① 这里是指通常的波浪，俗称：无风不起浪。广义的海浪还包括：在天体引力、海底地震、海底火山爆发、海底塌陷滑坡、大气压强变化、海水密度分布不均等外力或内因的作用下形成的海啸、风暴潮和海洋内波等。它们会引起海水的巨大波动，这便是偶尔在海上无风时也会起大浪的原因，俗称：无风三尺浪。

排出的空气流便驱动空气涡轮机转动,再带动发电机的转子转动发电。

与之类似的还有浮标式波浪能发电装置、固定式波浪能发电装置等。

中国科学院广州能源研究所自主研发的鹰式波浪能发电装置是大型、高效的波浪能发电装置,该研究所先后推出了装机容量为 100 kW 的"万山号"机型、装机容量为 120 kW 的综合平台(发电-养殖-旅游)、装机容量为 260 kW 的"先导一号"发电平台、装机容量为 500 kW 的"舟山号"机型等。

有关波浪能发电的更详细资料,如码 2.20 中所示。

码 2.20

请注意:波浪能不太稳定,波浪能发电的地点通常远离大电网。因此,利用波浪能发电的发电量一般只供海岛居民使用或渔船上的渔民使用。当然,也可以利用余电来电解海水制氢。

波浪能是风力(风能)给予海水的巨大能量。当然,海水本身也拥有巨大能量,请看如下所述:

地球表面有四大洋(太平洋、印度洋、大西洋与北冰洋),这四大洋相互联通,除了四大洋以外,还有许多海域、海湾、海峡,它们统称为海洋,海洋中含盐的水统称为海水。

海洋中的海水处于川流不息的状态,这便是"洋流",洋流具有的能量就是"洋流能"。

洋流规律很复杂,究其起因,主要是赤道附近热带地区的海水因温度高而密度变小、浮力增大,于是向海面上升。这些表层热海水随后便会向两个半球的高纬度地区扩散流动。流动过程中的海水又因其持续蒸发以及气温降低等因素而降温,于是,因密度增大而下沉。这样,高纬度地区的深层海水便会返回赤道地区,甚至到达另一个半球,这便是海水热对流所导致的全球海洋环流之主体。也请注意:海水蒸发不仅使其降温,还使其盐度增大(例如,热带地区气温高,海水蒸发快,海水盐度就高),再加上其他一些因素就导致不同海域存在盐度差。有关这方面更多信息,可通过网络搜索获悉,也请观看码 2.23 中所述。

由上述分析可知,地球洋流的大致规律是:表层海水从赤道附近的热带地区向两个半球的高纬度地区流动,深层海水则从南、北半球的高纬度地区向赤道附近流动,甚至南半球与北半球的深层海水也会交换。海洋中,不仅有洋流、有温度差,也有盐分差。以下就是关于海洋中洋流能、温差能、盐差能开发利用的简单介绍。

2.1.5.2 洋流能发电

洋流能发电技术是通过获取洋流的动能来发电,人类现在主要利用的洋流能还只是近海区域的潮流能。潮流能的获取装置有很多,归纳起来讲,有 5 大类型:

① 水平轴型,例如,风车式、空心贯流式、导流罩式等型式的潮流能水轮机。

② 竖轴型,例如,直叶片式、螺旋叶片式、导流罩式等型式的潮流能水轮机。

③ 升力/阻力型,例如,Savonius 式水轮机、柔性叶片式水轮机等型式的潮流能水轮机。

④ 振荡式水翼型潮流能获取装置。

⑤ 其他形式的潮流能获取装置。

至于具体的洋流能发电装置,在网络上有很多实例介绍,读者可以通过网络搜索查阅。当然,也欢迎阅读码 2.21 中的相关资料。

码 2.21

2.1.5.3 海水温差能发电

海水的热容量很大,海洋也具有巨大的表面积,所以说,海洋就是地球上最大的太阳能收集器与蓄热器。

照射到海水表面的太阳能被海水表层吸收,从而使得海水表层的温度升高,例如,赤道附近地区的海水表层温度为 25~28 ℃(波斯湾、红海的海面水温更是高达 35 ℃左右);但是,太阳能到达海面再向下辐射时,由于被逐层吸收,所以海水越深、温度越低。例如,在海洋 500~1000 m 的深处,海水温度只有 3～6 ℃。

海水温差能发电技术也叫作 OTEC(ocean thermal energy conversion)。OTEC 是利用表层海水与深层海水的温度差来发电,主要有:开式循环系统与闭式循环系统。有关这方面的更多资料,参见码 2.22 中所述。

码 2.22

（1）开式循环系统

开式循环系统也叫作:闪蒸发电法,它的流程如图 2.35 所示,其原理是:表层温暖的海水在闪蒸器内利用闪蒸法(或称:扩容法)①产生的水蒸气去驱动蒸汽轮机运转,继而带动发电机的转子转动发电。做功后的水蒸气流入冷凝器,来自深层的冷海水作为冷凝器的冷却介质。另外,由于闪蒸器内是负压,所以该发电系统还需要配置真空泵。开式循环系统的优点是:流程简单,除了发电以外,还能够兼制淡水。其缺点是:设备与管道的体积庞大,真空泵与抽水泵的耗电量较大,这会影响该系统的发电效率。

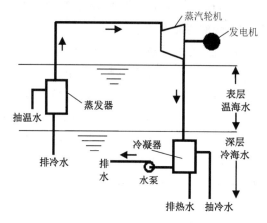

图 2.35 海水温差发电的开式循环系统
（箭头方向为工质 H_2O 的运行方向）

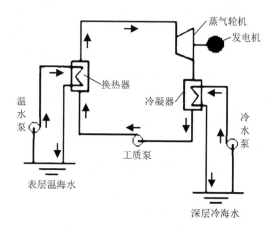

图 2.36　海水温差发电的闭式循环系统
（箭头方向为工质或海水的循环方向）

（2）闭式循环系统

闭式循环系统是利用中间介质驱动涡轮机发电,其流程如图 2.36 所示,其工作原理是:来自海洋表层的温热海水,在热交换器内将热量传递给低沸点的工质(例如,丙烷、氨等),从而使中间工质蒸发为蒸气,这些工质蒸气再去驱动蒸气轮机运转,继而带动发电机的转子转动而发电。来自海洋深层的冷海水是作为冷凝器的冷却介质使用的。与开式循环系统相比,闭式循环系统的最大优点是不再需要真空泵。当今,海水温差发电装置大多数采用闭式循环系统,少数采用开式循环系统,个别采用混合式循环系统(闪蒸法产生的低压水蒸气去加热低沸点工质,使其蒸发为工质蒸气。这些工质蒸气去驱动蒸气轮机来带动发电机发电)。

尽管海洋温差能发电的效率很低(3%以下),但是,海洋辽阔、宽广,所以其总量丰富。因此,建设海洋温差能发电站也有很大的潜力,产生的电能可以用在以下几个方面:

第一,若离陆地较近,可以用海底电缆向陆地的变电站输送电能。第二,若离海岛较近,可为附近的海岛供电。第三,若离陆地与海岛都较远,可用于海水淡化或者电解海水来制氢。第四,可以为从海洋中提取核燃料(铀、重水、含锂物质、氘)以及提取其他贵重原料的过程来提供电力。第五,可以为海上采油活动或者海底采矿活动提供电力。

当然,海洋温差发电站对于环境与生态也会有些影响,例如,大量抽取深层的海水,可能会对鱼类有所伤害,也会对珊瑚礁造成不利影响。

---

① 闪蒸法(flash method)是指:利用增容降压的原理来降低水的沸点,从而产生更多的水蒸气。

2.1.5.4 海水盐差能发电

在大海与入海河口的交界水域存在着明显的盐度差(淡水的盐分很低)。即便是在海洋中,海水蒸发(热带或亚热带地区的气温高,海水蒸发快,海水盐度便较高。反之,寒冷的高纬度地区,海水的蒸发量较少,海水盐度便较低)、地质条件(海底的地壳活动、海水溶解周边的岩石也会释放盐分)以及海洋环流(海洋环流会影响盐度的分布)等因素都会使不同海域存在盐度差,例如,在大西洋与地中海之间就存在着较大的盐度差,参见图 2.37。海水中存在盐度差便产生了盐差能。

开发利用盐差能主要是用物理方法,因为用化学方法开发利用盐差能的效率很低,参见码 2.23 中所述。盐差能发电的常用物理方法是:在盐分浓度不同的储水区域之间,放置半渗透膜。于是,在盐浓度差的推动下,低盐分水便自发地向高盐分水渗透,一直到膜两侧的盐浓度相等为止。既然有了渗透流,那就可以用此流动来驱动水轮机转动,再带动发电机发电。

码 2.23

实际上,还可以从淡水湖中引入部分淡水深入到海面之下几十米处。在那里,淡水与海水混合。在混合处会产生相当大的渗透压力差。根据相关测定结果,当海水中盐度为 3.5% 时,所产生的渗透压强相当于 25 atm[①]。而且,浓度差越大,渗透压强就越大。图 2.38 是人们根据上述原理而设计的一种盐差能发电方案[1]。在该发电方案中,既能够利用水力能发电,又可以利用盐差能发电。

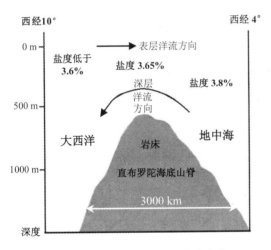

图 2.37 大西洋与地中海的盐度差

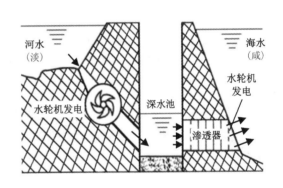

图 2.38 一种盐差能发电站的设计方案

2.1.6 太阳能热发电

太阳、水、空气、土地是地球上的生命之源。太阳不仅是生命之源,而且是地球上能量的最主要来源,这是因为,水力能、风能都来源于太阳能,海洋能也主要来源于太阳能,化石能源是亿万年前的生物体所吸收的太阳能被储存到现代。

太阳是巨大的能源库,所以,太阳能是可再生能源,而且是清洁能源。关于到达地球的太阳能的量,这里有两个基本概念需要先弄清楚,它们分别是:太阳常数(solar constant)与大气质量(air mass)。有关这两个概念的具体介绍,可阅读码 2.24 中所述。

请注意:利用太阳常数与大气质量这两个概念及其数值,人们只能从理论上获得到达地面的太阳辐射强度平均值,即无法获得地球表面某个具体位置在某时刻的太阳辐射强度值,这是因为,地球上的不同地区、不同季节、不同气象条件下,到达地面的太阳能辐射强度都是不同的。至于当地、当时到达地面的太阳能辐射强度值,则需要做现场实测,或者查阅当地的气

码 2.24

---

① atm 表示标准大气压(或称:物理大气压),1 atm = 101325 Pa。

象资料,例如,表 2.4 中所示就是北京地区不同月份地面上的太阳能辐射强度平均值之统计数据[1]。

表 2.4　中国北京地区月平均的太阳能辐射强度值[单位:J/(cm² · d)]

月份	1	2	3	4	5	6	7	8	9	10	11	12
辐射强度	1.026	1.004	1.565	1.729	2.395	2.228	1.451	1.582	1.573	1.171	0.847	0.738

太阳能辐射实质上是电磁波在传播。全光谱的太阳能辐射经过地球大气层(见码 2.24 中所述)过滤后,其辐射光谱也会有较大变化。图 2.39 所示的是在地球大气层外、经过了地球大气层散射后以及再经过大气层吸收后的三种太阳能辐射光谱分布。请读者注意:大气条件不同,该图中的光谱曲线也会有所不同。

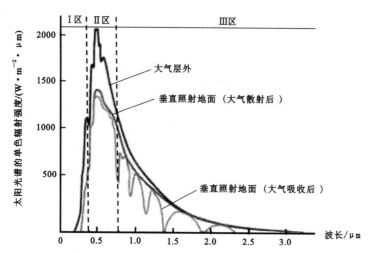

图 2.39　大气层之外与地球表面(以海平面为基准)的太阳能辐射光谱

Ⅰ区:紫外线,波长为 0.01～0.39 μm;Ⅱ区:可见光,波长为 0.39～0.76 μm;Ⅲ区:红外线,波长为 0.76～1000 μm

太阳能的利用范围很广泛,这也是国家政策鼓励优先发展的领域。本节(第 2.1.6 小节)只介绍太阳能的热利用,也就是将太阳辐射能转换为热能以后,再加以利用。

当然,太阳能还有很多其他利用方式,例如,太阳能光伏发电(见第 2.2.1 小节)、太阳能制氢(见第 2.1.9 小节)、太阳能光化学发电(见第 2.2.4.7)、太阳能发动机[1]等。

2.1.6.1　太阳能热利用概述

关于太阳能热利用,具体是将太阳能产生的热量再用于采暖、干燥、制冷、海水淡化、材料的高温制备以及热动力发电等方面。

在采暖或干燥方面,太阳能利用装置主要包括:太阳能集热器(solar energy collector)以及以太阳能集热器为热源的太阳房、太阳能热水器、太阳能干燥器以及太阳能干燥室等。

在制冷方面,太阳能利用装置包括:其一是以太阳能发电为动力的电能制冷器;其二以太阳能为热源的热能驱动制冷器[例如,太阳能吸收式制冷器(可参考图 4.8)、太阳能吸附式制冷器(见码 2.54 中所述),前者可用于制作太阳能空调,后者可用于制作太阳能冰箱]。

在海水淡化方面,太阳能利用装置叫作:太阳能蒸馏器。

在材料的高温制备方面,太阳能利用装置叫作:太阳能高温炉(或称:太阳炉),如图 2.40 所示。太阳炉无污染,可用来热制备高纯度材料。太阳炉还可实现快速加热、快速冷却,且因无电场、磁场、烟气的干扰,所以,人们能够清晰地观察到太阳炉内试样的变化状况。这是

码 2.25

---

① 实际上,太阳能发动机也与太阳能的热利用有关。主要的太阳能发动机包括:蒸汽轮机、斯特林发动机(Stirling engine)以及热声发电机。对于太阳能热发电,塔式聚焦法与槽式聚焦法使用蒸汽轮机(见图 2.3)驱动发电机发电,碟式聚焦法使用斯特林发动机(见码 2.25)驱动发电机发电或热声发电机(见第 2.2.4.6)。至于其他更多类型的太阳能发动机,若读者感兴趣,请通过网络查询。

一种非常理想的高温材料科学实验装置,例如,利用太阳炉可熔化高纯度高熔点的单质金属(Ta、W
等)、利用太阳炉高温制备高纯度的无机非金属材料(某些单晶材料、石英玻璃、高折射率玻璃等)、利
用太阳炉研究某些材料的高温性能(例如,利用太阳炉研究硅酸盐、硼化物、碳化物、氮化物等材料的
高温性能)。在太阳炉内,最高可以产生 3500 ℃的高温。

利用太阳能发电主要有三类方法:第一类是太阳能
热发电(俗称:光热发电);第二类是太阳能光电转换(被
称为:光伏发电,见第 2.2.1 小节);第三类是太阳能光
化学电池(也叫作:湿式太阳能电池,参见第 2.2.4.7)。
本节只探讨太阳能热发电技术。

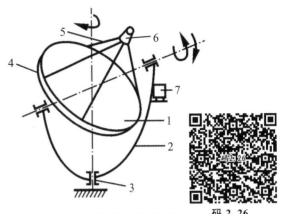

2.1.6.2　太阳能热发电技术

太阳能热发电技术主要有:将太阳能聚焦的热发电
技术、太阳池发电技术、太阳能烟囱发电技术等,如
码 2.26 中所示。

图 2.40　太阳炉的主要结构

1—抛物面反射聚光镜;2—支撑叉(镜子固定环在
其上);3—底部支承系统(带有轴承和调速器,控制
电动机带动其水平旋转);4—镜子固定环(带两个
轴承和调速器);5—支持器;6—受热器;7—自动控
制操作台

码 2.26

（1）太阳能聚焦热发电

太阳辐射到地球表面的能量尽管巨大,但是却较为
分散。因此,如果想大规模地利用太阳能来实现高效的
热发电,那还需要利用太阳光线聚焦技术(concentrating
solar power,缩写 CSP)。

太阳能聚焦发电技术就是将分散的太阳能聚焦
收集后再用于热发电。聚焦的方法分为两类——点聚焦法和线聚焦法。

点聚焦法包括:塔式聚焦(反射式聚焦)、碟式聚焦(反射式聚焦)、菲涅尔透镜聚焦
(透射式聚焦);线聚焦法主要包括槽式聚焦(反射式聚焦)、线性菲涅尔透镜聚焦(透射式聚
焦)。关于这些聚焦法的更多介绍以及其他聚焦法的介绍如码 2.27 中所述。

码 2.27

塔式聚焦就是将数量众多(很多圆圈、持续跟踪太阳旋转)的玻璃反射镜(学名:定日
镜)所反射的太阳光线共同射向聚焦塔上的同一处(吸热器),从而实现人工聚焦,参见图 2.41。

图 2.41　太阳能的塔式聚焦法

(图片来源:CCTV2 于 2021 年 9 月 2 日播放的节目《正点财经》)

在图 2.41 所示的塔式聚焦法中,定日镜(heliostat)起到了关键作用。白昼时,定日镜像向日葵
那样追踪着太阳旋转,从而让太阳光始终以优化角度照射其镜面。定日镜是用表面极度光滑的玻璃
制成的,该玻璃表面还有一层高反射膜,以确保其镜面的反射率超过 92%,这也就是说,定日镜就是
具有很高反射率的玻璃镜。

关于定日镜的结构,它看起来似乎是一个平面,实质上却是有一定的凹曲弧度。这种设计的理由

如下所述:尽管太阳离地球很遥远,但是太阳的直径也远大于地球的直径。按照光线直线传播的原理,从太阳到达地球表面的太阳光线并非完整的平行线,而是略微有收敛的斜线,如图 2.42(a)所示。若定日镜的镜面是一个平面,那些它所反射的太阳光将会略微地发散,参见图 2.42(b);而若定日镜的镜面是略带一定弧度的凹曲面,那么,它就能够完美地聚焦反射太阳光到聚焦塔上部的吸热器中,如图 2.42(c)所示。

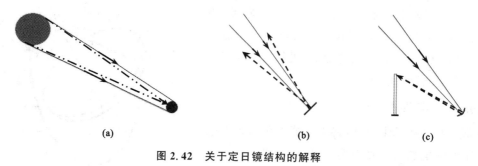

图 2.42　关于定日镜结构的解释

(a) 照射到地球的太阳光非平行线;(b) 平面镜使反射光发散;(c) 凹面镜让反射光线收敛

[图(a)中,箭头表示太阳光线照射方向;图(b)与图(c)中,实线表示入射光线,虚线表示反射光线]

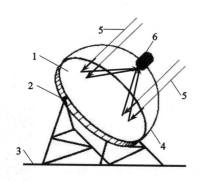

图 2.43　太阳能的碟式聚焦法

1—抛物面反射聚光镜;2—旋转轴;
3—旋转盘;4—支架;5—太阳光;
6—吸热器(焦点处的动力热源)
(图中的箭头方向为太阳光的方向)

抛物线会自动聚焦,这是在数学与物理学中的知识。在数学的几何学中也介绍过,把一条曲线转变为一个曲面,共有两种方法:旋转与平移。将抛物线旋转,便获得了碟式聚焦的抛物面,如图 2.43 所示,即碟式聚焦是利用抛物面反射聚焦原理来实现太阳能的聚焦。当然,将抛物线平移,那便是槽式聚焦的抛物面,参见图 2.46(a),它属于线聚焦法。

塔式聚焦与碟式聚焦都是属于反射式点聚焦法,即利用反射光聚焦。凸透镜聚焦则是利用折射光来聚焦,即透射式点聚焦法。凸透镜很厚,而且需要用昂贵的光学玻璃或光学晶体研磨与抛光而成,所以,其制造成本很高。菲涅尔透镜的原理源于凸透镜,但是,它解决了大尺寸凸透镜价格昂贵的问题。

菲涅尔透镜(Fresnel len)的作用相当于凸透镜。它的一侧平滑,另一侧却有许多刻痕。这些刻痕在厚度方向上的曲率是与凸透镜相同,如图 2.44 所示,因此,其聚光效果接近于凸透镜。

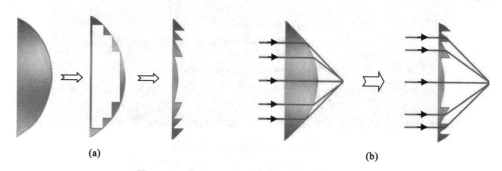

图 2.44　菲涅尔透镜的结构起源与聚焦原理

(a) 结构来历;(b) 聚焦原理(图中的箭头表示光线方向)

图 2.44 只是平面图,即该图只是展示了菲涅尔透镜的刻痕曲线。与上述同理,在几何学中,想把一条曲线转变为一个曲面,共有两种方法:旋转与平移。

若将图 2.44 中的刻痕曲线旋转,就得到了"点聚焦型菲涅尔透镜",点聚焦型菲涅尔透镜的刻痕一侧表面纹路为许多同心圆环,如图 2.45 所示。如果将图 2.44 中的刻痕曲线平移,那便是"线性菲涅尔透镜"。线性菲涅尔透镜刻痕侧的表面纹路是很多平行的凹槽,参见图 2.46(b)。

综上所述,菲涅尔透镜的优点是能够做得更薄、更大,而且其成本比凸透镜低很多[①]。

上述介绍了三种点聚焦法——塔式聚焦、碟式聚焦与菲涅尔透镜点聚焦。

关于线聚焦法,包括槽式聚焦与线性菲涅尔透镜,如图 2.46 所示。槽式聚焦的基本原理与碟式聚焦相同,即利用抛物线反射聚焦的原理来实现太阳能的聚焦。线性菲涅尔透镜是透射式聚焦,其基本原理可见图 2.44。

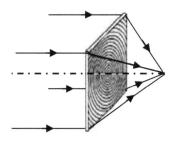

图 2.45 点聚焦型菲涅尔透镜
的工作原理
(图中的箭头表示光线方向)

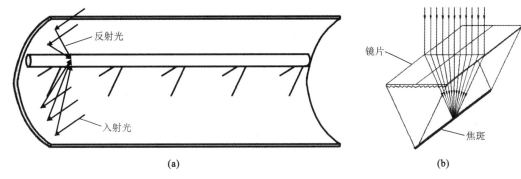

图 2.46 太阳光的两种线聚焦法
(a) 槽式聚焦的结构与聚焦原理(反射式聚焦法);(b) 线性菲涅尔透镜的聚焦原理(透射式聚焦法)

对于上述这几种具体的聚焦法,在太阳能聚焦热发电(俗称:光热发电)工艺中,塔式聚焦法应用最广,其次是槽式聚焦,然后是碟式聚焦与菲涅尔透镜聚焦。

关于太阳能聚焦后的热发电技术,塔式聚焦、槽式聚焦、线性菲涅耳透镜聚焦都是利用水蒸气来驱动蒸汽轮机发电(可参考图 2.3 与码 2.3),具体过程是:吸热体获得了聚焦后的太阳能,便将太阳能转换为热量,再通过传热介质将此热量用于加热水,所产生的高温高压水蒸气再去驱动蒸汽轮机转动,继而带动发电机的转子转动而发电。

对于碟式聚焦法或点聚焦型菲涅尔透镜,它们通常是利用斯特林发动机(参见码 2.25)或热声发电机(参见码 2.57 中"声电转换与热声发电"方面的资料)来发电。

就太阳能聚焦热发电站(见图 2.47)而言,吸热器系统与储热系统起到了关键作用。

吸热器系统的作用是吸收聚焦的太阳能后转换为热量,再将该热量传递给传热介质,以加热水(产生水蒸气去发电)以及送往储热系统储热;储热系统的作用就是将白天从聚焦太阳能中收集的多余热量储存起来,为晚上或无日照天气时加热水所用(产生水蒸气去发电),这样就可以确保"太阳能聚焦热发电系统"持续稳定地对外输出电力。

码 2.28

吸热器系统包括吸热器、传热介质及其管路、阀门、泵或风机、(温度、压强、流量)测量及其数据采集装置、返回介质的防冻与解冻装置、流动阻力测量装置、自动控制装置、安全报警与保护装置等[5]。请记住:吸热器系统的核心是"吸热器"与"传热介质"。

吸热器能够将所吸收的聚焦太阳能转换为热量。吸热器的构成是:吸热体、太阳能光谱选择性吸

---

① 大型菲涅尔透镜是用聚烯烃材料通过模塑成型或注压成型而制成的薄片。菲涅尔透镜除了具有太阳能聚焦功能以外,还被用于探测领域,它可将探测区域分为若干个明区和暗区,从而使进入探测区域的移动物体以温度变化的形式在 PIR 装置(被动红外线探测器,passive infrared sensor)上产生热释红外线的变化信号,这样就可以探测移动目标(详细解释参见码 2.28 中所述)。另外,菲涅尔透镜也用于雷达探测系统。

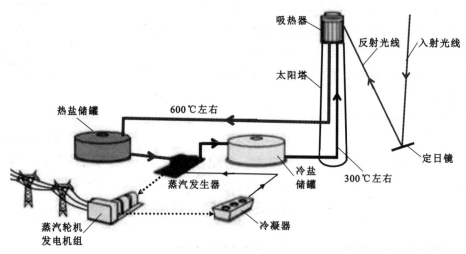

图 2.47　熔盐型塔式聚焦的太阳能热发电站的流程图

收涂层、保温层、外壳、高温防护设施以及消防设施等。

传热介质为流体,所以也叫作:传热流体(或称:工质)。对于太阳能聚焦热发电系统,最早是直接以"水/水蒸气"为传热介质。后来,改用空气、导热油(学名:热载体油)、液态金属、流态化陶瓷颗粒。现在,则广泛使用熔融盐(或称:熔盐)[①],新一代的传热介质是超临界 CO_2(吸热体是陶瓷颗粒)。

储热系统能够为太阳能聚焦热发电站提供缓冲。这样,第一,在天气条件变化时,仍能持续稳定发电;第二,能够转移发电时间(例如,白天储热以保证晚上仍可以发电,用电高峰时,也可以多发电);第三,还能够大大增加太阳能聚焦热发电站的年运转率。

储热系统包括储热容器、储热材料、充热与放热单元及其控制系统。

太阳能聚焦热发电站的储热系统还有"主动型"与"被动型"之分。

主动型储热系统的储热介质为流体,按照储热介质参与传热过程的不同,又分为主动型直接储热系统与主动型间接储热系统,前者的储热介质与传热介质相同;后者的储热介质只能储热与放热,而不参与传热(传热由传热介质来完成)。被动型储热系统的储热介质为固体,即储热介质与传热介质构成了"双介质"。对于被动型储热系统,储热介质也需要通过传热介质(传热流体)来实现储热与放热。

码 2.29

储热系统的核心是储热介质。储热介质也叫作:储热材料。按照储热方式不同,储热材料有 4 种类型:显热储热型、潜热储热型(相变储热型)、复合储热型与化学储热型。对于太阳能聚焦发电站而言,应用过的或被研究过的储热材料有熔盐、室温离子液体、导热油(学名:热载体油)、饱和水/蒸汽、高温混凝土、可浇注陶瓷、固体颗粒、相变材料等[5]。

有关吸热器、传热介质与储热材料等的更详细资料如码 2.29 中所述。

(2) 太阳池发电

太阳池(solar pool 或 solar pond)是盐水池。太阳池的池底被涂黑,以提高它对太阳能的吸收率,如图 2.48 所示。关于太阳池热发电技术的工作原理简述如下:

在到达地面的太阳能光谱中,主要分为紫外线区、可见光区与红外线区,参见图 2.39。对于红外线区的太阳能,在水面以下几厘米的范围内就会被水几乎完全吸收。但是,可见光区的太阳能与紫外线区的太阳能却能够

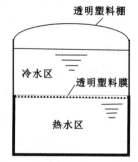

图 2.48　太阳池的结构
(实际的太阳池很大)

到达涂黑的池底。于是,可见光区的太阳能与紫外线区的太阳能被涂黑的池底吸收且转换为热量。这样,在池底及其周围土层的加热下,太阳池中的下层水就变成热水。相对而言,太阳池中的上层水仍然是冷水。

在太阳池中,还有适当的盐分梯度(下层大、上层小),该盐分梯度会抑制"下层高盐分热水"与"上层低盐分冷水"之间的对流交换。为了进一步阻止"下层热水"与"上层冷水"之间的对流交换,人们还在太阳池深度方向的中部增设一层透明塑料膜(参见图2.48)。另外,太阳池的顶部也有一层透明的塑料棚,以防止水分蒸发以及风吹的影响。

按照上述原理与结构而建造的太阳池中,就存在着"下层热水"与"上层冷水"。于是,便可以利用温差发电技术(可参考图2.35与图2.36)来实现流体动力发电。

当然,垂直照射到水面的阳光才会让太阳池获得最大效率。然而,太阳池的表面却无法跟随太阳旋转,因此,只有(南北)纬度小于40°的地区,建造太阳池才较为有效,而且,还需要建造面积很大的太阳池才会具有很好的经济效益。至于这方面的更多资料,如码2.30中所述。

码2.30

(3)太阳能烟囱发电

太阳能加热空气会使空气升温,从而使其密度变小。空气密度小,所受到的浮力就大,这样就形成了上升气流。该气流驱动涡轮机转动,再带动发电机的转子旋转,便会发电,这就是太阳能烟囱发电技术(或称:太阳能热气流发电技术)。

在一大片土地上挖坑,用坚固的安全玻璃作为太阳能集热棚的盖板,再在中心位置砌筑一个太阳能烟囱SC(solar chimney)。SC的底部安装了空气涡轮机,参见图2.49。

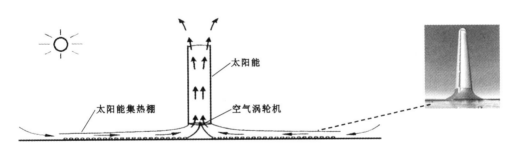

图2.49 太阳能烟囱的工作原理与外观

位于透明玻璃盖板下方的坑底以及周围土层吸收了太阳能且转换为热量后,便会加热集热棚内的空气,这就使得棚内的空气升温。空气升温后其密度降低,于是,周围空气给予热空气的浮力就会大于热空气本身的重力,这样在SC(俗称"烟囱")的底部形成了抽力。

在烟囱抽力的作用下,热空气从烟囱底部进入烟囱。再在烟囱内继续上升,直到排向高空。热空气流经烟囱底部时,会驱动(位于烟囱底部的)空气涡轮机转动,再带动发电机转子转动而发电,如码2.31中所示。

码2.31

2.1.7 核能发电

核能是指通过改变原子核结构而释放的巨大能量。

在元素周期表中,元素氢(或称:氕)的原子核结构最简单,只有一个质子。然而,氢的同位素(氘、氚)、其他元素及其同位素的原子核结构却较为复杂:它们既有质子(proton),也有中子(neutron),而且,质子与中子"挤"在原子核尺度($10^{-15} \sim 10^{-14}$ m)这样极端微小的空间内。因此,原子核内就需要一种极其强大的"吸引力"来抵消(带正电荷的)质子之间极其巨大的排斥力,这才能够将很多的质子与中子禁锢在原子核内。原子核内这种极其强大的"吸引力"叫作:强作用力[1]。强作用力是自然界中最为强大的作用力,但是,它却是短程作用力,即这种力只作用于原子核内极其微小的区域。

原子核不仅结构复杂,而且原子核形成前、后的质量也有差异。例如,人们经过精确的测量后,得知:$_2^4$He 原子核的质量是 4.002663 amu[2]。但是,如果将 4 个核子(这里,核子＝质子、中子)的单独质量相加,则它们的质量之和为 4.031980 amu。由此可知:在形成 $_2^4$He 原子核时,便会有 4.031980－4.002663＝0.029317 amu 的质量亏损。按照爱因斯坦的质能公式 $E=mc^2$ 来计算,该质量亏损所释放的能量为 28.30 MeV。当然,这只是一个氦原子核形成时所释放的能量,若换算为 1 g 氦原子,则释放的能量为 $6.78×10^{11}$ J(约 190 MW·h),这是极其巨大的能量。

各个单独核子(质子、中子)聚合形成一个原子核时,所释放的能量就叫作:原子核的总结合能(binding energy)。若以核子为基准,那么每个核子所对应的原子核总结合能(即总结合能与核子数之比)被称为:比结合能(specific binding energy)。

如图 2.50 所示为若干典型同位素的原子核"比结合能"分布情况。

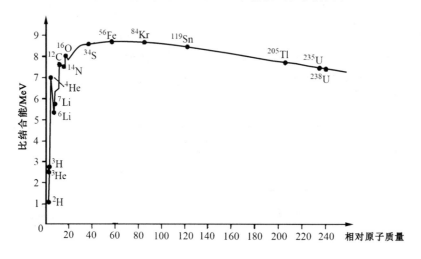

图 2.50　若干典型同位素的原子核"比结合能"分布图

某同位素原子核的"比结合能"越大,则表示该同位素的原子核形成时的质量缺损就越大。按照质能公式与能量守恒原理,这就意味着:该原子核形成时,对外释放的能量就越多,即该原子核形成后,本身的能量就越少(即其能量水平越低)。由此看来,若将图 2.50 的曲线做上下调换,得到的图就应该是"对应同位素原子核的相对能量水平图",如图 2.51 所示。

根据图 2.51,便能够很容易地理解核裂变与核聚变的基本原理。这是因为,以 ^{56}Fe 为分界线,由该图的右边区可以看出,如果能够将 ^{235}U 等一些重同位素的原子核转变为相对质量更小的轻同位素原子核,其能量降低,即会有巨大的能量释放出来,这便是核裂变(fission),核裂变释放的巨大能量叫作:核裂变能(fission energy)。同理,由图 2.51 左边区也可以看出:若能够将轻同位素 ^{2}H、^{3}H 的原子核融合为质量更大的 ^{4}He 原子核,其能量会大大降低,这也就是说,会有更加巨大的能量被释放出来,这便是核聚变(fusion),核聚变释放的更加巨大的能量被称为:核聚变能(fusion energy)。

基于上述原理,再参考图 2.51 中的纵坐标,便得到以下结论:核裂变能与核聚变能是两种不同的

---

① 强作用力、弱作用力(比强作用力更短程的作用力,它只作用于电子、夸克、中微子)、电磁力、万有引力构成了宇宙间的 4 种基本力。关于它们的大小对比,若万有引力为 1,则强作用力在 10^{38} 数量级;弱作用力在 10^{25} 数量级;电磁力在 10^{36} 数量级。

② 在科学界,将 6 个质子与 6 个中子以及 12 个电子组成的碳原子(即 $_6^{12}$C)质量的 1/12 作为质量单位(atomic mass unit),其符号为:amu 或 u,1 amu(或 1 u)＝ $1.66053886×10^{-27}$ kg。但是,请注意:第一,在书写原子质量时,通常只写数值,不写任何单位,这表示"相对原子质量"。第二,在生物化学和分子生物学中(尤其是针对"蛋白质"时),该单位的符号通常写为 Da 或 D(读作:道尔顿,Dalton)。

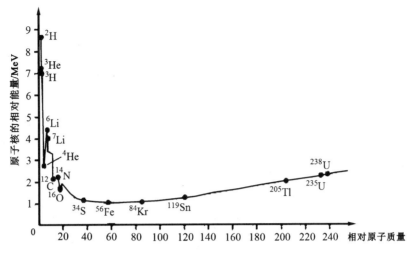

图 2.51　若干典型同位素原子核的相对能量水平之表征

(注:该图中所示的原子核相对能量水平只与原子核内的强作用力有关,
与弱作用力无关,即该图只适用于核聚变与核裂变,不适用于 β 核衰变)

码 2.32

巨大核能来源,而且,核聚变能更加巨大。有关原子核的规律、核能的特点以及在核能应用方面的更多资料,如码 2.32 中所述。

核能的利用主要体现在两个方面:军事用途与和平利用。

军事用途的核裂变装置叫作:核武器,其中,裂变核武器被称为:原子弹(参见码 2.32 中所述);聚变核武器则叫作:氢弹(参见码 2.32 中所述)。原子弹、氢弹等核武器统称为:核弹。核弹爆炸会在瞬时释放出巨大的核能,这叫作:核爆炸。核爆炸是为了让敌方遭受巨大的破坏与伤亡,但是,这也会造成巨大的环境与生态灾难,需要慎之又慎。

和平利用核能是(在人为可控的条件下)缓慢地释放核能来造福于人类,这也是核能发电的科技基础以及道德准则。核裂变发电从 20 世纪 50 年代开始,此后历经了多次重大技术革新而使其相关技术不断成熟,尤其第三代核裂变发电站的运行十分安全,仍在发展中的是第四代核裂变发电技术(它更高效、更安全)。核聚变发电因为它巨大的难度,至今仍未实现工程发电。为此,一些科技发达的国家正在通力合作与努力奋斗,以图尽早实现核聚变发电。我国在这方面的研发活动是处于世界领先地位。为此,我们有充分的理由相信,中国最有可能成为世界上第一个实现核聚变试验发电的国家,中国人民为此感到自信与自豪。

2.1.7.1　核裂变发电

核裂变以链式反应进行:一个中子去轰击某个合适的重元素原子核,会使其裂变为 2~3 个质量相差不大的碎片(这些碎片就产生了新元素[①]),同时释放出巨大的核裂变能(该能量是普通煤燃烧热的 300 万倍左右),还释放出 2~3 中子。新产生的中子会继续轰击这种重元素的其他原子核,从而使这些原子核也发生裂变,这样又伴随着巨大的能量释放与新中子的放出。如此循环往复,就是链式核裂变反应。

以 ^{235}U 原子核为例,^{235}U 原子核因受轰击而吸收一个中子后,就变成 ^{236}U 原子核,但是,处于高能态的 ^{236}U 原子核极其不稳定,瞬间就会发生核裂变(就好像 ^{236}U 没有存在过),接着便是上述链式核裂变过程,参见图 2.52。

---

① 例如,^{235}U 原子核被热中子(能量小于 0.5 keV)轰击后产生的碎片,质量减少了很多(相对原子质量主要在 80~150 之间,且主要是 Xe、Ba、Cs、I、Sr、Kr、Rb、Y 等元素的若干同位素,见码 2.33 中所述)。

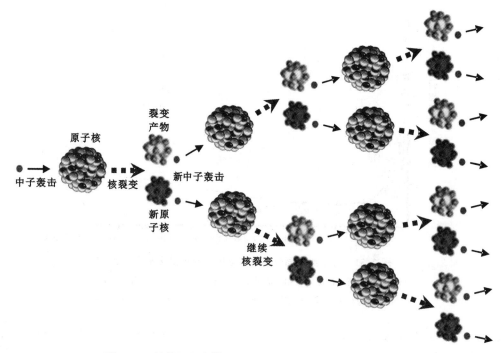

图 2.52　铀的同位素^{235}U 发生核裂变时的链式反应示意图

(1) 裂变核燃料

现在,尽管地球上有很多种的重金属同位素,但是,可以作为裂变核燃料的重元素同位素却只有三个,它们是:^{239}Pu(钚-239)、^{235}U(铀-235)、^{233}U(铀-233)。而且,这其中只有^{235}U 是天然存在的核燃料,^{239}Pu 与^{233}U 都需要从其他元素的同位素转变而来。

地球中几乎没有钚元素(只有极微量的^{244}Pu 与^{239}Pu),因此,人类用的钚元素都是人造的(例如,用中子轰击^{238}U 可得到^{239}Pu;用氘核撞击^{238}U 可得到^{239}Pu)。钚有 20 种同位素(^{228}Pu $\sim ^{247}$Pu)。但是,大多数的钚同位素很不稳定(半衰期极短),只有 6 种钚同位素能够稳定地存在一定的时间,具体来说,这 6 种钚同位素是:

① ^{238}Pu(半衰期 88 年,α 衰变)(关于 α 衰变的介绍,见第 2.2.4.2);

② ^{239}Pu(半衰期 2.4 万年,α 衰变);

③ ^{240}Pu(半衰期 6560 年,α 衰变);

④ ^{241}Pu(半衰期 4 年,β 衰变)(关于 β 衰变的介绍,见第 2.2.4.2);

⑤ ^{242}Pu(半衰期 37.4 万年,α 衰变);

⑥ ^{244}Pu(半衰期 8260 万年,α 衰变)。

在这 6 种钚同位素中,只有^{239}Pu 与^{241}Pu 在中子轰击下会发生链式核裂变。然而,^{241}Pu 衰变很快(4 年的半衰期),因此,仅^{239}Pu 可作为核裂变燃料(快中子堆就是消耗^{238}U 来增殖^{239}Pu,再由^{239}Pu 发生链式核裂变反应而释放核裂变能)。

铀的同位素有 15 种(^{226}U $\sim ^{240}$U)。然而,在地球的天然铀矿中,通常只含有三种铀同位素:^{238}U 为主(约 99.27%),^{235}U 很少(约 0.714%),^{234}U 微量(约 0.0055%),这是由于^{238}U 与^{235}U 具有极长的半衰期所致:^{238}U 的半衰期为 44.7 亿年(α 衰变),^{235}U 的半衰期为 7 亿年(α 衰变),^{234}U 的半衰期为 24.55 万年(α 衰变)。

尽管铀矿中没有^{233}U,但是却可以由^{232}Th(钍 232)转变而来。在地壳中,钍元素比铀元素的分布更广,丰度更大(3~5 倍),而且钍矿中的钍元素几乎都是^{232}Th(半衰期 140.5 亿年,注:$^{232}_{90}$Th 通过 α 衰变为$^{228}_{88}$Ra 后,还会继续发生一系列的核衰变,最终产物为$^{208}_{82}$Pb)。^{232}Th 被中子轰击后会发生 β$^-$

衰变,其产物为 ^{233}Pa(镤-233), ^{233}Pa 会再发生 β$^-$ 衰变(半衰期 27.4d),产物为 ^{233}U。因此,钍核反应堆(简称:钍堆)是消耗 ^{232}Th 来增殖 ^{233}U,再由 ^{233}U 发生链式核裂变反应而释放出核裂变能。

综上所述,铀是最常用的裂变核燃料(fission fuel)。热中子核裂变反应堆(简称:热中子堆,或称:热堆)只消耗铀矿中含量很低的 ^{235}U。快中子核裂变反应堆(简称:快中子堆,或称:快堆)是消耗铀矿中含量最大的 ^{238}U 来增值 ^{239}Pu。所以,快中子堆的核燃料利用率大大提高,其发电效率也因此大幅度提高。而且,由于快中子堆充分消耗铀,这也解决了核废料的难题,快中子堆属于第四代核裂变发电技术。至于钍堆,其表现更温和,所以更安全。

关于铀资源,迄今主要是开掘陆地上的铀矿。然而,陆地的铀储量毕竟有限。海水中也含有铀,尽管每 1000 t 海水中才有 3 g 铀,但是,海水的总量巨大。

从海水中提取铀的方法包括沉淀法、吸收法、浮选法、生物浓缩法等。其中,吸附法在技术上很成熟。当然,从海水中提取铀的成本现在仍很高,这在经济方面没有竞争力。如果将海水制铀与海洋能开发(参见第 2.1.5 小节)相结合,它的前景还是很光明的。

对于大多数核裂变反应堆,还需要将铀矿中的铀提炼为浓缩铀(叫作:同位素分离),提炼浓缩铀的方法有多种,最早使用"气体扩散法",其工艺复杂、设备较多、耗电量很大。20 世纪 70 年代末,人们发明了"气体离心分离法",这种提炼铀的方法是利用高速旋转的离心机将含铀气体中的 ^{238}U 与 ^{235}U 分离。另外,激光分离法也是一种很好的提炼浓缩铀的方法。该方法是用两种不同波长的激光去照射含铀气体,这使得 ^{235}U 优先电离后,便从铀同位素中分离出来。激光分离法的优点是成本较低(其设备造价大约只有气体离心分离法的 1/3)。

除了浓缩铀环节以外,还需要很多道其他工序,才能将铀矿石加工为合格的核燃料微粉。核燃料微粉(UO_2 芯核)再烧结为包覆颗粒,很多包覆颗粒被放在核燃料球内,很多核燃料球被放置在核燃料棒内,很多个核燃料棒与若干个控制棒就构成了核燃料组件。如图 2.53 所示。

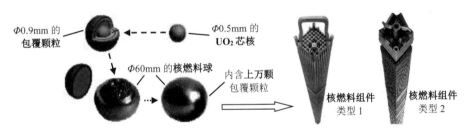

图 2.53 某裂变核燃料球构成与核燃料组件的概况

核燃料组件是裂变核反应堆的基本构件,若干个核燃料组件被组装在一起,也就构成了核裂变反应堆的堆芯。核裂变能就是从堆芯的核裂变过程中被释放出来的。

后来,随着快中子核裂变发电技术(简称:快堆)的问世,核燃料得以循环使用。快堆中的核燃料循环使用主要分三步:第一步,从铀矿开采一直到制成核燃料棒,叫作(核燃料)前处理过程。第二步,核燃料发生核裂变,对外输出核裂变能,残留核燃料等待后处理,且其中的部分 ^{238}U 转换为 ^{239}Pu、^{241}Pu 等同位素。第三步,核裂变反应堆中用过的核燃料,再通过化学处理来回收残留的 ^{235}U 与新生成的 ^{239}Pu,被称为(乏燃料)后处理过程。后处理过程通常是采用水法工艺(以磷酸三丁酯为萃取剂)。核燃料经过后处理后,还可以获得一些贵金属以及一些放射性同位素,它们在其他领域中有用途。这样,就彻底解决了"核废料"的问题。

(2) 核岛与常规岛

核发电站的核系统及其装备、厂房被称为:核岛(nuclear island);核发电站的发电系统及其装备、厂房则叫作:常规岛(conventional island)。

在核岛中,核裂变反应堆释放的核裂变能通过蒸汽发生器而将水加热成为(高压高温的)水蒸气,这些水蒸气再被送往常规岛。在那里,这些水蒸气驱动汽轮发电机组发电(可参考图 2.2 与图 2.3)。

核裂变反应堆需要冷却剂。冷却剂通过核反应堆的作用是:第一,使核燃料棒冷却,以保持核燃料棒的温度稳定;第二,冷却剂在吸收核裂变释放的能量后,就变为载热剂,该载热剂再去助力热动力发电,参见图 2.54。注:对于沸水堆,水是冷却剂、载热剂是水蒸气;水吸收核裂变能后就变成高温高压水蒸气(载热剂),该水蒸气再去驱动蒸汽轮发电机组发电;对于其他类型核反应堆,冷却剂吸收了核裂变能后转变成的载热剂仍是液体,该液体载热剂不直接驱动蒸汽轮发电机组,而是将其热量传给蒸气发生器内的水,将水间接加热为高压高温水蒸气,这些水蒸气再去驱动汽轮发电机组发电。

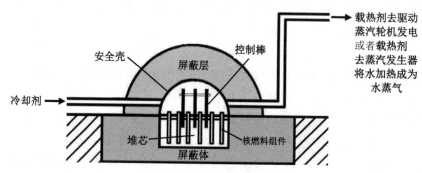

图 2.54 裂变反应堆发电最基本工作原理简图

常用的冷却剂(coolant)有轻水(为了与重水相区分,在核领域中将普通水称为:轻水)、重水、超临界水[1]、一些有机液、某些气体(例如,CO_2、He)、某些液态金属(例如,钠熔液、铅铋共晶熔液)以及某些熔盐(例如,熔融氟盐)。除了冷却剂以外,核裂变反应堆还需要慢化剂(对于热中子堆)、控制棒,也需要反射层、核反应堆容器、安全壳、屏蔽层等设施或者设备(参见码 2.33 中的介绍)。

轻水冷却的核反应堆被称为:轻水堆(light water reactor,缩写 LWR)。轻水堆在技术方面最为成熟。轻水堆又有沸水堆与压水堆之分。

水(轻水)吸收核裂变产生的热能后,便成为高温高压的水蒸气,该水蒸气再去直接驱动蒸汽轮发电机组发电,这是沸水堆(boiling water reactor,缩写 BWR)。

最早的核发电站就是使用沸水堆发电,读者可参考图 2.54。沸水堆结构简单(轻水既是冷却剂,又是慢化剂),控制棒(通过吸收中子来控制或中止核反应速率)从下部插入,不会像上插式(参见图 2.54)那样,万一断棒就掉入堆芯(注:核电站必须万无一失,随着技术发展,这种情况现在绝对不会发生,所以,敢使用上插式)。然而,沸水堆的最大缺点是:水直接接触核燃料棒。这样,一旦有个别的核燃料棒破损,核燃料微粉及其产生的挥发性核裂变产物便会混入水蒸气,再通过蒸汽轮机发电机组的缝隙或检修开盖时,它们就有可能会泄漏到环境中,如果是这样,就会造成一定程度的"核泄漏"。

为此,后来人们研发了压水堆(pressurized water reactor,缩写 PWR),如图 2.55 所示。在压水堆中,采用两个独立的回路,分别称为:一回路、二回路[2]:一回路是以核裂变反应堆为核心的"高压水循环回路"(注:一个核裂变反应堆可以有多个"一回路",通常为 2~4 个);二回路是以蒸汽轮机为核心的"水/水蒸气的循环回路"(注:1 个"一回路"只对应 1 个"二回路")。在一回路中,水被加压而使其始终处于液态。而且,高压水只是在核反应堆内及其泵内以及管道内做循环流动,于是,只会产生高温高压的液态水(大约 327 ℃、15.5 MPa)。由于这些水始终被封闭在一回路之中,因此完全没有可能泄漏到环境中,这样彻底避免了核泄漏。在蒸气发生器内,一回路中的"高温高压水"作为载热剂通过蒸气发生器内的换热管道将二回路中的水加热为高温高压水蒸气,这些水蒸气再去驱动蒸汽轮发电机组而发电。

---

[1] 超临界水是指在水的临界点(374 ℃、22.1 MPa)以上的高温高压水。超临界水既有液体的性质,也具有气体的性质。
[2] 为冷凝器提供冷却的冷却水管路系统(参见图 2.55)也被称为:三回路。

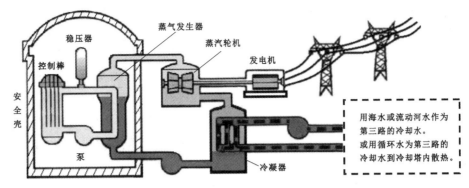

图 2.55　压水堆的工作原理与工作流程图

(注:稳压器给予高压水波动一个缓冲空间以及避免"水锤效应"的破坏)

(水锤效应在码 2.13 中有介绍)

重水冷却的核反应堆被称为:重水堆(heavy water reactor,缩写 HWR)。

重水堆在很多方面与压水堆有相同点。当然,重水堆也有自身特点,其最大优点就是:重水堆可直接使用铀矿石制成的天然铀为核燃料,而不需要浓缩铀。另外,轻水堆用完后的乏燃料棒也可以作为重水堆的核燃料棒再使用。此外,重水堆也能生成新的核燃料^{239}Pu,以供给快中子堆使用。还有,在重水堆中,可以利用中子去轰击含锂物质来获得地球上极度奇缺的核聚变燃料——氚(^{3}H)。

重水堆的主要缺点是:重水堆的造价与重水价格都很高。

按照结构型式的不同,重水堆又分为两种类型:压力壳式重水堆和压力管式重水堆。

压力壳式重水堆的结构类似于压水堆,只是其冷却剂与慢化剂都是重水而非轻水。而且,因为其栅格节距大,所以其压力壳比同功率压水堆的压力壳大很多,这使其规模受限。

压力管式重水堆的慢化剂是重水,但是,其冷却剂既可以是重水,也可以是其他介质。压力管式重水堆的结构又分为两种型式:立式和卧式。立式压力管是垂直管道,所以可选用一些有机液、某些气体、加压重水或沸腾轻水为冷却剂;卧式压力管是水平放置,因此不宜使用沸腾轻水为冷却剂。

气体冷却的核反应堆简称:气冷堆。气冷堆以 CO_2、He 为冷却剂,以石墨(graphite)为慢化剂。迄今,气冷堆经历了三代:第一代气冷堆以天然铀为核燃料、以 CO_2 为冷却剂,以石墨为慢化剂。这种堆型最初是为生产核武器用的钚而设计,后改为"产钚"与"发电"两用。现在,第一代气冷堆已停建。第二代气冷堆又称为:改进型气冷堆,它以低浓缩铀为核燃料,冷却剂仍是 CO_2,慢化剂依然为石墨,但是冷却剂出口温度已经由第一代的 400 ℃提高到 650 ℃,所以,发电效率也相应增大。第三代气冷堆是以高浓缩铀为燃料,以氦气(He)为冷却剂,慢化剂还是石墨。由于氦气的冷却效果好,所以燃料为弥散型、无包壳,而且,其堆芯石墨也能够承受高温,所以,冷却剂出口温度提高到 700～800 ℃(基于此,第三代气冷堆也叫作:高温气冷堆,冷却剂出口温度更高的被称为:超高温气冷堆,属于第四代核发电技术)。至于这些高温氦气的用途,除了用于发电,其热量也用于炼钢、煤的气化以及某些化工过程等需要高温的场合。

为了追求核反应堆的绝对安全性,中国科学家成功研发了具有"固有安全性"的超高温气冷堆。固有安全性(inherent safety)也叫作:零风险,这就是说,如果发生地震等自然灾害或者发生恐怖袭击而导致断电,在没有任何人为干预的情况下,这种核反应堆也会依靠周围环境的自然冷却从而停止其核反应,再慢慢冷却降温。这种核反应堆是第四代核裂变发电站的六种概念堆之一。在这方面,中国首批建成的工程化超高温气冷堆项目——华能山东(荣成)石岛湾高温气冷堆核电站已运转发电。

另外,超临界水、液态金属、熔盐也是第四代核裂变发电站中使用的冷却剂。

(3) 核反应堆的分代

20 世纪 50 年代,人们就研发了核裂变发电技术且建设了首批核裂变发电站(核反应堆)。此后,经历了第一代(GEN Ⅰ)、第二代(GEN Ⅱ)、第三代(GEN Ⅲ)、第四代(GEN Ⅳ)。

　　第一代核裂变发电站是指苏联最早建造的实验性核电站以及美国、法国、德国、英国建造的原型堆(即 20 世纪 50 年代至 60 年代前期开发的第一批轻水堆核裂变发电站)。第二代核裂变发电站是指(从 20 世纪 60 年代后期到 90 年代前期)在第一代核裂变发电站的基础上开发建设的一批大型商用核裂变发电站,既有轻水堆核电站,也有重水堆核电站(注:在世界范围内,当前正在运行的核电站大部分属于第二代核电站)。第三代核裂变发电站是指(20 世纪 90 年代后期以后建造与运行的)一些更安全、更先进的核电站。第三代核裂变发电站采用标准化与最优化设计以及应用安全性更高的"非能动安全系统",例如,有中国名片之称的"华龙一号"及其小型堆"玲珑一号"以及"国和一号"都属于第三代核裂变反应堆工程技术。第四代核裂变发电站是新一代的核裂变发电站,正处在工程试点建造与推广阶段。

　　第四代核裂变发电站与前三代相比,有了根本性的变革。要求它们的固有安全性好、经济性高、废弃物少、可持续发展、防止核扩散。2002 年 9 月 19—20 日在日本东京召开的 GIF[①] 会议上,入会的十个国家一致同意开发 6 种第四代核裂变发电站的概念堆,它们分别是气冷快堆(gas-cooled fast reactor,缩写 GFR)、铅合金液态金属冷却快堆(lead-cooled fast reactor,缩写 LFR)、熔盐堆(molten salt reactor,缩写 MSR)、液态钠冷却快堆(sodium-cooled fast reactor,缩写 SFR)、超高温气冷堆(very high temperature reactor,缩写 VHTR)、超临界水冷堆(super-critical water-cooled reactor,缩写 SCWR)。

　　关于上述 6 种概念堆,除了 VHTR 是热中子堆(或称:热堆)、MSR 是超热中子堆以外,其他 4 种都是快中子堆(或称:快堆),其中,SCWR 既有热堆型设计,又有快堆型设计。

　　快中子堆(快堆)的全称是快中子增殖堆(fast breeder reactor,缩写 FBR)。快中子是指能量大于 100 keV 的中子(热中子的能量小于 0.5 keV)。在热中子堆中,为了将中子的能量从快中子水平降低到热中子水平,就需要在核反应堆内放置大量的慢化剂;显然,快中子增殖堆(FBR)不需要慢化剂。FBR 的发电效率高达 60%～70%。

　　FBR 以浓缩铀为核燃料,这种核反应堆的增殖(breed)是指消耗 ^{238}U 来增殖 ^{239}Pu(增值比是指:新生成的 ^{239}Pu 与消耗的 ^{238}U 之比,在 1.2 左右)。因此,FBR 消耗的是铀矿中丰富的 ^{238}U(^{238}U 约占自然铀资源的 99.27%,^{235}U 只占其 0.714%),这就解决了核废料问题。具体来说,FBR 将 ^{238}U 转化为 ^{239}Pu 后,再由 ^{239}Pu 进行链式核裂变反应(每消耗 1 个 ^{239}Pu,平均产生 2.6 个中子:其中,1 个快中子去轰击其他钚元素来持续链式核裂变;1.6 个快中子则用于消耗 ^{238}U 来增殖 ^{239}Pu。该过程也可以理解为:新产生中子会让堆芯里的核裂变反应不断地向前行进,基于此,也有人将 FBR 称之为:行波堆)。

　　FBR 还有其他一些优点:由于没有慢化剂,所以堆芯结构紧凑、体积小、功率密度大。然而,冷却问题(传热问题)显得很突出。FBR 的冷却剂有三类:气体(He 气体)、超临界水、液态金属(Na 熔液、Pb/Bi 共晶熔液)。

　　以上所述的核裂变反应堆都是以铀为核燃料。除此以外,人们也在研发运行(熔盐冷却的)钍核裂变反应堆(简称:钍堆,或称:钍增殖堆,它是消耗 ^{232}Th 来增殖 ^{233}U,因为 ^{233}U 可发生链式核裂变)。

　　尽管从核裂变能的大小来看,铀堆是优于钍堆的。但是,钍的来源丰富,而且从核裂变的安全性角度来看,钍堆则优于铀堆,这是因为钍堆内的 ^{233}U 核裂变与铀堆内的 ^{235}U 核裂变相比,前者更温和,核发电时也不需要太多的冷却水,所以,中国在内地(甘肃省武威市)建设了全球首个钍堆(钍基熔盐堆),现已投入运行。它既可用于发电,也可用于供热等用途。

---

　　① GIF 的全称是 The Generation Ⅳ International Forum,即第四代核能系统国际论坛。

（4）核反应堆的各种分类法

核裂变反应堆的类型众多、叫法多样，但是，若理解了这其中的科学分类原理，那就十分清晰了，具体简述如下：

按照用途来分，核裂变反应堆分为：生产堆（专门为原子弹生产核燃料^{239}Pu）、动力堆（用于核发电，或者为海洋中航行的舰、艇提供核动力）、实验堆（用于实验研究，或者用于科学试验）、供热堆（为供热站或供暖装置提供热源，也可以再利用合适的制冷法来实现冷热联供，还可以为海水淡化、高温裂解制氢来提供热源）。

按照核燃料的不同，核裂变反应堆分为：铀堆（天然铀堆、浓缩铀堆）、钚堆、钍堆以及混合堆。

按照中子能量的不同，核裂变反应堆分为：热中子堆、中能堆、快中子堆。

按照冷却剂的不同，核裂变反应堆分为：轻水堆（沸水堆、压水堆）、重水堆、有机介质堆、气冷堆、超临界水堆、液态金属堆、熔盐堆。

按照慢化剂的不同，核裂变核反应堆分为：轻水堆、重水堆、石墨堆。

按照核燃料在堆内的分布状况来分，核裂变反应堆分为：均匀堆、非均匀堆。

有关核裂变发电技术的更多介绍，如码 2.33 中所述。

码 2.33

2.1.7.2　核聚变发电

核聚变也叫作：热核聚变（或称：热核反应，业内称之为：核融合，或简称：融合）。相比于核裂变，核聚变释放出的能量更加巨大（参见图 2.51），该能量叫作：核聚变能。

地球上最典型的核聚变燃料同位素是$_1^2$H（氘）、$_1^3$H（氚），因此，核聚变发电的本质就是依靠$_1^2$H-$_1^3$H核聚变（氘氚核反应），即

$$_1^2H + {}_1^3H \longrightarrow {}_2^4He + {}_0^1n + 17.6\ \text{MeV} \tag{2.5}$$

式中　$_0^1$n——中子，即 neutron（质子用$_1^1$p 表示，即 proton），中子有放射性，质子无放射性。

$_1^2$H-$_1^3$H核聚变之所以被选用，其原因是：

第一，若使用^{2}H-^{2}H核聚变（氘氘核反应），会有两个核反应：

$$_1^2H + {}_1^2H \longrightarrow {}_2^3He + {}_0^1n + 3.26\ \text{MeV} \tag{2.6a}$$

$$_1^2H + {}_1^2H \longrightarrow {}_1^3H + {}_1^1p + 4.04\ \text{MeV} \tag{2.6b}$$

这两个核聚变反应所需的引发温度（或称：点火温度）比$_1^2$H-$_1^3$H核聚变更高，释放的核聚变能却比$_1^2$H-$_1^3$H核聚小。注：这里的第二个核聚变反应属于无中子核聚变（aneutronic fusion）。

第二，若想利用^{2}H-^{3}He核聚变（氘与氦-3核反应），即

$$_1^2H + {}_2^3He \longrightarrow {}_2^4He + {}_1^1p + 18.3\ \text{MeV} \tag{2.7}$$

这也属于无中子核聚变（注：质子没有放射性），产物氦-4（$_2^4$He）也没有放射性。然而，地球上的氦-3（$_2^3$He）资源很稀少（全球只有几百千克）。尽管月球的月壤中富含氦-3，可登月开采（这是人类的美好设想）。然而，即便未来能够从月球上获得足够多的氦-3 资源，$_1^2$H-$_2^3$He核聚变的引发温度比^{2}H-^{3}H核聚变要高很多，这也是一个难题。

第三，对于$_1^1$p-$_3^6$Li核聚变（氢锂核反应）、$_1^1$p-$_3^7$Li核聚变（氢锂核反应）以及$_1^1$p-$_5^{11}$B核聚变（氢硼核反应）等更多类型的核聚变反应，这些核反应的引发温度都比$_1^2$H-$_1^3$H核聚变高很多。因此，也有很多棘手的问题。

当然，要想实现$_1^2$H-$_1^3$H核聚变，首先就要解决氘、氚的资源问题。在地球上，氘的储量是很丰富，例如，海洋中就富含氘[①]，人们只需用"精馏法"从海水中提取重水，再电解重水便可得到足够的氘。

---

①　按照相关理论，大约每 6700 个氢原子，就会有 1 个氘原子，而每个水分子中有两个氢原子，这样推算，每 1 L 海水中含有氘 0.034 g。地球的海水量巨大，按此方法演算，全球海水中总共含有氘 $4.5×10^{13}$ t。

可是,地球上极度缺乏氚。值得庆幸的是,人们可以通过锂来获得氚(中子轰击含有 $^6_3$Li 或 $^7_3$Li 的靶材后,都会产生氚和氦),例如,常用的两种制氚方法:其一是将锂靶件植入重水堆(重水核裂变反应堆)来制造氚;其二是将锂植入核聚变反应堆的包壳中,氘氚核聚变产生的快中子冲击包壳便会制造氚(即由氚来增殖氚),这叫作:氚自持。

在解决了氘氚核聚变的核燃料问题后,核聚变发电还存在两个方面的大难题:第一,引发核聚变需要极高温(超过 10^8 K,每融合形成 1 个氦原子核就需要超过 10 keV 的能量),这是由于原子核之间存在着强大的静电排斥力(简称:电斥力),电斥力保证原子核之间不会发生碰撞。若想实现核聚变,只有让原子核达到极高温从而获得极大的动能后,如果两个原子核的运动方向刚好相反,就会由动能来克服巨大的电斥力从而发生有效碰撞,于是引发核聚变反应;第二,需要寻找约束极高温的方法,这是因为没有任何一种容器材料与这样的极高温度接触而不气化。

这两个难题也体现了核聚变发电与核武器的根本区别。就聚变核武器(氢弹)来说,其一,氢弹爆炸需要的极高温可以通过先引爆原子弹来实现;其二,核爆炸就是为了大规模地破坏与摧毁,因此,不需要约束极高温,也就不需要约束材料。

上述这两个难题曾经困扰着追求核聚变发电梦想的人们。后来,有科学家想到:其一,极高温可用高能电磁波与高能粒子流加热等离子体[1]或用高能激光束加热等离子体来实现;其二,约束极高温可利用“磁约束法”或“惯性约束法”[2]来实现。

磁约束(magnetic confinement)的基本原理是:通过强大的磁场形成封闭的磁感线,于是,在洛伦兹力的作用下,等离子体只能够沿磁感线运行,而不会穿过磁感线向外飞散,这样可实现高温等离子体与容器壁的隔离,这就叫作:磁约束。

人类发明的磁约束装置主要有:苏联发明的托卡马克装置(俄文:Токамáк,拉丁文:Tokamak)、欧美发明的仿星器(stellarator)、日美欧发明的反场箍缩装置(reversed field pinch,缩写 RFP)等。在相关国家的技术都公开以后,由于托卡马克装置的结构简单有效,于是,世界各国纷纷转向托卡马克装置。

托卡马克装置最早由苏联库尔恰托夫研究所的科学家阿齐莫维奇[3]等人发明,如图 2.56 所示。俄语单词 Токамáк 实质上由四个俄文单词的缩写组合而成,即 тороидальная(环形)、камера(空)、магнитными(磁)与 катушками(线圈),汉语的大意是“环形磁笼真空放电器”(因此,在中国也将托卡马克装置叫作:环流器)。

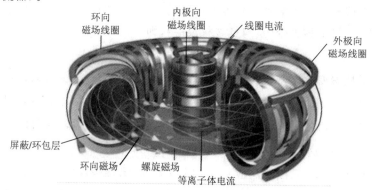

图 2.56　托卡马克装置基本结构与原理
(图片来源:国际热核聚变实验堆计划总部公开发布)

---

① 在 10^5 K 以上的极高温时,任何气体都会电离成等离子态,被称为:等离子体(plasma,注:这个词在中国台湾地区译作:电浆。关于这个称呼,读者在阅读相关科技资料时,注意即可)。

② 这两种约束方法获得普遍认可与具体应用,其他约束方法没有获得广泛承认。

③ 列夫·安德烈耶维奇·阿齐莫维奇(Lev Andreevich Artsimovich,1909—1973),苏联物理学家,苏联科学院院士。他从事与核弹有关的同位素分离工作,并由此而研究受控核聚变。

关于惯性约束(inertial confinement),可以简单理解为脉冲约束。为此,请先做这样的思想实验:第一,氢弹爆炸的涉及范围是有限的;第二,先引爆一颗氢弹,爆炸的冲击波与高温会向外扩张,但是这个扩张会限制在一定的范围;第三,先前一颗氢弹爆炸的扩张结束后,再引爆后一颗氢弹,其过程与影响与先前一颗氢弹爆炸的情况相同。这样循环往复,就可以将核聚变约束在一定的范围之内。

有了上述思想实验的启迪,也就不难理解"核聚变惯性约束的本质与机理",只是惯性约束核聚变所用的核燃料剂量很少,而且,脉冲周期也很短。对此,请看如下所述:

惯性约束的基本原理是:很多条高能脉冲激光束产生的辐射线,在极短的脉冲时间内,同时照射到一个(含有氘与氚的)靶丸(pellet)表面,这样就会在靶丸的表面产生高温、高压的等离子体。这些等离子体向外喷射的反作用力会形成激波而向靶丸内部传播,从而造成靶丸内爆。靶丸内爆又会压缩靶丸内部的氘、氚,于是便形成了高温、高压及其连锁反应,最终引发核聚变,参见图2.57。由于激光是脉冲发射,所以等离子体向外喷射也是脉冲式,而且限制在一定的范围。这样,就实现了利用脉冲发射的瞬时过渡现象来约束高温等离子体。

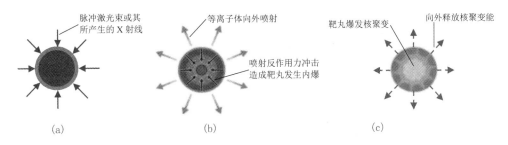

图 2.57 惯性约束核聚变的工作原理

(a) 很多束(高能脉冲激光束产生的)辐射线在烧蚀靶丸表面;(b) 等离子体向外喷射且其反作用力冲击靶丸造成靶丸内爆;
(c) 靶丸中的氘与氚发生核聚变且产生的能量迅速向外辐射

表2.5中所展示的是国际上针对核聚变发电技术而研制的各种实验装置之简称。

请注意:尽管表2.5是不完全统计(可能会遗漏某些核聚变实验装置,有的实验装置已被弃用或转让),但是,该表格在总体上能够反映出世界各国以及有关组织在核聚变能研究方面所做的努力。以下就选择这方面的几个典型装置,简单地介绍一下它们的概况。

关于磁约束核聚变发电,在国际合作的层面,由七方35个国家[①]联手在法国南部 Saint Paullez Durance 区的卡达拉舍(Cadarache,马赛市附近的小城)建造的"国际热核聚变实验堆"项目,被称为ITER(International Thermonuclear Experimental Reactor)。

ITER装置如图2.58所示,它的核燃料是${}^2_1H$和${}^3_1H$(${}^3_1H$是由${}^2_1H$增殖产生),它的磁场则是由低温超导线圈产生的。ITER装置的输入功率为50 MW,预计输出功率为500 MW(能量增大10倍,即Q值[②]为10,如图2.59所示的是ITER装置的发电原理)。ITER装置采用托卡马克来磁约束极高温等离子体。它的等离子体放电间隔设计为400 s,等离子体中的环流电流预计高达$1.5×10^7 A$。ITER装置堆芯中的等离子体受热后预计会升温到$1.5×10^8 K$以上。

ITER装置主要由七大部分组成,它们分别是:

① 第一壁(环包层的内壁):它构成等离子体室;

② 偏滤器系统:它从核聚变反应中提取${}^4_2He$;

③ 环包层系统:它将聚变能转换为热能,同时增殖${}^3_1H$;

④ 磁场屏蔽系统;

---

① ITER(网址:www.iter.org)的参加方共有7个:欧盟、日本、韩国、俄罗斯、美国、中国、印度。但是,欧盟这一方则是包括了很多国家(欧盟27国+英国+加拿大),这样合计有35个国家加入该项目。

② 这里,Q表示"能量增益因子",也叫作:增益系数。

表 2.5　国际上各种核聚变实验装置的部分统计表

磁约束	**托卡马克**	国际合作	**ITER**；DEMO
		北美洲	加拿大：STORM 美国：ST Tokamak；Ormark；Alcator CMod；UCLA ET；LTX；NSTX；**MST**；Pegasus；PBXM；TEXT；**TFTR**；**DIII-D**；**SPARC**
		亚太地区	澳大利亚：LT1 中国：CT6，CT6B；KT5；**J-TEXT**；HT6B，HT6M；HT7；HT7U＝**EAST**；**CRAFT**；HL1，HL1M；HL2A；HL2M→**中国环流三号**；**CFETR**；球形托卡马克（SUNIST，**SUNIST**2，NCST），**洪荒 70** 印度：ADITYA；SST1 伊朗：IRT1 日本：JFT；JT60、JT60U；**JT60SA**（日本＋欧盟） 哈萨克斯坦：KTM 巴基斯坦：GLAST 韩国：**KSTAR**
		欧洲	欧盟：**JET** 捷克：COMPASS；GOLEM 西班牙：TJI 法国：Petula；TFR Tokamak；Tore Supra，WEST 德国：Pulsator Tokamak；ASDEX，**ASDEXU**（U＝Upgrade）；TEXTOR 意大利：**FTU**；IGNITOR 荷兰：RTP 葡萄牙：ISTTOK 苏联（俄罗斯）：T3；T4；T10；T15 瑞士：TCV；START 英国：START；Cleo；MAST，ST80HTS（球形托卡马克）
	仿星器	北美洲	美国：ATF；CAT；HSX；NCSX；QPS
		亚太地区	澳大利亚：H1NF 中国：Lingyun（凌云），CNH1 日本：CHS；Heliotron J；LHD；TUHeliac
		欧洲	西班牙：UST1；UST2；TJIU；TJII 德国：TJK；WEGA；W7AS；W7-X（Wandelstein7-X）；Q1 乌克兰：Uragan1；Uragan2（M）；Uragan3（M）
	箍缩装置		日本：TPERX；RELAX 瑞典：EXTRAPT2R 意大利：RFX 美国：MST、**FuZE-Q**（Z 箍缩）、**TAE**（反场箍缩）、**Helion**（反场箍缩） 中国：θ 箍缩：角向一号、角向二号；Z 箍缩：**PTS**（聚龙一号）、**ZFFR**（混合堆）、（西安交通大学）Z 箍缩科学实验装置；反场箍缩：KTX、SWIP-RFP
	其他		美国：LDX；SSPX；MFTF；MCX；Polywell；Dense plasma focus 日本＋欧盟：**IFMIF** 加拿大：**MTF**；英国：ZETA 中国：KMAX（磁镜）
惯性约束	**激光**	北美洲	美国：**NIF**；OMEGA；Nova；Nike；Shiva；Argus；Cyclops；Janus；Long path
		亚洲	中国：SGⅠ；SGⅡ；SGⅢ；**SGⅣ**（神光系列） 日本：GEKKO-Ⅻ；EXFusion
		欧洲	欧盟：HiPER 捷克：Asterix Ⅳ（PALS） 法国：**LMJ**；LULI2000 俄罗斯：ISKRA 英国：Vulcan
	非激光		美国：Z machine；PACER；英国：Projectile Fusion

注：在该表中，黑体型号为当前科研成果较多的装置。

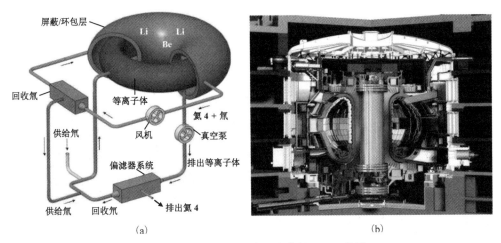

图 2.58 采用托卡马克磁约束的 ITER 装置

(a) 工作原理图;(b) 结构效果图

(图片来源:国际热核聚变实验堆计划总部公开发布)

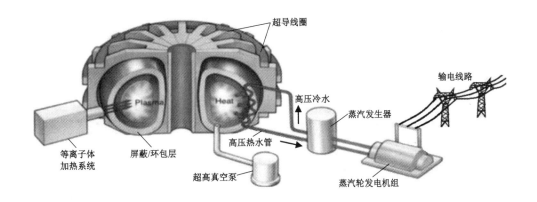

图 2.59 (利用托卡马克磁约束的)ITER 装置实现核聚变发电的原理

(图中的 Plasma 表示等离子体,图中的 Heat 表示热量)

(图片来源:国际热核聚变实验堆计划总部公开发布)

⑤ 容器结构;

⑥ 磁场系统;

⑦ 核燃料与等离子体辅助热源。

ITER 计划工程巨大、极其复杂。而且,这还只是一个实验项目。即便它获得实验成功,接着也还要再做核聚变发电的示范堆试验(或称 DEMO 试验)。所以,这个国际合作项目要想实现产业化,那还要等待较长的时间。

除了国际合作以外,世界各国也在积极研发各自的核聚变实验装置(参见表 2.5 中所示),中国在这方面处于领先地位。为此,这里列举这方面的几个典型实例:

在中国安徽省合肥市,中国科学院合肥物质科学研究院等离子体物理研究所研发了东方超环(experimental advanced superconducting Tokamak,缩写 EAST,它是全超导非圆截面的托卡马克核聚变实验装置)。后来,该研究所还新建了大型高科技的聚变堆主机关键系统综合研究设施 CRAFT(comprehensive research facility for fusion technology,汉语名称"夸父"),它落户在合肥综合性国家科学中心大科学装置集中区,这是该集中区的第一个国家级重大科技基础设施项目,这既是针对核聚变堆主机关键系统的综合研究设施,也是关于核聚变的综合研究与测试平台。2022 年 3 月 26 日,CRAFT 正式交付启用。

在中国四川省成都市,核工业西南物理研究院研发的"中国环流三号"是当前国内规模最大、参数最高的先进托卡马克装置。

东方超环与中国环流三号(参见图2.60)都已取得了很多突破性的重大成果,CRAFT的科研成果将对中国核聚变技术的发展提供强有力的支撑。

(a)　　　　　　　　　　　　　　　　　　(b)

图2.60　中国两台典型核聚变发电实验装置的外观

(a) 东方超环(EAST);(b) 中国环流三号(原名:HL-2M)

[图(a)来源:中国科学院合肥物质科学研究院公开发布];[图(b)来源:核工业西南物理研究院公开发布]

以上述这些科研装置及其成果为基础,中国正在设计建造世界上第一个核聚变发电工程试验堆CFETR(China fusion engineering test reactor)。另外,中国能量奇点能源科技(上海)有限公司设计研发的"洪荒70"是全球首台全高温超导托卡马克装置。

中国科技大学、华中科技大学、清华大学、大连理工大学、上海交通大学、上海科技大学、西安交通大学、四川大学、西南交通大学、南昌大学、南华大学等一批国内大学设置有专门研究核聚变能的科研机构或项目组或课题组,有些高校成果已处于工程试验阶段,例如,SUNIST2。

在美国,麻省理工学院与美国CFS公司合作研发的SPARC装置取得了重大技术突破。另外,位于美国华盛顿州的氦核能源公司(Helion Energy)在进行氘与氦-3(^{2}H-^{3}He)核聚变发电的研发工作,获得了一些技术突破。

在澳大利亚,HB11能源公司与迪肯大学合作在氢硼(^{1}H-^{11}B)核聚变方面取得了突破性研发成果。另外,美国加利福尼亚州的TAE公司也在做这方面的探索。

在惯性约束核聚变发电方面,最典型的实例是(隶属于美国能源部的)美国劳伦斯利弗莫尔国家实验室(Laurence Livermore National Laboratory,缩写LLNL)研制的NIF装置(national ignition facility project,国家点火装置),参见图2.61。NIF装置是将含有核燃料氘与氚的靶丸放在一个环形

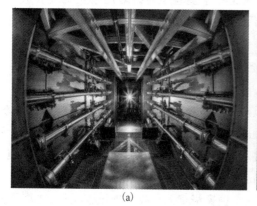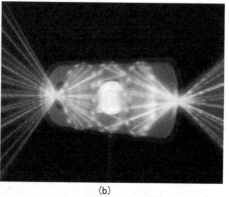

(a)　　　　　　　　　　　　　　　　　　(b)

图2.61　NIF装置的工作原理与真实照片

(a) 激光设备系统照片;(b) 工作原理效果图

(图片来源:美国劳伦斯利弗莫尔国家实验室公开发布)

真空器(简称:环空器,hohlraum)的内部,192 束紫外脉冲激光簇从环空器两端的孔洞射入。但是,请注意,激光束并不是直接照射核燃料靶丸,而是照射到(安装在环空器内壁上的)很多镀金空腔内部,这些镀金的空腔内壁受热升温到一定的温度后,便会发射强烈的高能 X 射线。随即,这些 X 射线束便会聚焦照射到核燃料靶丸表面(X 射线能够更均匀、更有效地照射到靶丸表面),从而使靶丸表面被烧蚀,继而引发靶丸内爆,最后引起惯性约束的受控核聚变反应(其原理可参见图 2.57)。2022 年 12 月 13 日,美国能源部与美国国家核安全局联合正式宣布:在 NIF 装置上,取得了能量增益因子 Q 值超过 1.5 的突破性核聚变实验成果,这是世界范围内首次取得核聚变 Q 值大于 1 的科技成果。

与 NIF 装置类似的还有法国的 LMJ 装置(laser mégajoule,意思为兆焦耳的激光)。它与 NIF 装置都属于激光驱动的惯性约束核聚变发电装置(laser-driven inertial fusion energy,缩写 LIFE)。另外,英国 First Light Fusion 公司研发的弹丸核聚变装置(projectile fusion)也属于惯性约束模式。

在中国,激光驱动的惯性约束核聚变研究项目叫作:神光计划。该项目的科研成果很丰硕,取得了很多技术突破。

有关核聚变发电技术的更多介绍,如码 2.34 中所述。

码 2.34

2.1.8 地热能发电

在地壳内部,贮存着巨大的能量,这就是地热能(geothermal energy,也叫作:地质热,或称:地下热)。可以广泛开发利用的地热能有两大类:水热型和干热型。前者是指(来自地下的)热水、水蒸气;后者是指干热岩。

地热能是清洁的、可再生的一次能源。与其他清洁的可再生能源相比,地热能不受时间、季节与气候的影响。因此,它是稳定可靠的一次能源,其发电成本也不高。在环境保护方面,地热能资源的开发对于环境的影响较小,其不利影响主要是地热蒸汽中含有少量 H_2S、CO_2 等对环境不利的气体,另外,地热水中的含盐量较大。为此,排放到环境中的地热蒸汽需要净化处理后才可排放,释放热量后的地热水也必须回灌至地下。还有,布置地热能的钻井位置与具体钻井时,既要避免地质灾害,也要避免对周围清洁水源、对周围景观可能造成的不良影响。

人们通常所说的地热能实质上是指地壳中的浅层地热能(shallow geothermal energy),其热源较为复杂,主要有三个来源:一是地下的放射性同位素持续衰变过程中产生的热量;二是地下的致密物质下沉时,重力势能转换为热量;三是地球形成时,尚未散失的热量(地幔对于地壳的加热)。这些热源都是地球自身产生的热量所致,另外,地表还会吸收部分(照射到其表面的)太阳能继而转换为热能。有关这方面的更多介绍,如码 2.35 中所述。

码 2.35

地热能主要用于取热供暖、洗浴与医用、生物养殖以及热力发电等方面。

在地质学领域,将拥有地热能资源(参见图 2.62)的大片区域称之为:地热田。地热田主要有五大类型,它们分别是:

蒸气型地热田(简称:蒸气田):这是以干蒸气(过热水蒸气)形式存在的地热田。蒸气田是最适合于开发地热能发电的地热田,只是蒸气田的数量较少,它仅仅占已探明地热能资源的 0.5% 左右。

热水型地热田(简称:热水田):这是以热水形式或者以湿蒸汽(饱和水蒸气)形式存在的地热田,这其中,温度低于 90 ℃ 的叫作:低温热水田;温度在 90～150 ℃ 的被

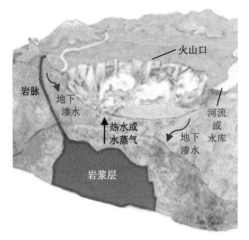

图 2.62 部分地热能资源的图示

称为:中温热水田;温度在 150 ℃以上的就是高温热水田。我国已探明的地热田中,大部分属于中温地热田或低温地热田。注:对于中、低温地热田,如果是纯热水的地热田,还有其他用途;若是热泥浆的地热田,则只能用于养生或旅游活动。

干热岩型地热田(简称:干热岩田):干热岩是地层深处普遍存在的热岩石,英语缩写是 HDR(hot-dry-rock)。干热岩温度范围为 150～650 ℃。干热岩田是储量丰富的地热能资源,尤其是我国的干热岩储量非常丰富,应鼓励开发利用。注:开发干热岩田属于增强型地热系统,英语缩写 EGS(enhenced geothermal system)。

地压型地热田(简称:地压田),这是指位于地下 2～3 km 的沉积岩中存在的高盐分热水。这些热盐水被不透水的页岩包围,盐水温度为 150～650 ℃、盐水压强为几十 MPa。地压田常常与石油、天然气资源有关,这是因为地压水中往往溶解有甲烷等可燃烃。

岩浆型地热田(简称:岩浆田),这是在地层深处呈黏弹性状态的高温熔岩或者是完全呈熔融态的高温熔岩(参见图 2.62)。岩浆田大约占已探明地热能资源的 40%。

在上述五类地热能资源中,应用最广泛的是蒸气型地热田与热水型地热田(如图 2.63 与图 2.64 所示);干热岩田则是亟待开发的新型地热能资源。

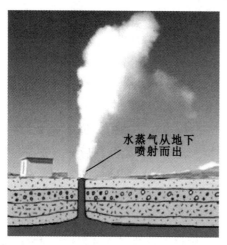

图 2.63　蒸气型地热田的基本构造

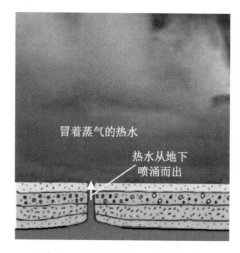

图 2.64　热水型地热田的基本构造

对于不同温度的地热能流体(热水/水蒸气),一般按照下列使用方式来科学、合理地利用:20～50 ℃——洗浴养生(例如,洗浴与保健、医疗与养生)、地热农业(例如,水产养殖与农田灌溉、牲畜养殖与禽类孵化、土壤加温与地热温室、农产品洗涤与热加工)等;50～100 ℃——取热供暖、提供热水、烹饪食品、烘干等;100～150 ℃——利用"双循环法"发电、供暖或制冷(其制冷原理,参见图 4.8)、加热干燥、回收盐类等;150～200 ℃——利用"闪蒸法"发电、供暖或制冷、加热干燥、热加工等;200～400 ℃——直接发电、地热能的综合利用。

正如在第 1.4.2 小节中所述,本教材注重电能。因此,以下所述是关于地热能的发电技术。

按照所用地热流体的类型不同,有三种基本的地热能发电方式,它们分别是:蒸气型地热能发电方式、热水型地热能发电方式、干热岩型地热能发电方式。

(1) 蒸气型地热能发电方式:该发电方式最为简单,就是利用地热能产生的高压水蒸气直接驱动蒸汽轮机发电(参见图 2.2、图 2.3 以及码 2.36 中所示)。但是,请注意:来自地下的高压水蒸气被抽引到蒸汽轮机组之前,还要把其中的岩屑与水滴分离出去。

(2) 热水型地热能发电方式:该方式是地热能发电的主要应用方式,这是因为热水型地热田的数量比蒸气型地热田的数量多很多。请注意:热水型地热能发电站也有两种循环系统——闪蒸系统与双循环系统。

① 闪蒸系统:该系统的流程如图 2.65 所示,其工作原理是:来自地下的高压热水被抽至地面后,经过增容降压,部分热水便会沸腾,即"闪蒸"为水蒸气(参见码 2.36)。水蒸气被送往发电站(水蒸气驱动蒸汽轮机旋转,再带动发电机的转子转动而发电);分离出的热水还可以作其他用途,当然,最好还是回注到原来的地层,以避免该地层因缺水而塌陷。

② 双循环系统:该系统的流程如图 2.66 所示。这里所说的"双循环"是指:地下水循环(从地下抽出热水+向地下回灌冷水)与有机物兰金循环(低沸点的有机物受热后气化+做功发电后返回)。

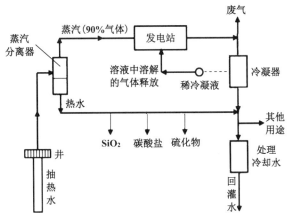

图 2.65 热水型地热能发电的闪蒸法流程

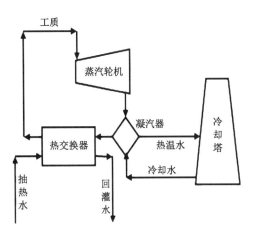

图 2.66 热水型地热能发电的双循环法流程

(热水型地热能发电方式)双循环系统的工作原理是:从地下抽取的高压热水先被送往热交换器中。在热交换器内,地热水将热量传递给低沸点的液态有机工作介质(简称:液态工质),从而使液态工质沸腾(即产生工质蒸汽),工质蒸汽被送往蒸汽轮机做功。做功后的工质蒸汽则被送入凝汽器中冷凝为液态工质,然后,返回热交换器。这样,就完成了一个工作循环(有机物兰金循环,organic rankine cycle,缩写 ORC)。在热交换器内完成换热后的地下热水冷却为低温冷水,该冷水被回注到开采地的地下,从而完成了地下水循环。

双循环系统也被称为:二元循环系统。该系统特别适用于那些含盐量很大、腐蚀性强以及不凝结气体含量较高的地热田。

(3) 干热岩型地热能发电方式:该发电方式代表地热能发电的美好未来,这是因为,干热岩是储量丰富的地热能资源(尤其是我国的干热岩资源很丰富)。干热岩发电法通常是利用增强型地热系统,或称 EGS。

干热岩地热能发电技术是向干热岩层开挖两个深井(注入井、生产井,参见 2.67),然后,从地面向"注入井"灌入冷水到干热岩层,干热岩受水激作用会产生很多裂缝,冷水便会通过这些裂缝流动且受热变为热水与水蒸气,这就是 EGS 的要点。这些地下热水与水蒸气通过"生产井"(另一个深井)

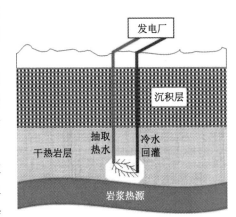

图 2.67 干热岩型地热能发电方式

抽上来后,部分热水闪蒸为水蒸气,将热水与热气分离得到水蒸气。这些水蒸气送往蒸汽轮发电机组去做功发电。这些水蒸气做功后再到冷凝器中冷凝为冷水,然后,这些冷水回注到"注入井"中,即被重新加热。如此循环往复,便可以连续发电。

此外,我国的相关学者还创新性地提出了利用"重力热管技术"来获取干热岩热量的理念,具体见码 2.36 中所述。

有关地热能发电方面的更多知识,请见码 2.36 中的介绍。

码 2.36

2.1.9 制氢与燃氢动力发电

在元素周期表中,氢是最轻的元素(相对原子质量最小),其原子结构也最简单。

氢元素在宇宙中的丰度最高,地球上的氢元素丰度也很高。只是在地球上,除了空气中的微量 H_2 以及地下存在的一些天然氢以外,大量的氢元素是以氧化物的形式存在于水中,当然,还有大量的氢元素是以其他化合物的形式存在(尤其是以有机物的形式存在)[1]。

氢能源是清洁的能源,有很多优点(参见码 2.37),尤其是它被消耗后的化学产物是水或水蒸气。这就是说,利用氢能源几乎不会产生环境污染。然而,要想将氢作为氢能源使用,就要将化合氢转化为 H_2,这就是制氢。

码 2.37

制氢的方法很多,若按照氢源来分类,通常分为:有机物制氢、水制氢、生物质制氢、其他制氢法、新型制氢法。至于具体的制氢技术,如码 2.37 中所述。

(1)有机物制氢

有机物制氢主要是指化石燃料制氢,这是现在市场上可购置氢气的最主要来源(尤其是利用天然气制氢,现在市场销售的大多数氢气都是由天然气制得的)。另外,利用垃圾、秸秆等废弃物来制氢也属于有机物制氢。

(2)水制氢

电解水制氢是最常用的水制氢方法(可利用电网的谷电以及电网的弃电来电解水制氢),其次是高温热解水制氢(常用的热源有:核能、太阳能、地热能等)。除此之外,还包括:光电化学分解水制氢(或称:光电化学制氢)、光化学分解水制氢(或称:光解水制氢)等。

(3)生物质制氢

生物质制氢是指:在光照条件下,利用某些细菌、藻类、酶的生物作用,或者利用(缺氧条件下的)高温作用,将有机物或水中的氢转化为 H_2。

另外,仿生制氢也可以归类到生物质制氢法之中,例如,利用人工合成的叶绿素来仿生植物的光合作用实现制氢(与植物光合作用的产物不同,仿生制氢的最终产物是 O_2 与 H_2)。

(4)其他制氢法

其他制氢法包括:超临界水制氢、特殊金属制氢、甲醇制氢、氨制氢等。

(5)新型制氢法

新型制氢法主要是指一些新的制取绿氢的工艺方法,这些制氢法往往与新型储氢技术相关联。

现代社会十分重视"环境保护"与"可持续发展"。因此,人们不仅关心氢能使用过程中的清洁性以及使用以后的清洁性,也重视 H_2 来源以及制氢过程中的环保性。为此,按照氢气来源的不同,世界能源理事会将氢气划分为三类:灰氢、蓝氢与绿氢[2]。

灰氢是指氢气中 96% 以上的 H_2 是来自天然气(化石燃料)或其他含甲烷物质。灰氢的制取成本较低,但是,灰氢制取过程中的环保性差、碳强度高。

蓝氢是灰氢的"升级版",尽管该 H_2 也来源于含碳的天然气或甲烷,然而,在制氢工艺中配备了 CO_2 "捕集+存储(或利用)"装置。由此可知,制取蓝氢的碳强度较低,但是,蓝氢的制取成本比灰氢要高很多。这就意味着,如果未来制取绿氢的成本能够大大地降低,则蓝氢将没有很大的发展空间。

---

① 值得庆幸的是,地面上的绝大多数氢是以化合物(包括氢的氧化物——H_2O)的形式存在。否则,若氢以单质的形式存在,则因密度低,大量的 H_2 早就上升到地球大气层的最顶层逃逸了。假如那样的话,氢也就成为地球上的稀有元素了。

② 现在,人们也将(某些区域地下岩层中存在的)天然氢叫作"白氢",有人也称之为"金氢"(注:由废弃的有机物制取的氢也叫金氢)。还有人将光解水或光电化学制取的氢叫作:黄氢(注:可再生能源和化石燃料混合产生的电解氢也叫黄氢);将核能制取(电解水或热解水)的氢叫作:粉氢(或称:红氢、紫氢);将天然气热解获得的氢叫作:青氢;将由煤炭制得的氢叫作:棕氢(或称:黑氢)。然而,请注意:灰氢、蓝氢、绿氢是官方正式术语,其余则是行业术语。

绿氢是指利用可再生能源由水转化而来的氢气。绿氢的制取过程以及使用过程都是零碳排放，因此很环保。当然，相对而言，绿氢的制取成本很高。

关于燃氢动力发电，这里列举两个实例加以说明：

实例1（氢氧发电机组）：电网运行是发电与用电的平衡操作，为此，电网需要储电装置（参见第3.1节），以便于"削峰填谷"。为了快速应对与调节电网的供电负荷，有的电网便需要可快速启动和灵活调节的发电机。对此，氢动力发电最适合于这项工作：具体所用的氢动力发电机是氢氧燃烧式磁流体发电机[关于磁流体发电的原理，参见第2.1.1.5的条目（1）]，被称为：氢氧发电机组，也叫作：火箭型发电机，参见码2.38中所示。这种发电机可以快速启动、要开即开、欲停即停。而且，该发电机组在用电低谷时，还可以利用电网多余的电能来电解水制氢，以备在用电高峰时发电所用。

码2.38

实例2（氢能发动机）：一些大型汽车公司的相关试验表明，以H_2来作为汽油发动机的替代燃料（全部替换或部分替换），技术上可行（参见码2.38中所述），汽油发动机略加改造（不改造也可以）便能够用作燃氢发动机。由于H_2的热值高且清洁，因此，燃氢发动机的运转效率提高较多、所产生污染物也降低很多。

燃氢发动机也可用来驱动发电机发电，但是，它更适合于为车辆提供动力。氢能发动机汽车可以使用金属氢化物材料来储氢（参见第3.3.2.2），即固态储氢方式，其储氢材料释放H_2所需要的热量可以由发动机冷却水和汽车尾气来提供。

另外，燃气轮机（参考图2.4）也可以使用氢气为燃料（或含氢的混合燃料），以提供动力或者驱动发电机发电。还有，航天领域所用的氢氧型火箭（液氢＋液氧）也是利用氢燃烧产生的动力。

请读者注意：关于氢能发电，燃氢动力发电是一种技术；氢燃料电池发电则是另一种先进的氢能发电技术。两者相比，氢燃料电池更高效、更环保，但是，氢燃料电池对于氢气纯度的要求很高，所以说，氢燃料电池较为"娇贵"；燃氢动力发电装置则比较"皮实"。

关于氢燃料电池，参见第2.2.3小节。另外，关于储氢技术，参见第3.3节。

2.2　能源材料发电

新能源的开发利用往往需要能源材料的参与。这也就是说，新能源技术的研制与发展都离不开新能源材料的支持。在一定程度上说，新能源材料的研发、产能、成本、性能及其可靠性与稳定性（耐久性）都制约着新能源技术的应用与发展。

关于能源材料（energy materials），从广义角度来讲，能源工业与能源技术所需要的材料都可以叫作：能源材料。然而，在材料领域，能源材料往往是指那些正在发展的、可以支持新能源系统建立以满足各种新能源以及节能技术所需的新能源材料。对于新能源材料，往往还有特殊的要求（尤其是在功能方面）。

关于能源材料的分类，在国际上尚无明确的规定，可以按材料种类来分，也可以按它们的用途来划分。然而，为了叙述方便，人们往往使用混合分类的方法。

按照材料的种类来分，能源材料大体上分为：含能材料（例如，常规燃料、合成燃料、炸药、推进剂、核燃料）、能源结构材料、能源功能材料等几大类。

按照其用途来划分，能源材料又可以分成：能源工业材料、新能源材料、节能材料、储能材料等几大类。

从狭义角度来说，能源材料是指"能够参与能量转换、能量传递和能量储存等过程的材料"。由于本章（第2章）的主题是发电，因此，本节（第2.2节）探讨的能源材料就是那些可以参与能量转换的材料,具体来说,就是"可参与发电的材料"。

注:第一,关于参与能量传递的材料,传热性能好(热导率很大)的材料是一些金属材料、热管或者微热管元器件,它们在火力发电(见第 2.1.1 小节)或太阳能热发电(见第 2.1.6 小节)中被用到;传热性能差(热导率很小)的材料被称为:保温材料(或称:隔热材料,也叫作:绝热材料,学名:热绝缘材料,thermal insulate materials)。保温与蓄热性能好的材料在储热技术中会被用到(参见第 3.2 节)。第二,关于参与能量储存的材料,将在第 3 章中介绍。

利用能源材料来发电的能量来自光能、热能、化学能以及其他一些能源。这里说的"光能"主要指紫外线波段、可见光波段以及小部分近红外波段的辐射能;这里所说的"热能"主要是指红外线波段的辐射能(尤其是中红外波段、远红外波段)以及其他方面的热能。这里说的"化学能"是指形成化学键或改变化学键过程中所释放的能量(例如,化合反应释放的能量)。

利用材料本身的特性来产生电动势(或称:电势差),这在很多传统的金属材料中就存在。但是,这些传统金属材料产生的电动势很小(在 mV 级、μV 级)。在自动控制技术中,这些电动势可以作为检测电信号使用。然而,若想用作能源,其电动势值与电量都是不够的。

能源材料发电的工质主要有三类:半导体材料、电解质材料与生物质。其他能源材料发电工质是(还未实现规模化发电的)介电功能材料等。电解质在第 2.2.3 小节与第 3.1.2 小节中涉及;生物质发电在第 2.3 节介绍;介电功能材料参见第 2.2.5.3。这里则重点介绍半导体材料的一些相关概念,因为半导体材料构成第 2.2.1 小节(光伏材料发电)与第 2.2.2 小节(热电材料发电)的材料基础。

半导体材料(semiconductor materials)的导电能力介于导体与绝缘体之间,其电导率的范围为 $10^{-7} \sim 10^5$ S/m[6][这里,S 是电导的单位,读作:西门子(或读:西),注:$1 \, S = 1 \, \Omega^{-1}$]。在通常的温度范围内,半导体材料具有半导体材料还具有负电阻温度系数[即温度越高,半导体材料的电阻率越小(或者说,温度越高,其电导率越大)]。

请注意,必须经过十分严格的提纯与制备,才能够得到合格的半导体材料。

在材料学中,既有无机半导体材料,也存在有机半导体材料(参见第 2.2.1.2)。

在(无机)固体物理学中,有能带(energy band)的概念,包括导带(conduction band,导带中含有可导电的自由电子)与价带(valence band)。导带最低点与价带最高点之间的能量差被称为:带隙(band gap),符号为 E_g,单位:eV。带隙也叫作:能隙(energy gap),或理解为禁带宽度(forbidden-band gap)[1]。若按照能带的概念来描述物质的导电性:一般来说,带隙很小的物质属于导体[2];带隙非常大(没有导带,即价带上面是空带)的物质是绝缘体;带隙适中的材料便是半导体。

按照布里渊区(Brillouin zone)中导带最低点与价带最高点对应的波矢(k-vector)是否相同,又将半导体材料分为两种类型:波矢相同的被称为直接带隙半导体(direct band gap semiconductor);波矢不同的则叫作间接带隙半导体(indirect band gap semiconductor)。

在(无机)晶体学中,将没有掺杂而且也无晶格缺陷的纯净半导体称为:本征半导体(intrinsic semiconductor);而将通过掺杂(dope)才能够得到的半导体叫作:掺杂半导体(或称:杂质半导体,extrinsic semiconductor)。

在本征半导体内,导带中的自由电子和价带中的空穴形成了电子-空穴对(两者同时出现,故而"浓度"相同,光解水制氢就用到这种半导体),受束缚的电子-空穴对也叫作:激子(exciton)。注:自由电子与空穴都属于载流子[carrier(或 current carrier 或 charge carrier),即运载电流的微观粒子(参与

---

① 无机物的电子导电规律可用固体物理学中的能带理论来解释。简单来说,导带能量高:导带内的电子是可导电的自由电子;价带能量低:价带内的电子不参与导电。价带内的电子要么在价带,要么会因受激而从价带跃迁到(transition to)导带。所以,在导带与价带之间是禁带(forbidden band)。

② 这是按照能带理论而简单解释的导体。实际上,导体(可导电物质)的范围更广。

导电的微观粒子)]。请注意:液体中的载流子往往是离子;固体中的载流子往往是电子[1](空穴迁移导电的本质也是电子迁移)。电子导电比离子导电快。

在掺杂半导体内,导电的载流子包括:自由电子(electron)与空穴[2](hole,全称为:电子空穴)。

提供自由电子的掺杂被称为:施主掺杂(donor doping),这是由于这种掺杂是"贡献"电子去参与导电。

提供空穴的掺杂叫作:受主掺杂(acceptor doping),这是因为这种掺杂产生了拥有空穴的原子,有空穴的原子需要"接受"周围原子的外层电子,从而导电。

在掺杂半导体中,数量占多数的载流子叫作:多子(即多数载流子,majority carrier);数量占少数的载流子叫作:少子(即少数载流子,minority carrier)。

多子为自由电子的半导体叫作:n型半导体(或写为N型半导体),这里,n＝negative,意为"负",负是指:这种掺杂半导体主要是利用带负电荷的自由电子来导电[3];反之,多子为空穴的半导体叫作:p型半导体(或写成P型半导体),这里,p＝positive,意为"正",正是指:这种掺杂半导体主要是利用带正电荷的空穴来导电[4]。

上述是从微观的角度来将掺杂半导体划分为n型半导体与p型半导体。在宏观上,则需要利用霍尔效应(Hall effect)来区分(人为掺杂制备的)半导体材料是n型还是p型。

p型半导体与n型半导体可以构成p-n结(或写为P-N结,PN junction)。

掺杂半导体是最常用的半导体,所以,人们通常所说的半导体往往是指掺杂半导体。因此,以下提到的半导体主要是掺杂半导体。

当今,半导体材料非常受重视,它们不仅在电子、电工领域有应用,在其他领域的应用也很广泛,例如,在微电子集成电路(芯片)、电子元器件、光学元器件、通信装置、自控系统以及能源开发利用等行业,半导体材料都是核心材料或关键材料。

有关半导体材料的更详细介绍,参见码2.39中所述。

码 2.39

在能源领域,除了光催化制氢需要半导体材料(参见码2.37),光伏发电用的光伏材料、温差发电用的热电材料等都属于半导体材料。

2.2.1 光伏材料发电

利用光伏材料发电便是"光伏发电",它通常是指:利用光伏效应(photovoltaic effect),将光伏材料吸收的太阳能直接转换为电能。

基于此,光伏发电也叫作:太阳能电池发电(光伏电池也叫作:太阳能电池)。

请注意:除了摩擦发电会产生低频交流电之外,其他能源材料发电方法只能发出直流电。作为能源材料发电的典型代表,光伏发电也只能产生直流电,所以光伏电站需要配备逆变器。

这里,提醒读者的是:科技术语"光伏"中的"光"主要指太阳辐射而来的光能;这里所说的"伏",则是英语单词voltaic的音译(伏打,可参考码3.4中所述),它有"直流电能"之隐喻。实质上,volt也是

---

① 这里说的是"往往"而非"全部",例如,液态金属的导电仍属于电子导电;在第3.1.2.3中提到的固态电解质则利用离子导电。

② 这里所说的"空穴"是指:在半导体材料的结构中,某些原子由于电子数缺少所造成的电子空穴。它与晶体结构中因为原子(或离子)的缺位所造成的空位(vacancy)缺陷有着本质不同。

③ 这里,以元素Si为例来阐明n型半导体的问题:Si为ⅣA族元素,若在晶体硅中掺杂ⅤA族元素(例如,磷),掺杂的P原子会占据一些Si原子的原来位置。然而,从电性的角度来看,每个替代原子都多了一个自由电子,这使得该材料主要是依靠自由电子的负电荷(negative charge)来导电,即n型半导体。

④ 这里,仍然以元素Si为例来阐明p型半导体的问题,Si为ⅣA族元素,如果在晶体硅中掺杂ⅢA族元素(例如,硼),掺杂的B原子会占据一些Si原子的原来位置。然而,从电性角度来看,每个替代原子都因为缺少一个外层电子而存在一个电子空穴,这使得该材料主要依靠空穴的正电荷(positive charge)来导电,即p型半导体。

电动势的单位"伏特"。所以,光伏效应也叫作:光-电动势效应(或称:光生伏特效应,还叫作:光生伏打效应),它是光电效应的一种。

码 2.40

三个最典型的光电效应是:光电子发射效应、光电导效应、光伏效应(更多光电效应的介绍,参见码 2.40 中所述)。

赫兹[①]于 1887 年发现的"光电子发射效应"是对科学发展具有最大影响力之一的一个光电效应,爱因斯坦[②]在 20 世纪初对于该效应做了正确的解释,由此产生了对科技影响深远的量子论。

光电子发射效应(或称为:光电发射效应,photoemissive effect)是指:当材料(尤其是金属材料)的表面受到光辐照时,如果光子能量足够大,就会使电子从材料表面逸出。简单来说,这就是"材料的表面会发射电子"的效应,它属于外光电效应。

光电效应发射出来的电子被称为:光电子;可以发射光电子的物体叫作:光电发射体;光电子形成的电流叫作:光电流。光电子发射效应有两大基本定律:光电发射第一定律[或称为:斯托列托夫[③]定律(Stoletov's law):当入射光的频率成分不变时,饱和光电流与入射光辐射强度成正比]与光电发射第二定律[或称为:爱因斯坦定律(Einstein's law):关于光电子的最大动能,它随着入射光频率的增大而线性增大,而与入射光的辐射强度无关,具体可由式(2.8)所示的爱因斯坦方程来描述]。

$$\frac{1}{2}mV_{\max}^2 = h\nu - E_w \tag{2.8}$$

式中　m——光电子质量,kg;

　　　$V_{\max}$——出射光电子的初速度,m/s;

　　　h——普朗克常数,$h \approx 4.1356676969 \times 10^{-15}\,eV \cdot s \approx 6.626 \times 10^{-34}\,J \cdot s$,它的精确值为
　　　　　$(6.62607015 \pm 0.0000040) \times 10^{-34}\,J \cdot s$;

　　　ν——入射光的频率,Hz=1/s(或 s^{-1});

　　　E_w——电子从材料表面发射所需要的逸出功,J。

纯金属的逸出功 E_w 都比较高。在绝缘体或半导体中,电子的能量分布不同于金属,所以,其逸出功和金属有差异。当然,E_w 不但与材质有关,还与材料的表面状态有关。掺杂与表面化学处理可降低材料的逸出功。另外,有人还发现:对于某些材料,尽管它们的逸出功相同,但是,它们的光电产额(光电子数与入射光子数之比)与入射光子能量的函数关系并不一样。

就现代的光电材料而言,低逸出功与高光电产额是其两项必备指标,而且,吸收光子与发射出光电子之间的延迟时间差要小于 0.1 ns。

光电导效应(photoconductive effect,又称为:光敏效应)是指:光照变化会引起半导体材料的电导率变化(光照射到某些物体以后,会引起该物体的电性能变化。这类现象的总称是光致电改变)。

---

① 海因里希·鲁道夫·赫兹(Heinrich Rudolf Hertz,1857—1894),德国知名物理学家,频率单位就是以他的姓氏来命名。他通过试验证实了电磁波的存在,从而验证了麦克斯韦理论的正确性。他发现了电磁场波动方程,从而完善了麦克斯韦方程组。他也证明了无线电辐射具有波的所有特性。至此,由法拉第开创、麦克斯韦总结的电磁理论才取得决定性的胜利。他研究了紫外光对火花放电的影响,发现了光电效应(在光的照射下物体会释放出电子的现象)。他的这一发现,后来成为爱因斯坦建立光量子理论的基础。

② 阿尔伯特·爱因斯坦(Albert Einstein,1879—1955),理论物理学家,生于德国一个犹太家庭,他一生成就非凡,最显著的成就包括:成功解释了光电效应、布朗运动以及创建了狭义相对论与广义相对论。解释光电效应使他荣获 1921 年的诺贝尔物理学奖。创建相对论使他成为科学史上最伟大的科学家之一。

③ 亚历山大·格里高利耶维奇·斯托列托夫(俄文:А. Г. Столетов,拉丁文:Aleksangl Glegoleevich Stoletov,1839—1896),俄国知名物理学家,曾拜师德国知名物理学家 H. G. 马格纳斯、G. R. 基尔霍夫和 W. 韦伯。他主要研究电学和磁学。他在铁的磁性研究、制定电工测量单位制等方面做出了重大贡献,他也因此将电工学从经验性科学发展为理论科学。他出版过几部重要的教科书。1888 年,他发现了光电发射第一定律。

光电导效应与光伏效应都属于内光电效应①。

光电导效应的基本原理是：当光照射到半导体材料时，半导体会部分吸收光子的能量，从而使得非传导态电子变为传导态电子，于是，引起了载流子的浓度增大，这导致了半导体材料的电导率增大（理论解释：在光线作用下，半导体会部分吸收入射光子的能量；若光子能量大于或等于半导体的禁带宽度，就激发出电子-空穴对，从而增加其浓度，导致半导体的导电性增大，电阻值因而降低）。

光敏电阻就是基于光电导效应的光电器件。常见的光敏电阻材料是硫化镉（CdS），另外，还有硒化镉（CdSe）、硫化铝（Al_2S_3）、硫化铅（PbS）以及硫化铋（Bi_2S_3）等材料。

光伏效应是指：在高于一定频率（参见【例 2.2】）的光照射下，某些物质内部的电子会被光子激发出来，从而形成电流（即"光生电"现象）。1839 年，法国科学家贝克勒尔（A. E. Becqurel）发现：当光线照射伏打电池（该电池可见码 3.4），便会产生额外电动势，这是最早的光伏效应。当然，可产生能源级光生电动势的材料则是（20 世纪中叶才被发现的）半导体材料。光伏效应与光伏材料构成了太阳能光伏发电技术的基础。光伏电池就是利用光伏效应将光能直接转换为电能的器件，也叫作：太阳能电池，这便是第 2.2.1.1 的内容。

2.2.1.1 光伏发电的工作原理

关于光伏发电的基本原理，这里，以具有 p-n 结的晶体硅光伏电池为例，简要阐述之。

当光伏电池没有被光照射时，在（异性相吸、同性相斥的）电场力作用下，n 区中的自由电子会向 p 区移动，于是，p-n 结的 p 区侧会形成一个负电层；同样，p 区中的空穴也会向 n 区移动，从而使得 p-n 结的 n 区侧形成一个正电层。于是，p-n 结的两侧就形成了一个自然的电势差，即 p-n 结的两侧会存在着一个自然的电场，被称为：内建电场（或称：势垒电场）。内建电场阻止了载流子（自由电子、空穴）通过 p-n 结的进一步移动，从而形成了平衡状态，如图 2.68 所示。

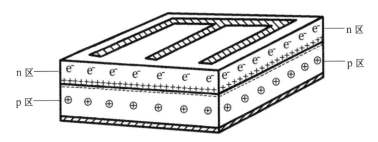

图 2.68 光伏电池的内建电场示意图

当光伏电池受到光照时，大于一定能量（参见【例 2.2】）的光子，会在 p 区和 n 区分别激发出大量的空穴与自由电子，被称为：光生载流子。当光生载流子扩散到 p-n 结附近时，由于受到内建电场的作用，于是，电子被驱向 n 区，空穴被驱向 p 区，参见图 2.69。这样，n 区就有过剩的电子，p 区也会有过剩的空穴，从而在光伏材料内形成了一个与内建电场方向相反的电场，被称为：光生电场。即光生载流子（电子和空穴）依靠半导体内存在的能量势垒（内建电场造成）分别到达光伏电池两端的电极，从而在两个电极之间产生电势差。这样，也就形成了光伏效应，或称为：结光电效应（也叫作：势垒效应）②。这时，若接通外电路，载流子就会反向越过内建电场的能量势垒，从而形成光生电流，这就是光伏电池（或称：太阳能电池）的基本工作原理，如图 2.69 所示，它的本质是实现了光能直接转换为电能（直流电）。

---

① 内光电效应是指：受到光照时，在材料体内部发生光电变化的一些效应；外光电效应则是指：受到光照时，在材料体表面发生光电变化的一些效应。

② 光伏电池工作所利用的"光伏效应"之所以被称为：结光电效应，这是因为该效应的核心是 p-n 结（同质结，即带隙相同的两种半导体构成的 p-n 结）。除了结光电效应以外，与光伏效应相关的还有其他一些光电效应，例如，贝克勒耳效应、丹培效应（或称：侧向光电效应）、光电磁效应、光子牵引效应、S-W 效应，参见码 2.40 中所述。

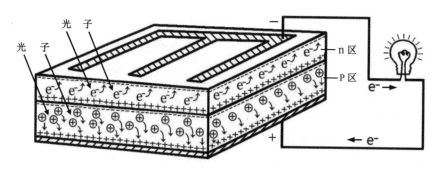

图 2.69　光伏电池发电原理的示意图

　　任何电池都需要两个电极(正极与负极),光伏电池也不例外。对于电极的最基本要求是高电导(低电阻),为此,就要求电极具有高电导率(低电阻率)、薄厚度、大面积。

　　电导率与电极材质有关,关于电极材质:单质金属材料的电导率高,其中,三种电导率最高的金属是银(Ag)、铜(Cu)、铝(Al),所以,银最常用(尤其是阳面的栅电极),当然,银的价格也高。关于电极厚度:人们用高科技的方法将光伏电池的电极制作得很薄,而且让电极与光伏材料很贴合(以尽可能降低电极的接触电阻)。关于电极面积:如图 2.69 所示,光伏电池的背面电极由于无电极遮挡阳光的问题,所以背电极具有最大面积,即光伏电池的整个背面都可以粘贴背电极(图 2.69 中的背电极为正极);但是,对于光伏电池的阳面电极,为避免大面积地遮挡阳光(即保持光伏电池阳面的光照面积尽可能大),这里,便将光伏电池的阳电极(图 2.69 中为负极)做成梳状(或称:栅线状),如图 2.69 与图 2.71(c)所示。请注意:这两个图中所画的梳状电极只是示意图,实际光伏电池的梳状电极很细、很密(参见码 2.41 中的图 2)。

　　在光伏电池片的阳面之上,还需要有钢化玻璃的保护。钢化玻璃的强度高,也耐冲击、抗击打。而且,光伏电池用的钢化玻璃还要求其透光率很高(92%以上),被称为:光伏玻璃(或称:低铁玻璃),由此构成的光伏电池片结构如图 2.70 所示[1]。

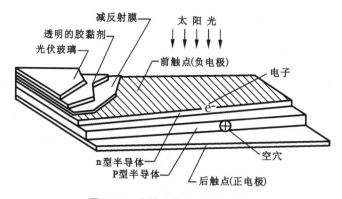

图 2.70　光伏电池片的基本结构

注:光伏电池的表面很光滑(即反光率很高),减反射膜可以降低光反射损失(降至 5%以下)

　　单片光伏电池的电动势很小(一般为 0.41~0.65 V),因此,就需要将若干光伏电池片相串联,再经过封装,最后制成具有一定电动势的供电单元——光伏组件(PV module,或称:太阳能电池组件,solar panel 或 solar module,俗称:光伏板),参见图 2.71。

　　光伏组件是太阳能转换为电能的基本单元,其阳面还需要透光率超过 90%的钢化光伏玻璃片作为防护罩;其背面衬有高分子薄膜[例如,Tedlar 膜(聚乙烯氟化物膜)]来绝缘保护电极接线以及敏感元件,该薄膜也能够防潮与降温。光伏组件的热压封装材料通常是 EVA(醋酸乙烯酯共聚物)。

　　单个光伏组件的电动势与发电量是有限的,为此,人们便将很多光伏组件通过复联(串联+并联)

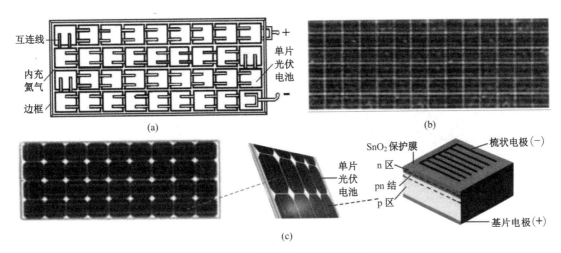

图 2.71 光伏组件的若干图片

(a) 电池片串联成为光伏组件;(b) 多晶硅光伏组件;(c) 单晶硅光伏组件及其电池片结构

的方式构成光伏发电阵列(photovoltaic array,或称:太阳能电池方阵,solar battery array 或 solar array),如图 2.72 所示。这样,就可以获得足够多的发电量与足够大的电动势来供电。这些光伏发电方阵就构成了光伏发电场,或称:光伏发电站。

图 2.72 青海省共和县的某太阳能光伏发电阵列

在图 2.72 所示的光伏发电阵列中,光伏组件是固定型式的。考虑到白昼天空中的太阳始终是在运行中,为了让光伏组件随时保持最佳的太阳光照射角度,有的光伏组件安装在旋转支架上,这被称为:追日式光伏发电装置(或称:追踪式太阳能电池装置),如图 2.73 所示。

光伏电池的光电转换效率也与光照强度的大小有关。为此,人们也研发了 CPV 技术(concentrator photovoltaics,聚光光伏发电技术)与 HCPV 技术(high concentrator photovoltaics,高倍聚光光伏发电技术)。关于各种太阳光的聚焦方法,参见第 2.1.6.2。用于光伏发电的聚焦方法通常用两种:反射式(抛物面碟式聚焦)与透射式(菲涅尔透镜聚焦),如图 2.74 所示。

光伏电池产生的电能是直流电(除了摩擦发电法之外,其他能源材料发电方法只能产生直流电),但是,现代社会却广泛使用交流电,因此,太阳能光伏发电系统还要配备逆变器(将直流电转换为交流电叫作:逆变)。此外,光伏电池只能够在白昼有日照的时段发电,因而,太阳能光伏发电系统还需要有阻塞二极管、蓄电池组、调节控制器等元器件。

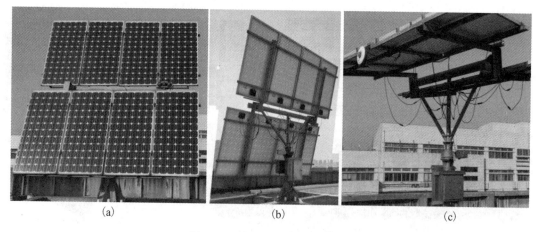

图 2.73　追日式光伏发电装置

(a) 阳面的某方位；(b) 背面的某方位 1；(c) 背面的某方位 2

(拍摄于河南师范大学物理楼的楼顶)

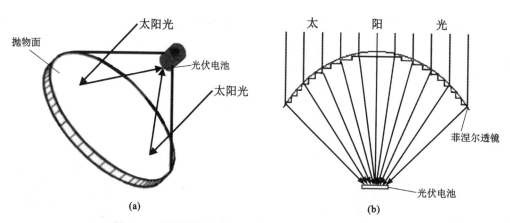

图 2.74　两种聚光光伏发电技术的基本工作原理示意图

(a) 反射式聚焦法；(b) 透射式聚焦法

　　太阳能光伏发电系统的基本工作原理如图 2.75 所示。阻塞二极管的作用是：无太阳光照射光伏电池时，阻塞二极管可以阻止蓄电池通过光伏电池放电。蓄电池组的作用有两个：第一，因天气常变，所以光伏发电量很不稳定，将光伏发电量输入蓄电池组储存后再输出，可以提供稳定的电能；第二，多余的电能可以输入蓄电池组储存备用。调节控制器能够调节用电的取向，首先满足当地的用电需要（对于直流电负荷，可直接供电；对于交流电负荷，由逆变器将直流电转换为交流电后，再供电）；再多的电能，先由逆变器转换为交流电，再经过变压器升压后，可向电网供电。另外，当蓄电池过充、过放或者有故障时，调节控制器会自动报警，并且切断电源。

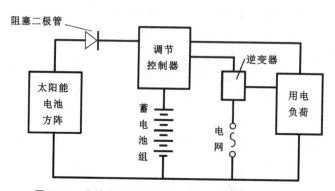

图 2.75　光伏发电系统的基本工作原理图

码 2.41

有关太阳能光伏发电知识与技术的更多介绍,参见码 2.41 中所述。

关于光伏电池,还必须知道:不是所有频率的太阳光都对光生电流有贡献,这是因为:按照半导体导电的基本原理,要形成光生电流,光生载流子的能量一定是要大于半导体的带隙 E_g(E_g 也叫作:禁带宽度,单位:eV,1 eV $\approx 1.602 \times 10^{-19}$ J)。

按照微观世界的波粒二象性与量子理论,光子能量 ε 与其频率 ν 之间的关系为:$\varepsilon = h\nu$(注:h 是普朗克常数,$h = 6.62607015 \times 10^{-34}$ J·s $= 4.1356676969 \times 10^{-15}$ eV·s),由此可以换算出具体光伏材料的带隙 E_g 所对应的光子截止频率 ν_{min}。然后,根据光波波长 λ 与光波频率 ν 之间的关系 $\lambda = c/\nu$(c 为真空中的光速,$c = 2.99792458 \times 10^8$ m/s)就可以计算出 ν_{min} 对应的光子截止波长 λ_{max}(这个截止波长也叫作:红限)。这就是说,在太阳能频谱中,只有 $\nu > \nu_{min}$(即 $\lambda < \lambda_{max}$)的那部分辐射能才会对光电转换有贡献,多余的能量转换为热量(参见【例 1.1】)。注:产生热量不仅不能发电,还会使光伏电池升温,而升温不利于电子元器件的正常工作。

【例 2.2】   如果以高纯度的晶体硅(其带隙 $E_g = 1.12$ eV)作为光伏材料,请计算这种光伏材料可利用太阳光的截止波长 λ_{max}(单位:μm)。

本题的计算要求:真空中的光速 c 需要利用真空中的介电常数 ε_0 与真空中的磁导率 μ_0 通过计算来得到。提示:在国际单位制中,$\varepsilon_0 = 8.854187817 \times 10^{-12}$ F/m;$\mu_0 = 4\pi \times 10^{-7}$ N/A^2。

【解】   光伏材料获得的有效光能是指需要 $h\nu \geq E_g$,至少 $h \cdot \nu_{min} = E_g$,于是,得:

$$\nu_{min} = \frac{E_g}{h}$$

按照以上所述,普朗克常数 $h = 4.1356676969 \times 10^{-15}$ eV·s,将其代入上式,得:

$$\nu_{min} = \frac{E_g}{h} = \frac{1.12}{4.1356676969 \times 10^{-15}} = 2.708147 \times 10^{14} \text{ Hz}$$

再按照电磁波的波长 λ 与频率 ν 之间的关系 $c/\nu = \lambda$,于是,得:

$$\lambda_{min} = \frac{c}{\nu_{min}}$$

这里,c 表示真空中的光速,$c = \frac{1}{\sqrt{\varepsilon_0 \mu_0}}$;其中的 ε_0 与 μ_0 分别表示真空中的介电常数与真空中的磁导率,$\varepsilon_0 = 8.854187817 \times 10^{-12}$ F/m;$\mu_0 = 4\pi \times 10^{-7}$ N/A^2。计算后,得:

$$c = \frac{1}{\sqrt{\varepsilon_0 \mu_0}} = \frac{1}{\sqrt{8.854187817 \times 10^{-12} \times 4 \times 3.1415926536 \times 10^{-7}}}$$
$$= 2.99792458 \times 10^8 \text{ m/s}$$

最后,将真空中光速 c 的计算值代入上述 λ_{max} 的计算公式,再经过计算,得:

$$\lambda_{max} = \frac{c}{\nu_{min}} = \frac{2.99792458 \times 10^8}{2.708147 \times 10^{14}} = 1.107 \times 10^{-6} \text{ m} = 1.107 \ \mu\text{m} \approx 1.11 \ \mu\text{m}$$

即,晶体硅可利用太阳光的截止波长 λ_{max} 为 1.11 μm。

按照【例 2.1】的计算结果,晶体硅的截止波长为 1.11 μm,这就意味着:到达地面的太阳能辐射光谱中(参见图 2.39),只有紫外线(波长 $\lambda < 0.39\mu$m)、可见光(波长范围为 0.39~0.76 μm)与部分近红外线(波长范围为 0.76~1.11 μm)对于晶体硅光伏电池的光电转换才会有所贡献,即大部分的红外线对于光电转换没有贡献(这些红外辐射能还使光伏电池受热升温,从而降低光伏发电性能或者使其受损)。这个问题需要引起足够重视。

但是,请读者注意:上述围绕【例 2.1】的叙述,只是介绍了"光伏材料可利用太阳光的截止波长 λ_{max}"这个问题(即波长大于 λ_{max} 的辐射光谱对于光伏发电无贡献),然而,上述探讨并没有涉及光伏电池的光电转换效率问题。

码 2.42

关于(光伏电池的)光电转换效率问题,这涉及不同光伏材料的带隙(禁带宽度)差异。带隙的差异会造成不同光伏材料的光电转换效率有差别,即各种光伏材料都有各自的光电转换效率之理论极限,这就是肖克利-奎伊瑟极限(或称:S-Q 极限,Shockley-Queisser limit)。

关于 S-Q 极限,可以这样简单理解:宽带隙(半导体材料的)光伏电池产生的电压高、电流小;窄带隙光伏电池产生的电流大、电压低。直流电的功率 P 等于电压 U 乘电流 I (即 $P=U\times I$),故而说,光伏电池的光电转换效率理论极限会有一个极大值,即光伏材料的带隙会有一个最优值(极值点),经过计算后,其大小为 1.34 eV,具体参见码 2.42 中所述。

2.2.1.2　各种材质的光伏电池

光伏电池发电的本质在于光伏材料本身,因此,探索各种光伏材料的意义重大。若仅就光伏材料而言,需要考虑的因素主要有:带宽(禁带宽度)、光谱吸收系数、少子寿命(表面少子复合速度)等。

光伏材料的发展方向主要是:提高光电转换效率、提高材料的成品率、节约材料与降低成本、改善光伏组件的面积利用率、使光伏电池柔性化等。

太阳能光伏材料主要有:晶体硅光伏材料(包括:单晶硅、多晶硅)、非晶硅光伏材料、特种化合物光伏材料、各种薄膜光伏材料、敏化纳米晶光伏材料、钙钛矿光伏材料、量子点光伏材料、有机光伏材料。

单晶硅、多晶硅这两种晶体硅光伏材料的光电转换效率较高,而且,使用寿命都很长(即性能的稳定性好),因此,晶体硅光伏材料是光伏发电市场的主体。

非晶硅光伏材料尽管需要使用高科技方法来制造,其制备成本却较低。这种材质光伏电池的缺点是:在光电转换效率方面比不上晶体硅光伏材料。

特种化合物光伏材料的光电转换效率会超过晶体硅,而且,它们在其他性能方面也是优于晶体硅光伏材料,只是它们的制造成本很高。高价格使得它们无法与晶体硅光伏材料在常规市场竞争,而是专用于一些特殊场合。

某些薄膜光伏材料的光电转换效率可以与晶体硅相匹敌,甚至更高,而且,薄膜能够降低材料消耗量,这是光伏材料的一个发展方向,尤其是建筑玻璃表面的薄膜光伏材料,既能够较充分地利用太阳能发电,也解决了建筑玻璃存在的光污染问题,这样可以"一举两得"。

请注意:某些薄膜光伏材料是化合物,而有些薄膜光伏材料则是固溶体。固溶体的性能随其组成比例的变化而改变。利用固溶体的这一特点,便可以任意调整材料成分以满足具体光伏电池的需求。

制备薄膜光伏材料的科技含量很高,有些薄膜光伏材料的光电转换效率也较高,而且生产能耗较低,因此成为当前的研发"热点",广受瞩目。

当然,在价格、光伏性能稳定性(耐久性)方面,各种薄膜光伏材料难以与晶体硅光伏材料相竞争。所以,对于大型光伏发电站,现在仍然广泛使用晶体硅光伏材料。然而,在一些特殊场合,薄膜光伏材料还是可以大有"用武之地"的。

对于几种典型的光伏材料,它们的主要性能与应用状况如表 2.6 所示[6]。

表 2.6　几种典型光伏材料的主要性能与应用状况

材料名称	室温下的带隙/eV	禁带性质	迁移率/(cm² · V⁻¹ · s⁻¹)		晶系	晶格常数/nm	在光伏行业的主要应用
			电子	空穴			
晶体硅	1.12	间接	1500	450	立方	$a=0.5430$	大部分光伏市场
非晶硅	1.5~2.0		≈1	1.1			很小部分光伏市场
Ge	0.66	间接	3900	1900	立方	$a=0.5646$	航天用光伏电池的衬底材料
GaAs	1.424	直接	8500	400	立方	$a=0.5653$	航天用光伏发电
InP	1.35	直接	4600	150	立方	$a=0.5869$	

续表 2.6

材料名称	室温下的带隙/eV	禁带性质	迁移率/(cm² · V⁻¹ · s⁻¹)		晶系	晶格常数/nm	在光伏行业的主要应用
			电子	空穴			
CdS	2.42	直接	340		六方	$a=0.4136$ $c=0.6176$	薄膜光伏电池的电极
CdTe	1.45	直接	700	54	立方	$a=0.6477$	与 CdS 构成薄膜光伏电池
CuInSe₂	1.04	直接	300	20	正方	$a=0.5782$ $c=1.1620$	与 CdS 构成薄膜光伏电池

有关光伏材料概述方面的更多信息,参见码 2.42 中所述。

(1) 晶体硅光伏电池

晶体硅包括:多晶硅(polycrystalline silicon)[7]与单晶硅(monocrystalline silicon 或 single-crystal silicon)[8]。关于晶体硅光伏电池在工作原理等方面的内容,参见第 2.2.1.1。

多晶硅料是制造晶体硅光伏电池的基础。按纯度来分,多晶硅料可分为:冶金级硅(metallurgical grade silicon,缩写 MGS,硅纯度为 90%~98%);化学级硅(chemical grade silicon,缩写 CMG,硅纯度在 99% 左右);太阳能级硅(solar grade silicon,缩写 SGS,纯度至少 4N~6N[①],超纯时高达 11N);电子级硅 EGS(electronic grade silicon,纯度至少 6N,超纯时高达 13N 以上)。

冶金级硅也叫作:工业硅(或称:金属硅,亦称为:结晶硅)。冶金级硅由硅矿石和焦炭(或石油焦)在电弧炉内经过还原反应冶炼而成。冶金级硅既可以用于含硅金属合金的冶炼,也是制造(更高纯度)多晶硅料的基础原料。冶金级硅生产过程的技术含量低、电耗大、污染大。基于环境保护的需要,国家政策对其产能是有所限制的。

冶金级硅经过化学提纯后,便得到化学级硅(或称:精炼型冶金级硅),化学级硅既可以用于生产有机硅(有机硅也有广泛应用),也可以作为提纯多晶硅的原料或作其他用途。

多晶硅料(多晶硅棒)是利用化工方法由冶金级硅(或化学级硅)提纯而得到的,具体的生产工艺包括传统的 SiCl₄ 法(四氯化硅法);后来的硅烷法(SiH₄ 热分解法)、流化床法、冶金法、气液沉积法、重掺硅废料提纯法等。现在则普遍应用改良西门子法(或称:闭环式 SiHCl₃ 氢还原法)[8],如图 2.76 所示,有关该工艺以及更新工艺的介绍,参见码 2.43 中所述。

(a)   (b)

图 2.76 制取三氯氢硅的反应炉与制取高纯度多晶硅的还原炉

(a) 合成 SiHCl₃ 的反应炉;(b) 制取 Si 的还原炉

(图片来源:CCTV2 在 2021 年 5 月 18 日播放的节目《动力澎湃》第二集 绿色的脉动)

制备多晶硅光伏电池的前期流程为:购置来的多晶硅料,若纯度达到要求,当然可以直接使用。

---

① 在半导体的纯度符号中,N 表示 9(nine),N 前面的数字表示(半导体材料纯度)百分数中 9 的个数,例如,4N 就表示半导体材料的纯度为 99.99%。

如果纯度不够,还需要再提纯:用电子束加热多晶硅料且用真空抽除法去除过多的磷杂质,然后凝固,再用等离子体氧化法去除硼、碳等杂质,再凝固;再用(水蒸气混合的)氩等离子体将凝固硅中的硼含量降到 10^{-7} 级,将凝固硅中的金属杂质含量降低到 10^{-9} 级[①]。提纯后的多晶硅料可以制成多种的多晶硅产品,包括多晶硅锭、多晶硅带、小硅球、薄硅电池、多晶硅膜等。

多晶硅锭(polysilicon ingot)的铸造工艺有:定向凝固法(或称:直接熔化法)、冷坩埚连续铸锭法、浇铸法等。多晶硅锭的截面形状取决于(盛装多晶硅料)石英坩埚的截面形状,通常铸成方形硅锭或矩形硅锭。

多晶硅带(silicon sheet from powder,缩写 SSP)的制备工艺主要有:枝蔓蹼状晶法(WEB 法)、限边喂膜法(或称:EFG 法,edge defined film-fed growth method)、边缘支撑晶法(或称:ESP 法,edge support pattern method)、小角度带状生长法、激光区熔法和颗粒硅带法等。

小硅球是指:大约 2×10^4 个平均直径为 1.2 mm 的小硅球镶在 100 cm^2 铝箔上,具有 p-n 结的每个小硅球在铝箔上形成并联结构。

厚度小于 50 μm 的多晶硅膜光伏电池被称为:薄硅电池,常用的衬底包括硅片(冶金级)、石墨、玻璃、陶瓷等。

厚度介于电池片与薄硅电池之间的多晶硅光伏电池叫作:硅膜电池(厚度超过 100 μm)。硅膜电池既可用硅沉积法在廉价的导电陶瓷衬底上生长,也可以先利用 PCVD 法(plasma chemical vapor deposition,等离子体化学气相沉积法)在 550～600 ℃温度下,在玻璃基片上生长出非晶膜(微晶膜),继而再通过热处理实现再结晶,从而得到多晶硅膜。

作为光伏材料,多晶硅的光电转换效率比单晶硅略差。但是,多晶硅的价格相对较低,而且,多晶硅也是制作单晶硅的原料。

制备单晶硅的方法很多,既可以从熔体中生长(例如,直拉法、区熔法),也可以从气相中沉积。最常用的制备工艺是:用直拉法从高纯度硅熔体中拉制出单晶硅锭。单晶硅的品质很高,人们甚至能够制备出纯度极高且无位错的单晶硅。

制作晶体硅光伏电池所用的硅片(wafer,该词汇在光伏行业中常叫作:硅片;而在半导体微电子领域则常称为:晶圆)是由硅锭或硅带切割而成。

普通的晶体硅光伏电池片一般是用厚度为 170～190 μm 且掺杂硼的 p 型半导体硅片[②]来制作,其电阻率一般控制在 0.005～0.03(m·Ω)。

具体制作工艺是:先用浓硫酸预清洗,然后,用酸溶液或碱溶液腐蚀,再用高纯度的去离子水清洗。其后,将清洗过的硅片放在拥有控制气氛的高温扩散炉[③]中(硅片放在石英管内,石英管放置在扩散炉内)通过 n 型掺杂扩散制成 p-n 结。随后,在保护正面扩散层的情况下,腐蚀掉背面的扩散层,之后真空蒸镀两个电极的薄膜(先镀 30～100 μm 厚的背面铝膜,再镀 2～5 μm 厚的阳面银膜),阳面的银电极呈栅线状(梳状)是为了保证光伏电池片有尽可能大的吸光面积。随后,还要在电极表面钎焊 Sn-Al-Ag 合金料,以便后续串联组装。然后,腐蚀掉硅片侧面的扩散层和焊渣,以防止局部短路。最后,在阳面上真空蒸镀 SiO$_2$ 质或 TiO$_2$ 质的减反射膜,以减少光反射损失。

---

　① 关于不同杂质对于光电转换效率的不利影响,人们研究后发现:Ta、Mo、Nb、Zr、W、Ti、V 在浓度(单位体积的原子数)为 10^{13}～10^{14}/cm^3 才有很大影响;Ni、Al、Co、Fe、Mn、Cr 在浓度(单位体积的原子数)大于 10^{15}/cm^3 时才会有影响;Cu、P 在浓度(单位体积的原子数)为 10^{18}/cm^3 时才略有影响。

　② 这种用 p 型半导体硅片制作的光伏电池片(在 p 型硅片上通过 n 型掺杂扩散而制成 p-n 结),就叫作:p 型晶体硅光伏电池;反之,则称为:n 型晶体硅光伏电池。

　③ 扩散炉的工作原理是:先将半导体晶圆(例如,硅片)放置在其炉膛内的炉管中。然后,通过加热炉管(用电阻丝加热法)来使炉管内的掺杂料受热挥发,或者直接加热(用电子束加热法)掺杂料使其挥发。挥发出来的掺杂料蒸气沿炉管流动,然后被晶圆表面吸收,再从晶圆表面扩散到晶圆内部,以实现掺杂(或者沉积)。

码 2.43

关于晶体硅(多晶硅、单晶硅)光伏电池在制造方面的更多介绍,见码 2.43 中所述。

(2)非晶硅光伏电池

非晶硅也叫作:无定形硅(amorphous silicon,缩写 a-Si,或 a-硅),非晶硅光伏电池也是一种薄膜电池,即 a-Si 薄膜光伏电池[6]。

没有掺杂的非晶硅薄膜,不可避免地会存在悬挂键、断键、空位等缺陷,这会导致它的电学性能变差,从而很难制作成有用的光电器件。为此,人们便发明了 a-Si 掺杂氢技术,用以饱和 a-Si 的部分悬挂键,从而降低 a-Si 中的缺陷态密度,这便是 a-Si:H 薄膜。基于此,a-Si 薄膜光伏电池也叫作:a-Si:H 薄膜光伏电池。然而,因为存在 S-W 效应(参见码 2.40 中所述),所以,这种光伏电池在经过长时间曝光后,它的性能仍然会有所衰减。

作为薄膜光伏电池,非晶硅光伏电池的工作原理则与晶体硅光伏电池有所不同:在 a-硅光伏电池中,光生载流子只有漂移运动而无扩散运动。a-硅的长程无序性以及无规则网络所引起的极强散射作用,会使得载流子(空穴-电子对)的扩散长度变得很短。而且,如果在光生载流子的产生处(或者其附近)没有电场存在,光生载流子因扩散长度的限制,将会很快复合而不能被收集。为了能收集光生载流子,就要求光注入所及范围内尽量布满电场,因此,a-硅光伏电池被设计成 pin 结构,见图 2.77。这里,i 层为本征吸收层(或称:光敏层,i 层是处于 p 区和 n 区产生的内建电场中)。这样,当入射光通过 p⁺ 层(p 层与 i 层的交界面)进入 i 层后,就会产生光生载流子(光生空穴-电子对)。光生载流子一旦产生,便会被 p-n 结的内建电场分开(空穴漂移到 p 层,电子漂移到 n 层),从而形成了光生电动势。

由上述可知,在非晶硅光伏电池中,光能通过 p 层进入 i 层后,才会对光生电流有所贡献,因此,要求 p 层尽可能少吸收光(基于此,p 层也叫作:窗口层)。p 层材质与厚度的设计原则是要保证太阳光尽量多地进入 i 层发电。

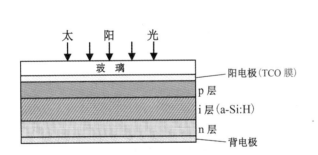

图 2.77 单层非晶硅光伏电池的基本结构原理图
(本图注重工作原理描述,图中各层厚度的比例并非真实比例)
[该图中 TCO 膜的全称是 transparent conductive oxide coating (透明导电膜)]

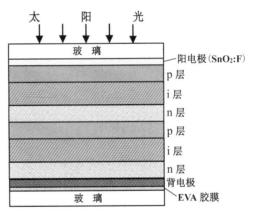

图 2.78 双叠层非晶硅光伏电池的结构原理图
(本图注重工作原理描述,图中各层厚度的比例并非真实比例)

为了应对光电转换效率低以及 S-W 效应等问题,人们还将非晶硅光伏电池做成"叠层电池结构"(laminated cell),双叠层非晶硅光伏电池的结构参见图 2.78。注:在该图中,SnO_2:F 是指掺杂氟的二氧化锡薄膜(即人们常说的 FTO 薄膜,FTO=fluorine-doped tin oxide),它是 TCO 膜的一种。另外,该图中 EVA 的全称是 ethylene viny acetate。

为了使各个叠层的"半导体结"中都有能量增益,各层光伏材料的选择应当满足以下条件:

$$\alpha_{opt,i-1} < \alpha_{opt,i} < \alpha_{opt,i+1} \quad 与 \quad E_{opt,i-1} > E_{opt,i} > E_{opt,i+1} \tag{2.9}$$

式中 $\alpha_{opt,i}$——i 叠层光伏材料对于某波长太阳光(在单位波长间隔内)的吸收系数,m^{-1};

$E_{opt,i}$——i 叠层光伏材料在该光学波长下的带隙(禁带宽度),eV。

常用的叠层非晶硅电池,其(本征吸收层)结构包括双叠层(a-Si/a-SiGe);三叠层(a-Si/a-Si/a-SiGe、a-Si/a-SiGe/a-SiGe);四叠层(a-Si/a-SiGe/a-Si/a-SiGe)。

根据电流连续性的原理,只有保证各层光伏材料的电流相等,才会有最大的电流输出。为此,在合理地选择各层光伏材料以后,还要认真地设计各层的厚度,以满足此条件。

另外,请注意:实际使用的非晶硅光伏电池产品是集成型产品,为此,还要用激光将各个薄膜分别切成条状,即形成条状的子电池(国际上的标准条宽约为 1 cm)。然后,再对子电池彼此做串联,从而组装为(用户所需电动势的)集成型非晶硅光伏电池产品。

集成型非晶硅光伏电池产品的制备工序如下:清洗后再烘干衬底、生长 TCO 膜、激光切割 TCO 膜、依次生长出(各叠层的)pin 膜、激光切割 a-硅膜、电极镀膜、激光切割电极、组装、检验与封装。

非晶硅薄膜光伏电池的衬底有玻璃、不锈钢、特种塑料等。

如果使用玻璃衬底,光从玻璃表面入射,电流从阳面的 TCO 膜(透明导电膜,transparent conductive oxide coating,这里的 TCO 膜充当正电极)和背面的铝电极(负电极)引出。为降低(因为 TCO 膜和 p 层吸收光所造成的)光损失,这两层的厚度要尽可能薄。一般来说,TCO 膜的厚度为 80 nm、p 层的厚度为 10 nm、i 层的厚度为 500 nm、n 层的厚度为 30 nm。

若使用不锈钢衬底,则与晶体硅太阳能电池相类似:电流是从阳面梳状银电极和背面不锈钢电极引出。梳状银电极是在 TCO 膜上制备而成的,注:这称为 nip 结构,即不锈钢衬底上依次沉积出 n、i、p 非晶硅膜,然后,生长 TCO 膜,最后再制作阳面的梳状银电极。但是,nip 型的特性不如玻璃衬底的 pin 型。

非晶硅薄膜光伏材料的制备方法有多种(既有物理镀膜法,也有化学镀膜法),具体包括:辉光放电法(或称:GD 法,glow discharge)、等离子体增强型化学气相沉积法(或称:PECVD 法,plasma enhanced chemical vapor deposition)、脉冲激光沉积法(或称:PLD 法,pulse laser deposition)、等离子体化学传输沉积法(或称:PCTD 法,plasma chemical transportation deposition)、射频溅射法(或称:RF 法,radio frequency sputtering)、电子束蒸发沉积法(或称:EBE 法,electron beam evaporation)、电解沉积法以及超急冷法等。

尽管非晶硅在太阳辐射峰附近的光吸收系数比晶体硅要大一个数量级(即弱光仍可以用),制备非晶硅薄膜光伏电池也是利用高科技制备方法,但是,因工作原理不同,所以,非晶硅薄膜光伏电池的光电转换效率比晶体硅光伏电池要低一些。

当然,厚度薄使得非晶硅薄膜光伏电池比晶体硅光伏电池更节省原材料,而且,其制造工序较为简单,制备温度也不高,因此其价格低廉;非晶硅薄膜还可以制作成柔性结构(轻质、薄件、可弯曲、可定制)。这种光伏电池还可以自由剪切。因此,非晶硅薄膜光伏电池常用作电子元器件的电源(这种电池弱光时仍能发电,例如,室内使用),也用于需要柔性电源或者需要适应复杂外观结构的场合。

关于非晶硅薄膜光伏电池(即 a-Si 光伏电池),还要提醒的是:它只是硅薄膜光伏电池的一种。另一种典型的硅薄膜光伏电池是 μ-Si 薄膜光伏电池,其中,μ-Si(或 μc-Si)是 microcrystalline silicon(微晶硅)的缩写。与 a-Si 薄膜光伏电池相比,相变区的 μ-Si 薄膜光伏电池几乎没有光致衰退,而且,还具有良好的长波段光谱响应特性,成本也较低廉,它亦能够与 a-Si 薄膜电池串联制备成叠层电池。

有关非晶硅薄膜光伏电池的更多信息资料,见码 2.44 中所述。请读者注意:光伏电池的最重要指标就是其光电转换效率。为了提高该指标,人们还在晶体硅表面沉积非晶硅薄膜,由此发明了异质结硅电池,有关这方面的具体信息,可参阅码 2.44 中的相关内容。

（3）两种化合物系薄膜光伏电池

这里所说的"两种化合物系光伏材料"是指 GaAs(砷化镓)系光伏材料与 InP(磷化铟)系光伏材料[6]。之所以将这两种光伏材料单独介绍,这是因为:第一,它们都是适合于制作太空航天器所用的太阳能电池,参见图 2.79;第二,它们的光电转换效率比较高,例如,

码 2.44

GaAs 太阳能电池的理论最高光电转换效率为 27%,若用多叠层 GaAs 太阳能电池,其光电转换效率甚至会超过 50%;第三,它们都属于第二代半导体材料,参见码 2.39 中的表 1;第四,它们都是属于(元素周期表中)ⅢA—ⅤA 族的化合物半导体材料。

手指头
(食指)

手指头
(拇指)

(a)　　　　　　　　　　　　(b)　　　　　　　　　　(c)

图 2.79　中国空间站梦天实验舱的柔性太阳翼(三结叠层 GaAs 薄膜电池)

(a) 梦天实验舱;(b) 太阳翼;(c) 单片光伏电池

[图片(a)来源:CCTV13 于 2022 年 11 月 1 日播放的节目《新闻直播间》]

[图片(b)、(c)来源:CCTV4 于 2022 年 11 月 1 日播放的节目《今日亚洲》]

① GaAs 系光伏电池

第一,在太阳能光谱最强的波段内,GaAs 具有比 Si 高出一个数量级的吸收系数。第二,GaAs 是直接带隙的半导体材料,GaAs 的 1.424 eV 带隙(参见表 2.6)正好位于最佳光伏效果的带隙范围内(见码 2.42 中的 S-Q 极限)。第三,请读者注意:光伏电池的光电转换效率都随着温度升高而降低(用温度系数表征)。GaAs 的温度系数较小,这就意味着在较高温度时,GaAs 光伏电池仍然能够工作。第四,GaAs 具有较高的抗辐照能力,因此,太空光伏电池优先使用 GaAs。第五,GaAs 容易获得晶格匹配与光谱匹配的异质衬底或叠层光伏材料。第六,GaAs 的材质很脆,这使其被加工时易碎裂,所以,通常将其制成薄膜,例如,可以利用 LPE 法(liquid phase epitaxial,液相外延法)和 MOVPE 法(metal-organic vapor phase epitaxy,金属有机气相外延法)制备 GaAs 薄膜。这两种制膜法相比,MOVPE 法可实现异质外延生长,从而获得更高的光电转换效率,但是,该制膜法的设备昂贵、技术复杂。

GaAs 系光伏电池包括三种类型:单结 GaAs 系太阳能电池、超薄 GaAs 系太阳能电池、多结叠层 GaAs 系太阳能电池。

单结 GaAs 系太阳能电池主要是指 LPE-GaAs 光伏电池与 MOVPE-GaAs-Ge 光伏电池。

超薄 GaAs 系太阳能电池(ultra-thin GaAs solar cell)严格地来说仍然是单结 GaAs 系光伏电池,只是 GaAs 光伏电池无论生长在 GaAs 衬底上还是生长在 Ge 衬底上,都比 Si 光伏电池更重(GaAs 或 Ge 的密度几乎是 Si 密度的 2 倍)。GaAs 是直接带隙半导体(参见表 2.6),光吸收系数大,有源层厚度只需要约 3 μm。所以,在 GaAs 薄膜生长好以后,原则上就可以把衬底完全腐蚀掉,只剩下约 5 μm 的有源层,这便制成了超薄 GaAs 太阳能电池(图 2.79 中所示的梦天实验舱太阳翼所用的光伏电池就是如此)。

由单一材料组分构成的光伏电池,只能够吸收和转换特定光谱范围内的太阳光,其能量转换效率并不高。如果使用具有不同带隙的材料制成光伏电池,再按照带隙的大小从上而下叠合起来,就可以形成"具有选择性吸收与转换太阳辐射光谱的"不同子域,从而大幅度提高了光电转换效率。基于此,人们便研发了多结叠层 GaAs 系太阳能电池,它们具体包括:双结叠层太阳能电池,其理论最高光电转换效率为 50%(最佳匹配带隙为 1.56 eV/0.94 eV);三结叠层太阳能电池,其理论最高光电转换效率为 56%(最佳匹配带隙为 1.75 eV/1.18 eV/0.75 eV),例如,图 2.79 中的梦天实验舱柔性太阳翼就用这种叠层结构的太阳能电池;至于更多结叠层,其理论最高光电转换效率的升高趋势变缓(例如,要使理论最高光电转换效率达到 72%,那就需要 36 结叠层)。最常见的多结叠层 GaAs 系太阳能

电池有 $Al_{0.37}Ga_{0.63}As$-GaAs 双结叠层太阳能电池、$Ga_{0.5}In_{0.5}P$-GaAs 系多结叠层太阳能电池(例如，$Ga_{0.5}In_{0.5}P$-GaAs 双结叠层太阳能电池以及 $Ga_{0.5}In_{0.5}P$-GaAs-$Ga_{0.5}In_{0.5}NAs$-Ge 四结叠层太阳能电池等)、GaAs-GaSb 双结叠层太阳能电池(理论最高光电转换效率可达 38%，而且它也扩展到对于近红外波段的吸收和转换。然而，因为 GaSb 与 GaAs 的晶格不匹配，所以只能够做成四端机械叠层器，例如，MOVPE-GaAs-GaSb 四端机械叠层聚光电池的光电转换效率可达 32%)。

②*InP 系光伏电池

InP 是直接带隙半导体材料。对于太阳光谱最强的可见光以及近红外光波段，InP 具有很高的吸收率，其带隙(1.35 eV)处于最佳光伏效果所需要的带隙范围之内，参见码 2.42 中所述的 S-Q 极限。InP 的理论光电转换效率和温度系数都介于 GaAs 和晶体硅之间。InP 光伏材料最重要的优点是：抗辐照能力强，甚至远优于 GaAs，因此，这种材质的光伏材料适合于制作太空航天器用的太阳能电池。InP 的有源厚度约为 3 μm，因此，在 InP 薄膜生长好以后，原则上是可以把衬底完全腐蚀掉，从而制成超薄型 InP 太阳能电池。

InP 系光伏电池主要使用 InP 异质外延型单结光伏材料(因为 InP 晶体较难制备，因此其价格很昂贵而且易破碎，所以，主要是在 Si、Ge 或 GaAs 衬底上生长 InP 的异质外延型薄膜)、最常用的 InP 系光伏电池是 InP-InGaAs 双叠层光伏电池[例如，利用 MOVPE 法制备的 InP-$In_{0.53}Ga_{0.47}As$ 双叠层光伏电池]。

码 2.45

有关 GaAs 系光伏材料与 InP 系光伏材料以及太空中太阳能发电技术的更多信息资料，参见码 2.45 中所述。

(4) 几种典型的薄膜光伏电池

显然，薄膜光伏电池更节省核心材料，所以，人们更重视薄膜光伏电池的研发。

请注意：这里所说的几种典型(化合物或固溶体)薄膜光伏电池是指由 CdTe、CdS、$CuInSe_2$、$Cu(In_xGa_{1-x})Se_2$、$Cu(In_{1-x}Al_x)Se_2$、$Cu_2ZnSn(S_xSe_{1-x})_4$、Cu_2ZnSnS_4 等半导体薄膜制成的薄膜光伏电池。但是，决不能理解为：只有这几种薄膜光伏电池，这是因为，除了这几种薄膜光伏电池以外，还有其他一些类型的薄膜光伏电池(例如，上述条目(2)中的 a-Si 光伏电池、条目(3)中的 GaAs 系或 InP 系光伏电池、以下条目(5)中的敏化纳米晶光伏电池、条目(6)中的钙钛矿光伏电池、条目(7)中的量子点光伏电池等都是薄膜光伏电池)。

按照传统的光伏材料分代法，由 CdTe、CdS、$CuInSe_2$、$Cu(In_xGa_{1-x})Se_2$、$Cu(In_{1-x}Al_x)Se_2$、$Cu_2ZnSn(S_xSe_{1-x})_4$、Cu_2ZnSnS_4 等半导体材料制成的薄膜光伏电池属于第三代光伏电池①。

这里之所以将这几种薄膜光伏电池放在同一个标题下介绍，这是因为：第一，它们都属于同一类化合物或固溶体，即ⅠB族(或ⅡB族，或ⅢA族)—ⅥA族化合物或固溶体；第二，这几种薄膜都可以使用相对廉价的玻璃(或不锈钢，或塑料)为衬底，特别是，若衬底是超薄的柔性材料，这几种光伏电池也就成为柔性光伏电池(可弯曲、可折叠)。

实际上，能够与玻璃衬底友好地结合，乃是这几种薄膜光伏电池的一大优势，这是因为，普通玻璃表面富含 Na^+，Na^+ 存在对于薄膜光伏电池发电是有害？还是有益？或是无妨？这是薄膜光伏材料能否以玻璃为衬底的判据之一，即薄膜衬底的选择受到"钠效应"的制约。如果有益或无妨，便可以制造出"会发电的玻璃"，从而让光伏电池与建筑玻璃融为一体(例如，光电玻璃幕墙既可以发电，又有隔热效果，还避免了光污染)，这也叫作 BIPV 技术，参见第 2.2.1.4。

这里所说的"钠效应"，源于普通玻璃是钠钙硅玻璃(这种玻璃的主要组成为 Na_2O-CaO-SiO_2)这一事实。对于硅系半导体，钠等碱金属元素杂质是要极力避免的半导体"杀手"。但是，在上述这些

---

① 关于光伏电池的分代，在学术界并没有统一。传统上认为：第一代为晶体硅光伏电池；第二代为多晶硅膜光伏电池、非晶硅薄膜光伏电池；第三代是指一些高效的新概念光伏电池。后来，也有人认为：第一代为硅质光伏电池；第二代为这里介绍的几种典型的薄膜光伏电池；第三代则是以下要介绍的钙钛矿光伏电池以及量子点光伏电池等高新型的太阳能电池。

薄膜材质中,钠的有害影响很小,而且,对于上述某些光伏材料,微量的 Na 掺杂还可以优化光伏电池的电学性能,例如,掺杂 Na 可以提高 p-CuIn$_x$Ga$_{1-x}$Se$_2$(p 型铜铟镓硒半导体)的空穴传导率,也会因此提高这种光伏电池的光电转换效率及其成品率。所以说,铜铟镓硒光伏电池选择玻璃薄板为基板,除了成本低、膨胀系数相近等因素以外,在掺杂 Na 方面也有所考虑的。

以下,就来逐一简单地介绍这几种典型的薄膜光伏电池及其制备方法。

① CdTe 薄膜光伏材料

CdTe 是公认的高效、稳定、廉价的薄膜光伏材料。碲化镉薄膜光伏电池通常简称为 CdTe 电池(或称:CdTe 光伏电池),这里介绍的是以 p-CdTe(正极)和 n-CdS 异质结为基础的薄膜光伏电池。

CdTe 光伏电池的优点主要是体现在五个方面:第一,拥有理想的半导体带隙,CdTe 的带隙为 1.45 eV,这位于光电转换效率高的带隙范围之内(1.2～1.6 eV,参见码 2.42 中所述的 S-Q 极限);第二,CdTe 的光谱响应[①]和太阳光谱非常匹配;第三,CdTe 的光吸收率很高(可见光范围内的 CdTe 吸收系数高达 10^6 m^{-1} 以上,大约 95% 的光子在 1 μm 厚的吸收层内被吸收,因此,其弱光发电效应好);第四,光电转换效率高,其理论最高光电转换效率约为 28%(实验室制备的 CdTe 光伏电池,光电转换效率最高为 17.8%。工业量产品的光电转换效率会低一些);第五,其光伏材料的稳定性较好,CdTe 光伏电池的设计使用寿命一般为 20 年(据称,实际可用 30 年以上);第六,结构简单、制造成本低、便于量产。

至于 CdTe 光伏电池的缺点:第一,碲是地球上的稀有元素,发展 CdTe 薄膜光伏电池所面临的首要问题就是地球上的碲储藏量是否能够满足 CdTe 薄膜光伏电池工业生产的需求。已探明的地球碲藏量超过 10^5 t(1 MW 的 CdTe 光伏电池只需要碲 130～140 kg),然而,这无法与地球的硅储量相提并论。第二,镉是重金属元素,人们自然会担心"CdTe 光伏电池的生产和使用是否对环境有不利的影响"。为此,有科研单位专门做了研究,其结果表明:开发其他能源也会排放镉,而且开发其他能源时每 1 MW 发电量的镉排放量往往比使用 CdTe 光伏电池的泄漏量还要高,有关数据见码 2.46 中所述。而且,万一着火,火焰中的 CdTe 薄膜便会

码 2.46

被包封在软化的玻璃基板中,镉泄漏量不会超过 CdTe 光伏电池中镉总量的 0.04%。由此可见:无论在生产环节还是在使用过程中,CdTe 光伏电池都是环境友好型发电器件。当然,对于使用末期的 CdTe 光伏电池组件以及损毁后的 CdTe 光伏电池组件,建立相应的回收机制还是十分必要的,分离出来的 Cd、Te 与其他有用物质可以循环使用。

CdTe 光伏电池的基本结构如图 2.80 所示。当然,该图所示的是安装使用时的结构,其制作过程与该图是上下颠倒的,即在玻璃基板的表面(或其他材质衬底上),依次沉积对应的薄膜后,便制成 CdTe 光伏电池。

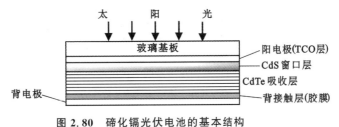

图 2.80 碲化镉光伏电池的基本结构

(本图注重工作原理描述,图中各层厚度的比例并非真实比例)

图 2.80 中各层材料的作用如下:玻璃基板(或称:玻璃衬底)对于 CdTe 光伏电池起到了支撑与保护、防止污染以及透过太阳光的作用;TCO 层(透明导电氧化层)起到透光和导电电极的作用;CdS 窗口层(n 型半导体)与 CdTe 吸收层(p 型半导体)组成了 p-n 结,这个 p-n 结是 CdTe 光伏电池的最

---

① 光谱响应表征着光伏材料将不同波长的入射光能转换成电能的能力,单位:A/W(安培/瓦)。

核心部分;CdTe 吸收层是主体吸光层;背电极与阳电极(TCO 层)则构成了 CdTe 光伏电池的正极与负极。为了降低 CdTe 吸收层和金属背电极的接触电阻,从而引出更多的电流,还专门设置了背接触层,以使金属背电极与 CdTe 吸收层形成欧姆接触(即最小的接触电阻)。

制备 CdTe 薄膜的方法包括:CSS 法(闭管升华法,或称:封闭空间升华法,closed space sublimation)、CBD 法(化学水浴沉积法,chemical bath deposition)、CVD 法(化学气相沉积法,chemical vapor deposition)、MOCVD 法(金属有机物化学气相沉积法,metal-organic CVD)、MBE 法(分子束外延法,molecular beam epitaxy)、ALE 法(原子层外延法,atomic layer epitaxy)、电镀法、丝网印刷法、喷涂法、溅射法、电沉积法、真空蒸镀法等。这些制备 CdTe 薄膜的方法同样适用于 CdS 薄膜的制备。

在工业化生产工艺中,广泛使用真空蒸镀法来制备这两种材质的薄膜。

② CIS、CIGS、CIAS、CZTSSe(或 CZTS)薄膜光伏材料

CIS 是 $CuInSe_2$ 的缩写,所以,$CuInSe_2$ 薄膜太阳能电池通常叫作:CIS 光伏电池(或称为:CIS 薄膜光伏电池,其结构可参考图 2.81),CIS 常读作:铜铟硒,或读作:铜铟二硒,从元素周期表来看,它属于 ⅠB-ⅢA-ⅥA 族化合物。CIS 光伏电池因为其光吸收系数高($10^7 m^{-1}$ 级,已知半导体材料中,$CuInSe_2$ 晶体的光吸收系数最高)而使其光电转换效率较高且弱光发电效应很好,$CuInSe_2$ 的特殊晶体结构(常温下是黄铜矿型晶体)也使 CIS 光伏电池具有较强的抗太空辐照性能。在性能稳定性方面,CIS 光伏电池接近于硅质光伏电池。

$CuInSe_2$ 晶体是直接带隙型半导体,参见表 2.6,它的带隙(禁带宽度)为 1.04 eV,这偏离了理想带隙值(1.34 eV,参见码 2.42 中的 S-Q 极限)较远。为此,人们便用掺杂的方法来提高这种半导体材料的带隙,以提高其光伏电池的光电转换效率,例如,利用ⅢA 族的元素镓部分取代(CuInSe₂ 晶体中的)同族元素铟,这便是 $Cu(In_xGa_{1-x})Se_2$(即 $CuIn_xGa_{1-x}Se_2$),由此诞生了 CIGS 光伏电池(或称为 CIGS 薄膜光伏电池),这里,CIGS 是 $CuIn_xGa_{1-x}Se_2$ 的缩写,所以,CIGS 通常读作:铜铟镓硒(或者读作:铜铟镓二硒)。

CIGS 光伏电池的结构如图 2.81 所示(至于其更详细介绍,参见码 2.46)。在该图中,Ni/Al 表示镍铝合金,它作为光伏的电池片负极输出端;ZnO:Al 是指掺杂铝的氧化锌(即人们常说的 AZO 薄膜,AZO＝aluminium-doped zinc oxide),它是 TCO 膜的一种,这里作为光伏电池片的阳电极(负极);i-ZnO 表示作为过渡层的 ZnO 薄膜;Mo 表示材质为钼的背电极膜,这里作为光伏电池片正极的输出端;最下方的玻璃是普通的钠钙硅玻璃基板(钢化玻璃)。

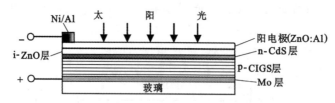

图 2.81　铜铟镓硒薄膜光伏电池的基本结构
(本图注重工作原理描述,图中各层厚度的比例并非真实比例)

CIGS 光伏电池的生产成本较低、光电转换效率较高、弱光发电效应高、性能稳定性好、抗辐照性能优良、带隙可调(带隙可调是因为 CIGS 为固溶体而不是化合物。另外,再通过调整元素 Ga 的含量,还可以在半导体的膜厚方向上形成梯度变化的带隙,从而产生背表面场效应,这能够获得更多的电流输出)。

Ga、In 都是稀有元素(In 价格更贵),为了获得廉价、高效的此类光伏电池,人们还选择了与元素 In 同族(ⅢA 族)但是比镓廉价的元素铝(Al)来部分取代 $CuInSe_2$ 晶体中的元素 In,这就是 $Cu(In_xAl_{1-x})Se_2$ 光伏材料,用该光伏材料制造的光伏电池叫作:CIAS 光伏电池(或称:CIAS 薄膜光

伏电池,其结构可参考图 2.81),CIAS 常读作:铜铟铝硒(或读作:铜铟铝二硒)。

In 很贵,Se 的价格也很高,为了获得更廉价且高效的此类光伏电池,人们还用ⅡB 族元素锌(Zn)与ⅣA 族元素锡(Sn)的组合来取代 $CuInSe_2$ 晶体中的ⅢA 族元素铟(In),同时利用(共属于ⅥA 族的)元素硫来部分取代元素硒,这便是 $Cu_2ZnSn(S_xSe_{1-x})_4$ 光伏材料,由此制造的光伏电池叫作:CZTSSe 光伏电池(或称:CZTSSe 薄膜光伏电池,其结构可参考图 2.81),CZTSSe 可读作:二铜锌锡四硫硒。

请注意:如果 $Cu_2ZnSn(S_xSe_{1-x})_4$ 晶体中的元素硒全部被元素硫取代(即 $x=1$),那便是 Cu_2ZnSnS_4 光伏材料,由该光伏材料制造的光伏电池便叫作:CZTS 光伏电池(或称:CZTS 薄膜光伏电池,其结构可参考图 2.81)。CZTS 常读作:二铜锌锡四硫。

相关的实验结果及其实践都表明:掺杂上述元素后,对于 CIS 晶体结构(黄铜矿型结构)的影响较小,掺杂后的材料还具有更好的化学稳定性,其他方面的性能指标也会有所改变。

制备 CIS、CIGS、CIAS、CZTSSe(或 CZTS)等薄膜光伏材料涉及的制备方法包括:蒸发法(真空蒸镀法)、溅射法(全溅射法、反应溅射法、混合溅射法、射频溅射法)、喷涂热解法、硒化处理法(具体的方法有:共蒸发＋硒化处理法、溅射＋硒化处理法、电沉积＋硒化处理法、丝网印刷＋硒化处理法、化学热还原＋硒化处理法等)、CSCVT 法(封闭空间气相输运法,closed space chemical vapour transport)、机械力诱导自蔓延法等。

有关上述几种典型薄膜光伏电池的更多信息资料,如码 2.46 中所述。

(5) 敏化纳米晶光伏电池

敏化纳米晶光伏电池也可以叫作:NPC 电池(nano-sensitized photovoltaic cell)[9]。其要点是:将 TiO_2、ZnO、SnO_2 等宽带隙的纳米晶半导体材料利用敏化方法制成窄带隙的半导体材料,以制成可利用弱光来发电的光伏电池。

这里所说的"敏化"是指:一些特定的掺杂离子或者基质离子在吸收外界能量以后,能够将所吸收的能量以辐射或共振等方式转移给激活离子或者实现电子转移。这些掺杂离子或基态离子就叫作:敏化离子(sensitizing ion),激活离子被称为:被敏化离子(sensitized ion)[9]。

具体的敏化方法包括有机染料敏化、无机窄禁带半导体敏化、有机染料/无机半导体复合敏化、过渡金属离子掺杂敏化、TiO_2 表面沉积贵金属等。

利用染料敏化的 NPC 电池叫作:DSC 电池(dye-sensitized solar cell),或称为:DSSC 电池(dye sensitized solar cell),即染料敏化的太阳能电池。

如图 2.82 所示,敏化纳米晶光伏电池的基本结构为:在纳米晶材料的表面有敏化材料,敏化材料的表面有固态电解质(例如,螺环二芴,spiro-OMeTDA)。这三种材料用两块(内表面镀有 TCO 膜的)玻璃板来夹紧。在这里,两层 TCO 膜(或称:TCO 层)分别作为正极(即阴极,行业内称为:对电极)、负极(即阳极),玻璃板起到保护作用。

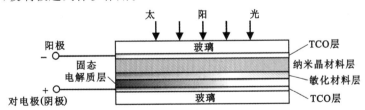

图 2.82　敏化纳米晶光伏电池的基本结构

(本图注重工作原理描述,图中各层厚度的比例并非真实比例,关于
正极负极与阳极阴极之间区别的解释参见图 2.101)

敏化纳米晶光伏电池的工作原理是:敏化分子吸光后,外层电子跃迁到激发态。然而,在激发态的电子很不稳定,所以,这些电子会快速注入纳米晶材料的导带,并且最终进入纳米晶材料一侧的 TCO 层(关于 TCO 膜的解释,参见图 2.77),这个 TCO 层便成为负极;敏化材料失去的电子则会从

电解质中得到补充,这样,电解质层因失去电子而带正电荷,于是,电解质一侧的 TCO 层便成为正极。若联接两个 TCO 膜到外电路,就会形成光生电流。

染料敏化纳米晶光伏电池(DSC 电池)可以用弱光发电,其光电转换效率在 10% 以上。这种光伏电池还具有轻量、环保的特性,其制备工艺也较简单,所以,其产品的价格较低。DSC 电池既可以是纯光伏电池,也可集成到其他产品中(作为这些产品的太阳能电池)。

码 2.47

DSC 电池有两类产品:透明型与不透明型。透明型产品可用作建筑物的门窗玻璃,这样既透明又能发电,特别是利用弱光或红外辐射来发电;不透明型产品的特点是可以拥有不同颜色,以增加美感。关于敏化纳米晶光伏电池的更多信息资料,如码 2.47 中所述。

(6)钙钛矿光伏电池

钙钛矿[①]光伏电池就是利用(具有钙钛矿结构的)有机金属卤化物半导体来作为吸光材料的光伏电池,其结构如图 2.83 所示。

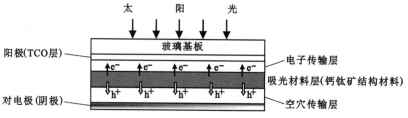

图 2.83　钙钛矿光伏电池的结构与工作原理
(本图注重工作原理描述,图中各层厚度的比例并非真实比例)
e^- —带负电荷的自由电子;h^+ —带正电荷的空穴

钙钛矿光伏电池也叫作:钙钛矿太阳能电池(perovskite solar cell),这种光伏电池是属于第三代光伏电池。

钙钛矿光伏电池的工作原理是:当有光照时,具有钙钛矿结构的吸光材料在吸收光子的能量后,其内部便产生了大量的光生电子-空穴对(或称:光生载流子)。由于吸光材料中各个激子的束缚能有差异,于是,有的光生载流子便成为自由载流子(可自由迁移的电子、空穴),有的光生载流子则成为激子(受束缚的电子-空穴对)。另外,具有钙钛矿结构的材料往往具有较低的载流子复合概率以及较高的载流子迁移率,所以,光生载流子的扩散距离及其寿命都较长。这样,未复合的自由电子和空穴分别被"电子传输层"和"空穴传输层"所收集,即自由电子(e^- =electron)从钙钛矿型吸光材料层传输到电子传输层,再到达顶部的阳极;空穴(h^+ =hole)则从钙钛矿型吸光材料层传输到空穴传输层,再被底部的对电极(阴极)所收集。如果联接外电路,自由电子将会通过外电路在"对电极"处与空穴复合,从而产生电流。

钙钛矿光伏电池的阳极是在玻璃基板表面镀的 TCO 膜(参见图 2.83),其具体材质为 FTO 膜(SnO_2:F=掺杂氟的二氧化锡膜,fluorine-doped tin oxide coating);钙钛矿光伏电池的对电极是金属质电极,普遍使用金(Au)。

与其他材质的光伏电池相比,钙钛矿光伏电池的显著优点是:其产品生产过程的能耗很低、制造成本低廉,这是因为它的制备温度低,还能够利用印刷方法来量产。

在应用方面,作为薄膜电池,钙钛矿光伏电池可以镀在玻璃基板表面制成光伏电池板,如果玻璃基板是超薄玻璃,钙钛矿光伏电池便被制成了轻质、便携的柔性光伏电池产品。

---

① 1839 年,德国矿物学家古斯塔夫·罗斯(Gustav Rose)在俄罗斯中部的乌拉尔山脉中发现一块特殊的岩石样本,其主要成分是 $CaTiO_3$,因此,中文译作:钙钛矿。罗斯本人很崇拜俄罗斯伟大的地质学家列夫·博罗夫斯基(Lev Perovski),于是,罗斯便以他的姓氏来命名该矿石(关于矿石的命名法,参见附录 3 中第 3 部分),即为 perovskite。后来,人们又发现了数百种成分各异,但却都具有 perovskite 晶体结构的物质(绝缘体、导体、半导体都有)。因此,这里所说的"钙钛矿",其组分中没有钙、没有钛,而是指具有钙钛矿晶体结构(参见码 2.48)的金属有机化合物晶体,这些晶体属于半导体材料。

钙钛矿光伏电池还能够与晶体硅光伏电池相结合[叠层（叠层就是串联，Tandem），参见图 2.84]，从而成为异质叠层结构。这样，就可以利用钙钛矿光伏电池微光效应好的特点，提高光伏发电器件的综合光电转换效率。

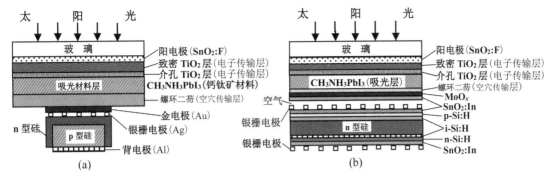

图 2.84　两种典型的光伏电池叠层结构
（本图注重工作原理描述，图中各层厚度的比例并非真实比例）
(a) 实例 1；(b) 实例 2（该图中的 SnO_2:In 是性能最好的 TCO 膜，缩写 ITO）

钙钛矿光伏电池本身的光电转换效率也很高（且弱光发电性能好）：自从这种光伏电池于 2009 年问世以来，其光电转换效率就在不断提升。钙钛矿光伏电池的实验室光电转换效率现在已超过 28%，一些新型钙钛矿叠层光伏电池的理论光电转换效率甚至超过了 50%。

尽管钙钛矿光伏电池拥有上述这么多优点，但是，因含有机物（有机物的抗老化性能普遍较差），而且由于制备温度较低，因此，钙钛矿光伏电池的性能衰减很快（即性能稳定性很差），这也就是说，其使用寿命短，这是钙钛矿光伏电池最需要解决的问题。令人欣慰的是，通过相关科学家的努力，这个问题的相关研究工作已有很大的进展。另外，甲胺铅碘钙钛矿光伏电池中含有铅，而铅对环境有一定的危害。因此，找到铅的替代品也是钙钛矿光伏电池的研究热点之一。

有关钙钛矿光伏电池的更多信息资料，参见码 2.48 中所述。

（7）量子点光伏电池

量子点（quantum dot，缩写 QD）是纳米尺度的半导体晶体微粒，即量子点属于"纳米晶"的范畴。具体来说，量子点主要是由ⅡB-ⅥA 族元素或ⅢB-ⅤA 族元素组成的、稳定的、大小在 2～20 nm 范围（典型尺寸为 1～10 nm）的晶粒。该尺度一维方向上包含了 10～10^2 个原子（三维空间内的原子数在 10^3～10^6 个），即量子点是介于宏观与原子之间。所以，在进行相关的理论计算时，可以将其当作大分子处理。

码 2.48

由于量子点三个维度的尺寸均小于相应物质中激子的德布罗意波长，因此，在量子点的内部，电子的各向运动受到限制，即电子运动在量子点处受到三维限制（可参考图 2.85），这就导致了能量的量子化，被称为：量子尺寸效应，或称为：量子点的限域效应（confinement effect）。

量子点限域效应使得量子点具有许多奇异的特性（例如，巨大的电导性、可变化的带隙特性、可变化的光谱吸收特性等）。尤其是可变化光谱吸收特性，这就意味着，每当

图 2.85　量子点将电子封闭其中
（想象的概念图）

量子点受到光或电的刺激时，便会发射出有色光线，光线颜色由量子点的组成及其形状大小来决定，其结果是：第一，量子点的激发光谱很宽且连续，但是其发射光谱狭窄且谱峰呈对称的高斯分布。第二，量子点的荧光发射波长可以通过改变量子点的尺寸及其组成来调节。由这两条便可知，量子点材料既能够方便地改变光源的色彩，又能够发出高清晰度五颜六色的光线。

由此看来，量子点材料是色彩丰富且绚丽发光的高清晰电光显示材料（能够实现卓越的电致发光

效果）。对此，请再设想一下，如果逆向工作，那就制成了高效的<u>量子点光伏电池</u>（或称：量子点太阳能电池），其结构可参考图 2.82。

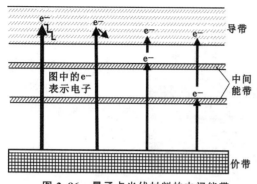

图 2.86　量子点光伏材料的中间能带

（本图是原理图描述，而非真实谱线）

量子点光伏电池属于第三代光伏电池，这也是尖端的太阳能电池技术之一。

量子点光伏电池的优势可以概括为以下四个方面：

第一，吸收系数大。限域效应使得量子点的带隙（band gap）随粒径的变小而增大，而且，对于太阳光的吸收系数会变大。

第二，能带跃迁（被称为：带间跃迁）会形成若干个小带隙的子带。即其频谱是由中间能带的系列线谱组成，参见图 2.86，这就使得那些（能量小于主带隙的）光子仍能够助力电子通过（小带隙的）子带来跃迁，从而将更多光子的能量转换为载流子的能量。这样，经过多个子带的共同作用，就会产生更多的电子-空穴对。

第三，存在量子隧道效应与载流子输运特性（该特性与电子的输运特性密切相关）。

第四，某些纳米晶能够自发电，这对于量子点光伏材料的发展会带来一些启迪。

另外，有人基于上述第一条与第二条，将钙钛矿光伏层与量子点光伏层叠加在一起（叠层，即串联，可以参考图 2.84），从而实现这两种光伏材料的优势互补。人们通过优化成分且精确制造的"钙钛矿＋量子点"叠层光伏电池几乎可利用太阳能的全光谱（关于太阳能辐射光谱，参见图 2.39）。

晶体硅太阳能光伏电池只能够利用太阳能光谱的紫外波段、可见光波段以及小部分红外波段（请参见【例 2.2】），其他光伏电池也有类似的问题。上述"钙钛矿＋量子点"叠层光伏电池中的"钙钛矿"层可以利用太阳能光谱的紫外波段、可见光波段来发电，而大部分红外波段的太阳能则被该叠层光伏电池的"量子点"层吸收后发电。

综上所述，量子点光伏电池的优点有以下几条：① 通过调整量子点的成分与大小，可以加宽或者调整量子点光伏材料的有效吸光波段（从可见光到红外线）；② 量子点是无机材料，因此，其光伏性能的稳定性很好；③ 制备过程简单，而且，吸光层很薄，因此成本较低；④ 能带内有中间能带（若干小带隙的子带），这样，不仅能够有效吸收与利用高能的光子，吸收的低能光子也能够助力电子的有效跃迁，而且，一个光子可产生多个"电子-空穴对"（这称为：多激子效应），上述这些因素使得量子点光伏电池的光电转换效率很高，其理论预测的最高值为 44%；⑤ 符合国家的产业政策，因此其发展的前景很好。

码 2.49

量子点光伏电池主要有：肖特基光伏电池、耗尽型异质结光伏电池、极薄层光伏电池、体相异质结光伏电池、有机-无机异质结光伏电池以及量子点敏化光伏电池等。

有关量子点及其光伏电池的更多信息资料，参见码 2.49 中所述。

（8）有机光伏电池

有机光伏电池是指"基于有机半导体材料的光伏效应，能够直接或间接地将太阳能转换为电能"的有机材料器件，主要由负极（阳极）、有机光活性层（给体材料＋受体材料）、正极（阴极）组成。

有机光伏电池的工作原理是：光线通过透明电极照射到有机光活性层（或称：活性层）时，给体材料（或称：电子给体材料）中的前线电子便会从 HOMO 能级跃迁到 LUMO 能级①，从而形成激子（空穴-电子对），激子在复合之前会扩散至（给体材料与受体材料的）界面。到达该界面的激子在给体

---

① HOMO 能级是指最高占据分子轨道（highest occupied molecular orbital）的能级；LUMO 能级则指最低未占分子轨道（lowest unoccupied molecular orbital）的能级。按照前线轨道理论，HOMO 与 LUMO 统称为：前线轨道，处在前线轨道上的电子被称为：前线电子。LUMO 与 HOMO 之间的能量差被称为：能带隙（或称为：HOMO-LUMO 能级）。该能量差可用来衡量一个分子是否容易被激发（能带隙越小，分子越容易被激发）。若与无机半导体相比，则 HOMO 与价带类似，LUMO 与导带类似。这样做类比，更便于理解。

材料与受体材料(或称:电子受体材料)之间能级差的作用下,会分离成自由电荷(带正电荷的空穴、带负电荷的电子),分离后的空穴、电子分别经由给体材料、受体材料传输至正极、负极,从而形成了直流电源。

就光电转换效率与稳定性而言,有机光伏电池是赶不上(上述的)无机光伏电池,但是,有机光伏电池的生产成本低(可以使用溶液法来合成与制造,甚至还能够利用廉价的印刷法来实现量产,如图 2.87 所示)。有机光伏材料的加工也很方便,而且,有机光伏材料的质地轻,也有一定的柔性。

关于有机光伏电池的分类,若从理论模型的角度来描述,则有肖特基型与 p-n 结模型,若再按照器件结构来分类,前者为单层,后者主要有:平面异质结型、体异质结型、叠层型等。

然而,人们也可以按照给体材料的分子特点来分类。按照这种分类方法,有机光伏电池可以分为两大类:有机小分子光伏电池与有机高分子光伏电池。

有机小分子材料的分子结构简单,易纯化,对结构做修饰也很方便,而且,分子的电荷传输性质、轨道能级、能带、光捕集效率等光电性能均可以调节。然而,与有机高分子材料相比,有机小分子光伏材料的光电转化效率相对

图 2.87　用印刷法制造有机光伏电池
(图片来源于武汉理工大学校园网
2016 年 11 月 29 日的新闻经纬讯)

较低、光伏性能的稳定性较差。因此,关于有机小分子光伏电池的科研方向主要集中在小分子结构设计以及功能修饰、器件界面修饰、叠层结构制作及其制备工艺更新等方面,以提高这类光伏电池的光电转化效率及其(光伏性能)稳定性。

有机小分子光伏材料的种类也较多,例如,以酞菁、卟啉、鲜花、叶绿素等一些有机物为基体的光伏材料。

在光伏发电领域,有机小分子材料的应用范围还是很广的。实质上,在以上的条目(5)、条目(6)中所介绍的有机染料敏化纳米晶光伏电池、钙钛矿光伏电池中,都会用到有机小分子材料,例如,上述的甲胺铅碘钙钛矿光伏电池就是有机/无机杂化的钙钛矿太阳能电池(hybrid organic-inorganic perovskite solar cell)。

关于有机小分子光伏电池的更多信息资料,如码 2.50 中所述。

高分子材料也叫作:聚合物(polymer),最常见的高分子材料制品就是塑料(plastics)。因此,有机高分子光伏电池也叫作:聚合物基太阳能电池。当然,人们更习惯于将其俗称为:塑料光伏电池。即塑料光伏电池是由有机高分子材料制成的光伏电池(给体材料是聚合物,或者给体材料与受体材料都是聚合物),以示它们与有机小分子光伏电池有所区别。

码 2.50

关于塑料光伏电池的发明及其应用,在时间上晚于有机小分子光伏电池。后来,随着具有大 π 键共轭体系、吸收光谱宽且易成膜的高分子材料应用于制造光伏电池,塑料光伏电池逐渐被重视起来,这是因为塑料光伏电池的光电转换效率已高于有机小分子光伏电池。

码 2.51

塑料光伏电池的材质范围也很广泛,例如,聚乙炔光伏材料、共轭/C_{60} 复合体系的光伏材料[①]等。有关塑料光伏电池的更多信息资料,如码 2.51 中所示。

---

① C_{60} 属于笼形碳,也叫作:富勒烯(fullerene),或称:富勒烃,亦称:富勒球,还被称为:巴基球(bucky ball)。

2.2.1.3 光伏发电的新技术

随着光伏发电的应用越来越广泛,光伏发电技术日益受到重视。随之而来的便是这方面的一些新技术不断被研发出来。

人们研发光伏发电相关新技术之目的主要有两个:一是提高光电转换效率,从而让即时的太阳能更多地转换为电能;二是让光伏电池本身实现柔性化,这样便于安装在不同曲率的表面,从而让更多场合可以安装光伏电池(甚至纺织品的表面也能够实现光伏发电)。为此,人们在光伏组件(俗称:光伏板)的宏观结构、光伏材料的材质及其微观结构等方面都做了很多探索与创新,取得了很多成就。

关于提高光电转换效率方面的成就(或者说,这方面的技术),主要体现在这三个方向:一是提高入射光的能量密度。二是设法让光伏电池吸收更多的光能。这两个方面都是从外因的角度来提高光伏电池的光电转换效率。三是让光伏材料将已吸收的光能更多地转换为电能,这是从内因的角度来提高光伏电池的光电转换效率。

有关这三个方面的具体技术,简述如下:

① 提高入射光的能量密度

相关的理论与实践都表明:增加入射光的能量密度,能够显著地提高光伏电池的光电转换效率。为此,人们想到了用聚光方法来达到这个效果,参见图 2.74。

另外,国外还有人发明了球形光伏发电装置,其主体为一个空心玻璃球,球壳内表面为(可聚焦的)菲涅尔透镜刻痕[参见图 2.44 与图 2.74(b)]。这样,当太阳照射时,不管太阳在何处,通过球壳内表面都能够自动将太阳光聚焦到球心,球心处(焦点)有一块光伏电池片。这样,该光伏电池片始终会接收到高能量密度的光照,其结果是:这样一块光伏电池片可达到通常几块光伏电池片的发电量,由此可节省光伏材料。当然,对于该球形光伏发电装置,还需要操控外部支架来调整(球内焦点处)光伏电池片的方位角,以使太阳光始终垂直照向该光伏电池片(由此来获得最佳的光照条件)。

② 让光伏电池获得更多光能

光伏发电的基本原理是:光照射到光伏电池的阳面后,被光伏电池吸收的那部分光能便会部分地转换为电能。由此看来,照射到光伏电池表面的光能越多,光伏发电量就越多。基于此,第一,光伏板(光伏组件)要尽可能与太阳光线相垂直(即光伏板的法线与太阳光线要尽可能重合),而且光伏板的安装型式最好不设置为固定型,而为"追日型"(或称:跟踪式,参见图 2.73);第二,光伏板做成双面式(bifacial photovoltaic module),这样,不仅其阳面能够直接受到太阳光的照射,其阴面也可以接收到地面与周围物体(包括建筑物)的漫反射光以及天空的散射光,从而增加(补充)光伏板的光伏发电量;第三,减少光伏电池表面的光反射,这是因为,入射光到达光伏电池表面后,即被分为三部分(反射、吸收、透过),光伏电池的材质与结构决定了透过的光能很少(光伏电池的背反射技术就是对透射光的再利用),因此,减少光伏电池表面的光反射,也就意味着增加了光伏电池吸收的光能,例如,图 2.70中"减反射膜"的作用就是如此(该膜可将光滑表面粗糙化来减少光反射,光伏电池的绒面技术也具有类似的作用);第四,使用高透光率的光伏玻璃(见图 2.70)、晶体硅光伏电池阳面的梳状电极(或称:栅线状电极,参见图 2.69)都是为了让光伏电池的阳面获得更多的光能。

③ 让光能更多地转换为电能

让光能更多地转换为电能,这要从光伏材料及其纯度、结构以及组合的角度来优化。对此,下述几个方面可考虑:其一,探索与优选光伏材料,除了半导体材料,铁电材料在光伏发电中的作用也被重视(见码 2.58"介电功能材料"部分)。其二,关于光伏电池的可用光谱波段问题(注:不是所有波长的光能都能够转换为电能,见【例 2.2】中的具体说明),可用叠层光伏电池(参考图 2.78 与图 2.84)来解决,第 2.2.1.2 的条目(7)中也介绍了这方面的一个实例,光伏电池的多层膜技术也是利用这个道理。其三,浅结是指 p-n 结的结深小于 $0.3~\mu m$,利用浅结技术会显著降低光伏电池表面的少子复合速度,从而提高了短波段的光谱响应。其四,应用 BSF、PERC、TOPcon、异质结等背面电场修饰技术以及密栅、BC 等阳面电场新技术（注：BC＝back contact，阳面电极移到背面使其不遮挡阳光）。其五，重视相关理论的创新与探索，例如，码 2.52 中介绍的光子回收方法就是提高光伏电池光电转换效率方面的重大理论突破。

关于实现光伏电池柔性化方面的成就（或者说这方面的技术），各种薄膜光伏电池、有机光伏电池在这方面的表现很好。至于晶体硅光伏电池，我国在其柔韧性方面也取得了新成就，例如，中国科学院上海微系统与信息技术研究所成功研制出高柔韧性的晶体硅光伏电池。

有关光伏发电新技术方面的更多资料，请见码 2.52 中所述。

码 2.52

2.2.1.4　光伏发电的广泛应用

综上所述，利用太阳能的光伏发电技术及其材料是高科技产业，这是很有发展前途的"朝阳产业"。该技术最早只应用于为人造地球卫星提供电能，后来在地面也产生广泛应用、同时，也普遍应用于太空中各种航天器（参见图 2.79）。

将来还会建造（用微波向地面传输电能的）太空发电站，参见图 2.88。位于重庆市的璧山空间太阳能电站实验基地就在做这方面的研发工作，他们会先在大气平流层上建造一个小型太阳能发电站，从而为建造兆瓦级的太空发电站积累技术经验。所以，中国有技术、有实力、有能力最早实现太空发电而且向地面输电这一宏伟目标，中国人将为此而感到由衷的自豪。

当然，还是地面上的太阳能光伏发电最为普遍，其应用也广泛，既与各行各业（尤其是能源、交通、工业、信息等几大产业）有关，也涉及千家万户（农林牧渔、城市都有光伏发电的应用，而且，中国各级政府也在积极地开展屋顶光伏发电计划）。

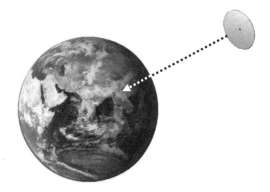

图 2.88　太空发电站（逐日工程）的基本原理
（想象中的概念图）

在地面上，利用光伏发电技术，既可建造大面积的集中式太阳能光伏发电站（参见图 2.72）来为电网供电，也可建设一批分散型的小型光伏发电装置来为当地或局部区域提供清洁电能。这被称为：微电网，或叫作：分布式光伏发电。请注意，地面有昼夜，白昼时也会有阴云的无常变化，因此，太阳能发电不稳定，还需要配套储能装置（储能技术在第 3 章中介绍）。

分布式光伏发电的模式还给予光伏发电新的应用空间，例如，将光伏发电与建筑相结合，被称为：BMPV 技术（building mounted photovoltaic），该技术包括两项具体的技术：BAPV 技术与 BIPV 技术，可参见图 4.7。

BAPV 技术（building attached photovoltaic）是指在建筑物建好后，再安装光伏发电系统，而且，要求不破坏、不影响、不削弱建筑物原有的功效。

BIPV 技术（building integrated photovoltaic，光伏建筑一体化技术）是指：光伏发电系统与建筑物同时设计、在建筑施工时安装，即在具体建筑物的建造过程中就融入了太阳能光伏发电系统。这样做，"光伏发电系统"便会与"建筑物"结合成一个完美的统一体，即这样做不会影响甚至还有可能提升建筑物的整体美感，例如，以上第 2.2.1.2 的条目（4）中所述的"会发电的玻璃"就是 BIPV 技术的理想建筑材料。

人们甚至还为（太阳能）光伏发电的专门应用而建造了一些特殊建筑体，例如，人们建造了顶棚为光伏板的太阳能充电站：由光伏板顶棚发出的免费电能来为充电桩的蓄电池充电，充电桩再为来此（需要充电）的电动车辆充电。

还有，的公路边也安装了形状别致的太阳能发电杆，参见图 2.89。这样，不仅有能量收益，也

图 2.89 河南省新乡市新中大道公路旁的光伏发电杆

节省了宝贵的土地资源,还特有一番美丽的景致。

关于我国的集中式大面积光伏发电系统,在早期,主要建造在中国西部与西北部的沙漠荒原地区,因为那里有充足的阳光与低廉的土地使用费。随着大面积、集中式光伏电站的持续建成和发电以及助力"西电东输"战略实施,中国西部地区与西北部地区的各级政府以及中国东部的大批企业还有中国的环境保护都大大受益。

不仅如此,光伏发电还会有遮阳效应,这是由于光伏板遮挡了大部分阳光,于是空气中的水汽在晚上形成的露珠(清晨会见到)不会因暴晒而蒸发,于是,光伏板下方的土地得到了润湿,久之则滋润着土地长草。这样的结果对于清洁发电、改善当地生态环境与促进当地的畜牧业发展,乃是一举三得,其结果是:光伏发电在(日照丰富的)中国西部地区以及西北部地区都得到了迅速发展。

由于光伏板的适当遮阳对于鱼类和植物的生长不仅无害,反而有益,所以,中国的大批湖面上(参见图 2.90)、大量山坡上(参见图 2.91)现在也建造了很多集中的或者分布式的光伏发电站。另外,人们也在海面上放置了抗浪型漂浮式光伏发电平台。

光伏电站不仅是绿色经济,还有艺术效果,例如,利用光伏板的适当排列、再借助不同光伏材料的色差,人们还可以做光伏发电站的景观艺术设计与实践,如图 2.92 以及图 2.93 所示。

图 2.90 渔光互补的光伏发电站

(拍摄于湖北省大冶市还地桥镇古塘湖生态园)

图 2.91 山坡上建造的光伏发电站

(拍摄于内蒙古自治区呼伦贝尔市阿巴尔虎旗)

图 2.92 山西省大同市的两个光伏"熊猫"

(图片来源:CCTV9 的节目《创新中国 2》)

(2018 年 1 月 23 日播放的节目)

图 2.93 内蒙古自治区库布奇沙漠的光伏"马"

(图片来源:CCTV2 的节目《经济半小时》)

(2022 年 10 月 18 日播放的节目)

上述就是关于光伏发电技术的几个典型应用。当然,光伏发电技术的实际应用远比上述这些案例更为广泛。

实际上,光伏发电技术已通过电网、各种电子元器件、电解水制氢等渠道,渗透到人类社会的方方面面。

现在的中国,光伏产业稳居世界第一,而且还出口光伏产品到其他国家或者地区,由此所带来的经济发展、环境保护与生态治理乃是国家的力量、民族的希望、人民的期盼。

然而,光伏发电的最大缺点就是受昼夜、季节、天气等因素的影响较大,这就造成了光伏发电量很不稳定。为此,光伏发电需要配备储电装置(储电将在第 3.1 节中介绍)。有条件的大型光伏电站还会与其他清洁发电技术配合来缓解光伏发电量不稳定的问题,例如,水光互补(水力发电＋光伏发电,尽可能让发电量稳定输出)、风光互补(风力发电＋光伏发电＋蓄电池,以使发电量稳定输出)等。

有关光伏发电技术广泛应用的更多介绍,参见码 2.53 中所述。

码 2.53

2.2.2 热电材料发电

严格来讲,广义上的热电材料发电技术包括三种——热电子发电技术、热电效应发电技术与热释电效应发电技术。关于热电子发电技术,已经在第 2.1.1.5 的条目(2)中介绍过(参见图 2.7,其材质主要为金属材料)。关于热释电效应发电技术,将在第 2.2.4.5 中介绍。

基于以上所述,这里只介绍热电效应发电技术。

热电转换材料通常叫作:热电材料,或称为:温差电材料,其工作原理是基于热电现象(thermoelectric phenomenon,或称:温差电现象)。

该现象的本质是(带正电荷的)空穴与(带负电荷的)自由电子在热扩散力的驱动下,都会由热端向冷端迁移,从而产生了电动势,如图 2.94 所示。该现象可以用先后发现的三个热电效应来描述,它们分别是塞贝克效应、珀耳帖效应与汤姆森效应。

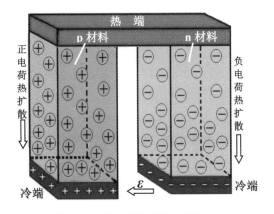

图 2.94 热电转换的基本原理

(p 材料是其内部有正电荷的材料)

(n 材料是其内部有负电荷的材料)

(ε 表示电动势,方向由负极向正极)

2.2.2.1 三个热电效应及其应用

(1)塞贝克效应

如果把两种不同材质的导电材料(材料 a 与材料 b)连接成一个闭合回路,当它们两个接点的温度不同时,

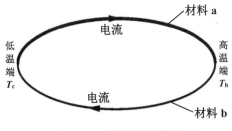

图 2.95 塞贝克效应的图示

该回路中就会有电流通过(直流电),如图 2.95 所示,这就是塞贝克效应(Seebeck effect)。该效应是由德国物理学家托马斯·塞贝克(Thomas Johann Seebeck,1770—1831)在 1821 年发现的。

请读者注意,国内也有人按照英语发音,将 Seebeck 译作:西伯克,或译为:泽贝克。关于这一点,读者在阅读某些汉语参考资料时知晓便是。

对于塞贝克效应,当两个接点的温度差很小时,所产生的温差电动势是线性正比于该温度差,其比例常数叫作:塞贝克系数(Seebeck coefficient),或称:温差电动势率(thermoelectric power),一般用符号 α_{ab} 来表示,单位:V/K。

(2)珀耳帖效应

当直流电的电流流过由两种不同导电材料组成的闭合回路时,除了导电材料本身会产生(不可逆的)焦耳热之外,对于这两种材料的两个接点,其中的一个接点会释放热量,另一个接点则吸收热量,参见图 2.96,这便是珀耳帖效应(Peltier effect)。注:国内也有人将 peltier 译为:佩尔捷。

珀耳帖效应也可以表述为:对于两种导电材料组成的回路,在接通直流电后,两个接点之间将会产生温度差(参见图 2.96 中的 t_1、t_2)。

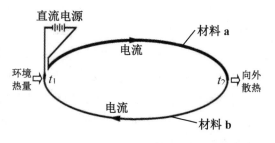

图 2.96　帕耳帖效应的图示

珀耳帖效应最早是由法国钟表匠与实验物理学家让·珀耳帖(Jean Charles Athanase Peltier, 1785—1845)在 1834 年发现的。

此后,到了 1837 年,俄国物理学家海因里希·楞次(Heinrich Friedrich Emil Lenz,俄语:Эмилий Христианович Ленц,1804—1865)还发现:在该效应中,热量的流向与电流方向有关(即,若电流方向改变,热量的流向会随之改变),放热量或吸热量的大小也与电流成正比。

关于珀耳帖效应,单位时间内所释放(或所吸收)的热量被称为:珀耳帖热。当两个接点的温度差很小时,珀耳帖热(单位:W)与通过的电流(单位:A)成线性正比,其比例常数被称为:珀耳帖系数(Peltier coefficient),一般用符号 Π_{ab} 来表示,单位:V。

实质上,珀耳帖效应是塞贝克效应的逆效应。

后来,人们还发现,在多晶材料的不同晶界之间、非均质材料的不同浓度梯度之间,都有可能产生珀耳帖效应。

(3) 汤姆森效应

如图 2.97 所示,当直流电的电流流过其两端存在温度差的一段均质的导电材料时,除了会产生不可逆的焦耳热 I^2R(这里,I 表示电流,单位:A;R 表示电阻,单位:Ω)以外,还有可逆的吸热效应或放热效应发生(导电材料的电导率随温度而变所引起),这便是汤姆森效应(Thomson effect)。

请读者注意,国内也有人将 Thomson 译作:汤姆逊,或译作:汤姆孙。这种汉语译名的差异,读者在阅读某些汉语参考资料时,熟悉即可。

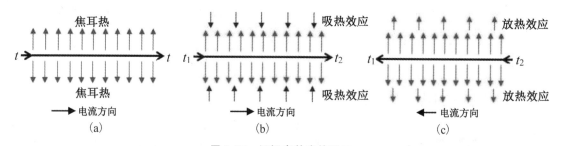

图 2.97　汤姆森效应的图示

(a) 导体无温度差时只有焦耳热;(b) 导体有温度差时还有吸热效应;(c) 导体有温度差时还有放热效应

还请注意,汤姆森效应反过来也是成立的,具体表述为:一根均质导体,当其两端的温度不同时,便会在两个端点之间产生电势差(或称:热电动势)。

汤姆森效应不是由实验结果得到的,而是由英国历史上杰出物理学家威廉·汤姆森[①]在 1856 年根据热力学理论的推导结果而提出的。

在如图 2.97(b)、(c)所示的汤姆森效应中,单位时间内的吸热量(或放热量)被称为:汤姆森热。如果导体两端的温度差很小,则单位体积的汤姆森热(单位:W/m^3)与通过该导体截面的电流密度(单位:A/m^2)以及这段导体上的纵向温度梯度(单位:K/m)成线性正比,其比例系数就叫作:汤姆森系数(Thomson coefficient),一般用符号 τ 来表示,单位:V/K。

---

① 威廉·汤姆森(William Thomson,1824—1907),出生于现在的爱尔兰首都贝尔法斯特,英国卓越的物理学家、工程师。他在热力学、电磁学等科学领域及其工程应用方面都有很多重大的贡献。特别是,由于他对建造大西洋电缆工程的杰出贡献而被当时的英女王授予开尔文勋爵(Lord Kelvin)。所以,人们更熟悉他,则是由于开尔文温标 K(Kelvin temperature scale,或称:开氏温标,也叫作:绝对温标,亦为:热力学温标),参见码 2.54 中的介绍。

　　这里,需要指出的是:上述这三个热电效应之间是相互联系的,这个结论不仅可以从微观上得到理论解释,根据热力学定律也可以推导出上述三个系数 α_{ab}、Π_{ab}、τ 之间的函数关系式($\Pi_{ab} = T \cdot \alpha_{ab}$;$\tau = T\dfrac{d\alpha_{ab}}{dT}$,$T$ 表示温度),被称为:开尔文关系式。这就是说,若已知上述这三个系数中的任意一个系数,其余两个系数就可以利用开尔文关系式通过计算来得到。

　　(3)热电效应的应用

　　上述热电转换效应被发现不久,就被人们所利用,最早用于测温领域,例如,利用塞贝克效应研制的温差电偶(通常称为热电偶,thermoelectric couple)。现在,热电偶仍广泛用于测温技术以及温度传感器。

　　当然,除了热电偶以外,人们也利用汤姆森效应研制了汤姆森电流计来测量金属或电介质的温度(其工作原理是用两个彼此绝缘的金属探头:一个在测温点吸热、另一个则在另一端放热,于是联接这两个探头之间的导线中就会产生热电流,通过检测该电流可获知温度值),只是这种测温法现在很少使用。

　　由金属材料制成的热电偶,所产生的电动势很小(以 mV 为单位),只能够用来作为检测信号。要想产生更高电动势来作为电源,只有利用半导体材料方可实现。如图 2.98 所示的就是按照塞贝克效应、利用半导体材料制作而成的温差发电片(或称:温差发电器,也叫作:半导体发电机,thermoelectric generator)的工作原理,也请看图 2.94 来帮助理解该发电原理。

　　当然,单个温差发电片所产生的电动势很小,这样就需要很多个温差发电片相互串联(如图 2.99所示),才能够产生足够高的电动势,从而实现对外输出实用的电能。

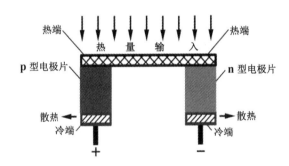

图 2.98　半导体温差发电片结构
(请结合图 2.94 来理解其工作原理)

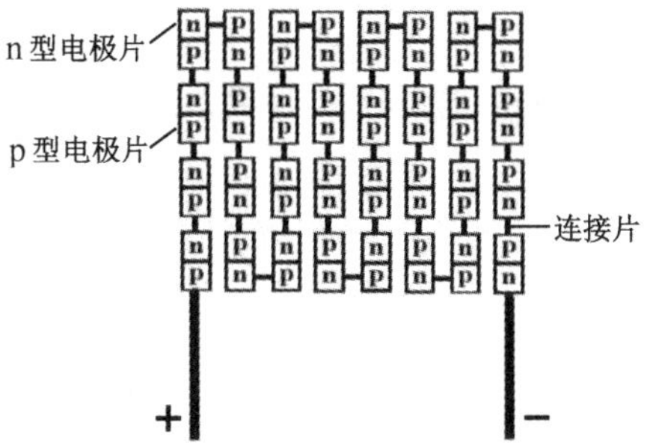

图 2.99　半导体温差发电机示意图
(本图只是显示各个发电片的串联关系)

　　半导体温差发电机的缺点是:其发电效率很低。其优点是:它所用的发电部件全都是无可动部件的固体器件,所以,也就不存在运转磨损、机械震动以及工作噪声的问题。人们正是结合这些特点来寻找半导体温差发电机的应用场合,为此,特做以下分析:

　　从原则上讲,凡是有持续的热量供给,就可以利用半导体温差发电机来发电。

　　然而,对于第 2.1 节中所述的(利用燃料燃烧热的)火力发电、(利用上层海水与下层海水之间温度差的)海洋温差能发电、(利用太阳能产热的)光热发电、(利用核能产热的)核发电、(利用地下热能的)地热能发电、(利用氢燃烧热的)燃氢动力发电等这些大热源的发电,半导体温差发电机在发电效率方面没有竞争力,即它无法与蒸汽轮机发电机组等流体动力发电设备相竞争。基于此,关于半导体温差发电机,就需要寻找(高效发电设备弃用的或高效发电器件弃用的)其他热能,以发挥其自身的优势,从而找到其合适的应用场合。

　　实际上,半导体温差发电机的应用范围还是较为广泛的,尤其是在废热、余热利用等方面,例如,(燃油或燃气)汽车的尾气余热、其他(使用发动机)设备的排气余热、(被余热锅炉弃用的)工业废气余热、热工设备表面散热、人体表层散热以及其他热表面散热等不适合于其他高效发电法利用的热能都是半导体温差发电机发电的理想热源。

为此,在这里,特举两个值得特别介绍的案例。

案例一,用于太阳能发电:太阳能辐射光谱中的红外波段对于晶体硅光伏发电的贡献很小(甚至没有贡献,参见【例 2.2】)。而且,红外辐射热还会使光伏器件升温,从而降低其功效。针对这个问题,武汉理工大学联合其他相关单位研发了"复合利用光电转换与热电转换的太阳能全光谱发电"技术(先用相应光学装置将太阳能辐射光谱中的红外线分离出来,再用如图 2.44 所示的菲涅尔透镜将红外线聚集于半导体发电机来发电,可见光、紫外线等短波段的太阳能仍用于光伏发电)。

案例二,用于核发电:^{238}Pu 是元素钚的一个重要同位素,它的 α 衰变很稳定(即其恒定地释放出热量)。以 ^{238}Pu 作为半导体温差发电机持续不断的热源,这便是小型核动力电源。该电源在生物学、医学、气象学、航天与星际探索等领域均有应用。

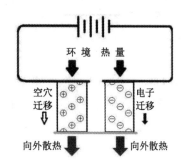

图 2.100　半导体制冷片的工作原理

码 2.54

热电效应不仅被用于发电,人们还利用其中的珀耳帖效应制成了半导体电子制冷器件,这便是热电材料制冷器,缩写 TEC(thermoelectric cooler,或称:温差电材料制冷器)。只是人们通常称其为半导体制冷器,或称为半导体制冷片(semiconductor cooling pellet),其工作原理,如图 2.100 所示。

半导体制冷片的优点至少有以下四条:第一,能够将温度降至 0 ℃ 以下;第二,能够实现很精确的温度控制(用闭环温控电路时,其控制精度可达 ±0.1 ℃);第三,具有高可靠性,这是因为半导体制冷片是固体器件,无任何运动部件,所以其使用寿命长、失效率低;第四,工作时,无噪声。

由于这些特点,半导体制冷片被用于制作车载小冰箱(环保型的小冰箱),用作饮水机的制冷器件等。半导体制冷片还能够实现微型化,以便为一些电子元器件(例如,平板电脑芯片、手机芯片)散热降温。

有关三个热电效应及其应用方面的更多信息,见码 2.54 中所述。

2.2.2.2　热电材料概述

若想弄清楚什么样的材料才是优质的热电材料,首先就需要探讨上述半导体温差发电机的效率问题,这是因为温差发电机(发电片)的核心功能就是热电材料的热电转换作用。

根据相关的理论推导(见码 2.55 中所述),热电材料温差发电效率(产生的电功率与单位时间内消耗的热量之比)的理论最大值 η_{max}(单位:%)之计算公式为:

$$\eta_{max} = \frac{T_h - T_c}{T_h} \cdot \frac{\sqrt{1+ZT}-1}{\sqrt{1+ZT}+T_c/T_h} \times 100\% \tag{2.10}$$

式中　T_h、T_c——热端温度、冷端温度,K;

　　　T——冷端温度与热端温度的平均值,$T = (T_h + T_c)/2$,K;

　　　Z——热电材料的品质因数(或称:优值系数,figure of merit),K^{-1}。

热电材料优值系数 Z(单位:K^{-1})的计算式为:

$$Z = \frac{\alpha_{12}^2}{(\sqrt{\kappa_1/\sigma_1} + \sqrt{\kappa_2/\sigma_2})^2} \tag{2.11}$$

式中　α_{12}——两种半导体材料(n 型和 p 型)的塞贝克系数,V/K;

　　　κ_1、κ_2——分别为两种半导体材料(n 型和 p 型)的热导率(导热系数),W/(m·K);

　　　σ_1、σ_2——分别为两种半导体材料(n 型和 p 型)的电导率,S/m(注:1 S/m= 1 Ω^{-1}·m^{-1})。

由式(2.10)可以看出:要想得到(温差发电机)更高的发电效率,除了需要考虑热端温度 T_h、冷端

温度 T_c 以外,更重要的是 ZT 值。人们通常将 ZT 称为无量纲热电优值。ZT 值越大,式(2.10)等号右侧第二个因子值就越接近于 1(注:该式等号右侧第一个因子为卡诺效率)。由此来看,若想提高温差发电机的发电效率,就需要寻找 ZT 值更高的热电材料。

式(2.11)是针对由两种热电材料组成的发电系统,该式中的 Z 也叫作:相对优值系数。对于单一的热电材料,该式简化为 $Z = \alpha^2\sigma/\kappa$,这里的 Z 叫作:绝对优值系数(相应的 $ZT = \alpha^2\sigma T/\kappa$),注:$\alpha^2\sigma$ 叫作:功率因子 P_f(power factor,缩写 PF),单位:$W/(m \cdot K^2)$。当然,不管是相对优值系数,还是绝对优值系数,通常都简称为:优值系数。根据 $Z = \alpha^2\sigma/\kappa$,可知:寻找优值系数 Z 更高的热电材料,就是要寻找塞贝克系数 α 较大、电导率 σ 较高(电阻率 ρ 较低)、热导率 κ 较低的材料。但是,这很困难,因为 α、σ、κ 之间有一定的关联:若一个参数值得到改善,另外两个参数值往往会变差。这是由于电子移动(空穴迁移的本质也是自由电子在移动)既导电也导热。因此说,这三个参数需要统筹综合考虑。

材料的上述参数往往与温度有关,有些热电材料只在某些温度范围内才具有较高的优值系数。为此,可考虑将多种热电材料组合在一起,以使不同温度区都具有较高的优值系数,例如,300 ℃ 以下的低温区:Bi-Te-Se 系、Sb-Bi-Te 系的热电材料性能较好;300~600 ℃ 的中温区:Ge-Sb-Te 系、PbTe、PbSe、SnTe、SnSe、ZnSb、GeTe、Mg_2Si 等热电材料的性能较好;600~1000 ℃ 的高温区:Cu_2Se、GeSi、MnFe、Pr_3Te_4 等热电材料的性能较好。当然,更好的方法是:在相关的晶体生长时,设法让掺杂浓度能够有梯度变化,即用梯度功能材料(functional gradient material,缩写 FGM)来优化热电材料的性能。

从材料微观结构的角度来看:α 增大、σ 增大,具有电子晶体(electron crystal)的特征倾向(电子导电型);κ 降低则具有声子玻璃(phonon glass)的特征倾向(声子导热型)。为此,有国外科学家提出了 PGEC 热电材料的概念。这里,PGEC 是 phonon glass/electron crystal 的缩写。

关于热电材料的历史[6],英国和苏联的一些科学家早期曾经通过量子理论分析而指出:Ⅷ-ⅤA 族、ⅡB-ⅤA 族、ⅣA-ⅤA 族、ⅣA-ⅥA 族、ⅤA-ⅥA 族中的许多金属间化合物(intermetallic compound)都是较好的半导体制冷材料。所以,早期的半导体制冷材料主要有 $CoSb_3$、ZnSb、PbSb、PbSe、PbTe、Bi_2Te_3、Bi_2Se_3、Sb_2Te_3、PbTe-PbSe、Bi_2Te_3-Bi_2Se_3、Sb_2Te_3-Bi_2Te_3 等。

后来,苏联有关科学家提出了固溶体合金理论。他们认为:组元不同的固溶体,会使得固溶体合金化,从而引起晶格的短程畸变。这种畸变使晶格对声子的散射作用有很大的加强。由于声子传热是半导体导热的主要贡献,所以,晶格对声子散射作用的加强便会降低晶格的热导率。但是,对于其波长(约 1 μm)比声子波长(约 10^{-4} μm)更长的载流子(自由电子、空穴)而言,晶格畸变的影响不大,所以,上述晶格短程畸变所导致的电导率降低值不会太大。

在这种固溶体合金理论的指导下,这些苏联科学家获得了一批重要的研究成果(例如,一些三元系合金与一些四元系合金,参见码 2.55 中所述)。

现在,市面上可购置的商用热电材料或商用制冷材料,仍然以上述材料体系为主流。

20 世纪末至今,热电材料方面的研究掀起了一波浪潮(无机热电材料、有机热电材料都有科研进展),取得了一批显著的、甚至突破性的科研成果,这里特举两个方面的典型案例[6]。

【案例 1】 PbTe、$CoSb_3$ 基方钴矿结构材料等热电材料受到重视:第一,PbTe 是共价键金属间化合物,面心立方结构,纯 PbTe 的熔点为 922 ℃,非化学计量时,过量 Pb 或过量 Te 可分别获得 p 型或 n 型半导体。适当地加入 p 型掺杂剂(K、Na、Tl 等)或 n 型掺杂剂(Ga、Al、Bi、Mn、Cl、Br、I、U、Ta、Zr、Ti 等)可得到较高的优值系数;第二,方钴矿(skutterudite)型结构材料、半哈斯勒(half-Heusler)结构材料似乎更适合用作热电器件的 p 型半导体材料,尤其是 $CoSb_3$ 基方钴矿结构材料的晶体结构中有许多空位,以拥有较小原子半径的原子来填充这些空位将会大大降低热导率,例如,掺杂 Ce、La、Tl、Yb 就可以降低热导率,从而提高了优值系数。此外,人们也在 $CoSb_3$ 基材料中进行了 In、Nd、Ni

和 Sn 的掺杂研究。第三,受到重视的其他热电材料还有:Zn_4Sb_3 系材料、$(Bi_xSb_{1-x})_2(Te_ySe_{1-y})_3$ 系材料、$REBi_4Te_6$(这里,RE 表示稀土元素)、RE-M-Pn(这里,M 表示过渡金属元素,Pn 表示磷系的 n 型掺杂剂)、一些笼形化合物(clathrate)以及某些宽带隙的化合物等。

【案例 2】 随着人们对超晶格、量子点、量子线和量子阱等低维材料研究的不断深入,低维热电材料已经成为一个研究热点。有关理论研究表明:某些低维材料的优值系数应当高于三维体材料。例如,有人从理论研究发现,以半金属元素 Bi 为势阱的二维量子阱结构具有以下特点:第一,量子阱宽度较窄所引起的量子限制效应使得元素 Bi 本来的两个能带与两种载流子(空穴与电子)变成

码 2.55

一个能带以及一种载流子;第二,量子阱宽度较窄使得材料单位体积的电子密度变高。尽管还有人后来通过更深入的研究发现,上述理论计算值会有所降低,这是因为:其一,电流主要在势阱中流过,而热流却能够在势阱与势垒中同时流过;其二,对于短周期的超晶格结构,载流子从层间隧道穿过,这将会降低载流子态密度。尽管如此,然而对于具有二维量子阱结构的热电材料而言,其优值系数的理论计算值仍然会高于三维体的普通热电材料。

有关热电材料历史、应用与发展的更多介绍,见码 2.55 中所述。

2.2.3 燃料电池发电

电池是由"电"与"池"这两个字组成,顾名思义,电是指电能,池则指储存场所。因此,电池的本意就是指"储存电能的元器件、设备或装置"。尽管广义上的电池种类繁多(参见第 3.1.2 节中的所述),然而,人们通常说的电池主要是指化学电池(或称为:化学电源),即利用电化学方法来实现化学能与电能之间的转换。

化学电池共有四种类型:激发电池、一次电池、二次电池、燃料电池。前三种化学电池真真确确是具有储存电能(储电)的功能,它们将在第 3.1.2 节(电化学储电法)中被介绍。然而,作为第四种化学电池的燃料电池,却不具备储电的功能。

燃料电池只有发电的功效(燃料中的化学能被高效地转换为电能),因此,它才被设置在第 2 章。事实上,关于燃料电池,可以将其当作高效的发电设备(高效发电机)来看待。

既然燃料电池属于化学电池,那必然就有电极、电解质及其隔膜等化学电池的核心部件。对此,这里首先想重点澄清的是:电极中有关正极、负极、阳极、阴极的概念及其区分,因为在直流电路中,这几个概念非常重要(注:在交流电路中,只有"相"与"线"的概念,例如,三相四线、火线、零线等概念)。

在直流电路中,正极(positive pole)则是指带正电荷的电极,它是电势较高的一极;负极(negative pole)是指带负电荷的电极,即电势较低的一极。阴极(cathode)是指负电荷通过外电路向其移动的电极[1];阳极(anode)是指正电荷通过外电路向其移动的电极[2],见图 2.101 所示。

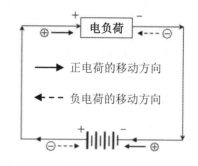

图 2.101 直流电路中的电极表述

若对于图 2.101 进行分析,则不难明白:对于直流电路中的电负荷(包括:电解池)而言,正极即为阳极、负极便是阴极;但是,对于直流电源(包括:电池)来说,则是刚好相反(即正极为阴极、负极为阳极)。

---

① 对于化学电源(化学电池),"负电荷到达"就是指有电子到达(即得到电子),因此,在阴极(正极)发生的化学反应是还原反应。

② 对于化学电源(化学电池),"正电荷到达"意味着有电子离开(即失去电子),因此,在阳极(负极)发生的化学反应是氧化反应。

2.2.3.1 燃料电池的工作原理与分类

化学电池是利用外电路中的电子移动与电池内部通过电解质的离子迁移来实现导电的,燃料电池(fuel cell,缩写 FC)也不例外。

对于燃料电池,电极中的活性物质是燃料和氧化剂,燃料电池用的最佳燃料是 H_2,常用的氧化剂是 O_2(或空气)。在燃料电池的电解质内,离子的迁移方式有两大类——阳离子迁移(例如,H^+ 迁移)与阴离子迁移(例如,O^{2-} 迁移、OH^- 迁移、CO_3^{2-} 迁移)。

这里,首先以通过阳离子 H^+ 迁移方式来导电的 PEMFC(质子交换膜燃料电池,proton exchange membrane fuel cell)为例,简单地介绍一下燃料电池的工作原理,如图 2.102 所示。

PEMFC 是常温型的燃料电池(其工作温度通常在 60~90 ℃)。

PEMFC 电极上发生的化学反应为:

阳极(负极):

$$H_2 - 2e^- = 2H^+$$

阴极(正极):

$$\frac{1}{2}O_2 + 2e^- + 2H^+ = H_2O$$

总的化学反应方程式为:

$$H_2 + \frac{1}{2}O_2 = H_2O$$

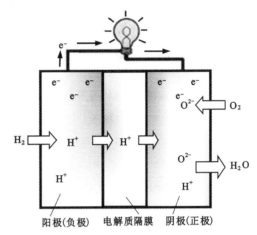

图 2.102 质子交换膜燃料电池的工作原理
(本图注重工作原理描述,各层厚度非真实比例)

这就是说,在阳极发生的电极反应(实际上,电极反应发生在电极、气体、电解质的三相界面)生成了氢离子(H^+,业内称之为:质子)与电子;电子通过外电路到达阴极后,使 O_2 变为 O^{2-};氢离子通过电解质隔膜也进入阴极(正极),然后在阴极,H^+ 与 O^{2-} 反应生成 H_2O。请注意,电子在通过外电路移动的过程中,便输出了电能。

通过阴离子 O^{2-} 迁移方式的燃料电池,则以 SOFC(固体氧化物燃料电池)为典型代表。

SOFC(solid oxide fuel cell)是高温型的燃料电池(其工作温度在 1000 ℃左右)。

SOFC 的工作原理与 PEMFC 的工作原理在总体上类似,但是,它们彼此之间也有区别。主要的差异在于:在 SOFC 内是阴离子在迁移,O^{2-} 通过固态电解质迁移到阳极,因此,SOFC 的反应产物在阳极形成(PEMFC 则在阴极生成反应产物)。若是以 H_2 与 CO 为燃料,则总的化学反应为:$H_2 + CO + O_2 = H_2O + CO_2$,具体如图 2.103 所示。

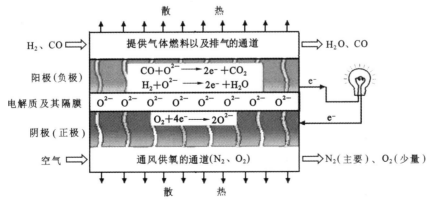

图 2.103 固体氧化物燃料电池的工作原理
(本图注重工作原理描述,各层厚度非真实比例)

按照电解质的不同,燃料电池通常分为五类,参见表2.7。最早应用的是 AFC(碱性燃料电池),后来有 PAFC(磷酸燃料电池)以及 MCFC(熔融碳酸盐燃料电池)。现在,应用最广的就是上述的 PEMFC 与 SOFC。注:按照电解质来分类,DMFC(direct methanol fuel cell,直接甲醇燃料电池)、DFAFC(direct formic acid fuel cell,直接甲酸燃料电池)都可以归类于 PEMFC,PCFC(protonic ceramic fuel cell,质子陶瓷燃料电池)则介于 SOFC 与 PEMFC 之间[①]。当然,从创新的角度来说,还不断会有新型燃料电池问世,例如,HT-AEMFC(high-temperature anion-exchange membrane fuel cell,高温阴离子交换膜燃料电池)等。

2.2.3.2　燃料电池的核心结构

燃料电池的核心部件主要是:电极(阳极、阴极)、电解质及其隔膜、极板。

(燃料电池的)电极是多孔电极,多孔材料的表面积可达到其几何面积的 $10^2 \sim 10^5$ 倍。多孔电极表面覆盖着电催化剂(electrocatalyst),电催化剂的活性很重要,尤其对于低温燃料(在低温时,燃料的电极反应速度很低)。另外,电极的导电性、耐高温性、耐腐蚀性也要好。

(燃料电池的)电解质及其隔膜的作用是实现离子导电以及分隔燃料与氧化剂。

(单个燃料电池的)极板(polar plate,或称:集流板)导入与分配反应气体以及导出生成物与收集电流。在极板表面分配气体的沟槽被称为:流场(flow field),参见图2.104(a)。

单个燃料电池的工作电压(电动势)很小,约为 0.7 V,所以,需要将几个至几百个燃料电池串联,从而构成燃料电池堆(fuel cell stack)才有使用价值。燃料电池堆的极板为双极板(bipolar plate),也叫作:连接体(interconnect),这里的"双"是指它连接着前、后两个燃料电池的电极。此外,双极板还要隔绝前后电极之间的物质渗漏以及支撑与加固燃料电池。

图2.104 与图2.105 分别展示了 PEMFC 与 SOFC 的单个电池以及电池堆的核心结构[10,11]。

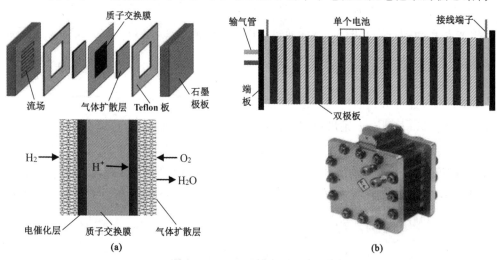

图2.104　质子交换膜燃料电池及其电池堆的核心结构示意图
(a) 单个燃料电池(膜电极组件 MEA);(b) 燃料电池堆
(注:MEA=membrane electrode assembly)
[注:质子交换膜燃料电池(PEMFC)的形状以平板型为主]

2.2.3.3　燃料电池材料

(1) 电极材料及其电催化剂

燃料电池对于电极材料的一般要求:第一,良好的导电能力;第二,充分的机械稳定性以及适当的

---

① 质子陶瓷燃料电池 PCFC 是一类新型燃料电池(衍生于 SOFC)。PCFC 的电极为多孔陶瓷(被称为:空气电极),电解质是可传输 H^+ 的固态电解质,然而其工作原理却与图2.102 所示的 PEMFC 相同。PCFC 可用的燃料有 H_2、NH_3、N_2H_4、烃燃料等。作为一种特殊的 PCFC,R-PCEC(reversible protonic ceramic electrochemical cell,可逆质子陶瓷电化学电池)有两个模式:燃料电池发电与电解水制氢。

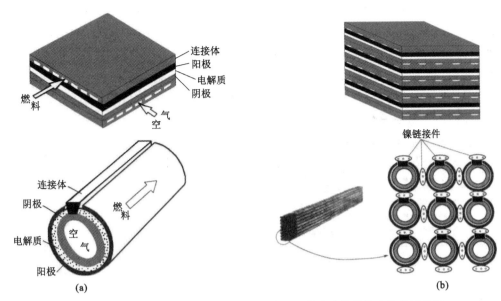

图 2.105　两种常用形状的固体氧化物燃料电池及其电池堆的核心结构示意图

[注:固体氧化物燃料电池(SOFC)的形状既有平板型,也有管式、套管式、瓦楞式等]

(a) 单个燃料电池:平板式与管式;(b) 燃料电池堆:平板式堆与管式堆

孔积率;第三,在电解质中,要有足够的化学稳定性;第四,长期的电化学稳定性(包括:电催化剂的稳定性以及电催化剂与电极一体化后的电化学稳定性)。

五种最常用燃料电池的电极材料等特性如表 2.7 中所示[10,11]。

表 2.7　常用燃料电池的特性

项目	燃料电池的类型*				
	AFC	**PAFC**	**MCFC**	**SOFC**	**PEMFC**
电解质	KOH 石棉隔膜	H_3PO_4 碳化硅多孔隔膜	Li_2CO_3-K_2CO_3 $LiAlO_2$ 隔膜	YSZ**	PEM***
电解质形态	液体	液体	液体	固体	固体
常用阳极	Pt-Ni	Pt-C	M-Ni(M = Al 或 Cr 或 Cu)	Ni-YSZ	Pt-C
常用阴极	Pt-Ag	Pt-C	Li-NiO	Sr-LaMnO_3	Pt-C
工作温度	50~200 ℃	150~220 ℃	~650 ℃	900~1050 ℃	60~90 ℃
主要应用	航天领域	发电厂发电、机动车	热电厂共发电(燃料电池/余热发电)	热电厂共发电(燃料电池/余热发电)	机动车、船艇无人机、航天便携式电源等

注:* **AFC**=alkaline fuel cell;**PAFC**=phosphoric acid fuel cell;**MCFC**=molten carbonate fuel cell;**SOFC**=solid oxide fuel cell;**PEMFC**=proton exchange membrane fuel cell。

　** YSZ=Y_2O_3 stablized ZrO_2,是指添加(摩尔比≥8%)的氧化钇(Y_2O_3)来作为稳定剂的氧化锆(ZrO_2)。

　*** PEM=proton exchange membrane(质子交换膜),其主要构成是有机聚合物材料①。

就技术层面来说,AFC、PAFC 和 MCFC 的制备技术很成熟,它们的电池材料已基本定型(参见表 2.7)。关于 PEMFC 和 SOFC,由于它们的应用范围广,所以,在确保电池性能优异的前提下,如何降低材料成本仍是研究的热点。为此,以下就对这两种燃料电池的核心材料做一些更为详细的概述。

燃料电池的电极是多孔气体扩散型电极。

关于 PEMFC 的电极材料,至少有两层:扩散层与电催化层[参见图 2.104(a)]。扩散层可确保

---

① 基于此,"质子交换膜燃料电池"在历史上的名称还有:聚合物电解质膜燃料电池、离子交换膜燃料电池、聚合物电解质燃料电池、固体聚合物电解质燃料电池、固体聚合物燃料电池。后来,这些名称被逐渐停用。

反应气体(H_2、O_2)均匀顺利地到达电催化层,电催化层是发生高效电极反应的关键。PEMFC 最优的电催化剂是铂(Pt),这是贵金属。为了提高电催化剂的利用率(即减少其用量),Pt 以纳米级甚至原子级担载到石墨担体表面(石墨抗腐蚀,也能导电,担体是承载体或担待体的意思),这叫作 Pt-C 电极,见表 2.7。由于铂太贵,为此,人们也研制了其他金属催化剂(含 Ag、Au、Co、Ni、Mn、Cr、Al 的催化剂),例如,Pt-M 催化剂(这里,M 表示过渡金属)、烧结的多孔镍粉、雷尼金属催化剂(Raney Metal)等。PEMFC 电极有两种类型:薄层亲水性电极、厚层憎水性电极(碳基材料加入聚四氟乙烯可调整润湿性,常用含聚四氟乙烯的催化层结构来维持憎水性;亲水电极通常是金属电极)。制备电极材料时,先将材料粉末混合后压在膜上,再利用沉积技术或喷涂技术以及高温烧结技术来保证其稳定性。

关于 SOFC 的电极材料,有:第一,SOFC 的阳极材料主要是 Ni-YSZ 金属陶瓷(这里,Ni-YSZ 表示 Ni 掺杂在 YSZ 中,这种掺杂符号表示法以下同;关于 YSZ 的解释,见表 2.7 下方的表注),Ni-YSZ 可以由 NiO+YSZ 复合材料还原而成。针对不同情况,其他被研究的 SOFC 阳极材料还有 Cu-YSZ 或 Ni-(YSZ+CeO_2)或 Cu-(YSZ+CeO_2)或 Co-YSZ 或 Ru-YSZ 或 Ni-SDC 质金属陶瓷(这里,SDC= Sm-CeO_2),YDC+NiO+YSZ 陶瓷[这里的 YDC 表示夹层阳极抗积碳催化剂,YDC=$(Y_2O_3)_{0.15}$ $(CeO_2)_{0.85}$],CuO-CeO_2 与 Cu-SDC 复合阳极,$La_{1.8}Al_{0.2}O_3$ 陶瓷,$La_{0.8}Ca_{0.2}CrO_{3-\delta}$ 陶瓷(钙钛矿结构),ZrO_2+Y_2O_3+TiO_2 固溶体(萤石结构),Sm_2O_3,CoS_2,WS_2,$LiCoO_2$ 等材料。第二,SOFC 的阴极材料主要是 Sr-$LaMnO_2$(缩写 LMS)或 LMS+YSZ 复合材料。针对不同的情况,其他被研究的 SOFC 阴极材料还包括:掺杂 Ca、Ba、Cr、Cu、Co、Po、Mg、Ni、K、Na、Rb、Ti、Y 的 $LaMnO_3$(或 $LaCoO_3$ 或 $LaCrO_3$),LSC(LSC=$La_{1-x}Sr_xCo_{3-\delta}$),用 Gd 或 Sm 或 Dy 等元素代替 LSC 中 La(分别缩写为 GSC 或 SSC 或 DSC),LSCF(LSCF=$La_{1-x}Sr_xCo_{1-y}Fe_yO_3$),$Pr_{0.7}Sr_{0.3}MnO_3$ 或 $Nd_{0.7}Sr_{0.3}MnO_3$,SDC,YDC,CGO(CGO=$Ce_{0.8}Gd_{0.2}O_{1.9}$)等材料。

(2)电解质及其隔膜

实质上,PEMFC 的电解质及其隔膜就是 PEM(proton exchange membrane,质子交换膜),要求它是优良的 H^+ 迁移导电体。常用的 PEM 是全氟质子交换膜(用全氟磺酰氟树脂热塑成膜)。其他材质的 PEM 还有:部分氟化的质子交换膜、非氟化的质子交换膜、无机酸与树脂的共混膜等。注:PEM 与正、负电极构成 MEA(membrane electrode assembly,膜电极组件),参见图 2.104(a)。

SOFC 对电解质的要求是优异的 O^{2-} 迁移导电体。最常用的 SOFC 电解质是 YSZ(关于 YSZ,见表 2.7 下方的表注),既有 YSZ 粉料,也有 YSZ 薄膜。其他被研究的电解质包括 Al_2O_3-YSZ,具有钙钛矿型结构的 LSGM[LSGM= M-$LaGaO_3$(这里,M=Sr、Mg)],M-LSGM(这里,M=Co、Fe),M-CeO_2(这里,M= La_2O_3、Y_2O_3、Sm_2O_3、Gd_2O_3、Nd_2O_3、Eu_2O_3、Er_2O_3、Pr_2O_3、Dy_2O_3、Yb_2O_3、Ho_2O_3、CaO、SrO 等),MO-Bi_2O_3(这里,M= Ca、Sr、Ba),M_2O_3-Bi_2O_3(这里,M 表示稀土元素),$Ln_2Zr_2O_7$,GZT[GZT=$Gd_2(Zr_xTi_{1-x})O_7$],YZT[YZT=$Y_2(Zr_xTi_{1-x})O_7$],Gd-$BaCeO_3$,$BaCe_{0.9}Gd_{0.1}O_3$,$CaAl_{0.7}Ti_{0.3}O_3$ 等材料。

(3)双极板

燃料电池对于双极板的要求是:要有足够高的电导率、热导率;能够在氧化环境或还原环境中保持稳定;要有足够高的致密度;要容易加工。此外,如果燃料电池是在高温下工作,从室温到工作温度范围内,双极板必须与其他电池组件在化学上相容、在膨胀系数方面匹配。

PEMFC 的双极板材料共有三类:石墨板、金属板、石墨与金属的复合板。石墨板主要有纯石墨双极板、模铸双极板(石墨粉与热塑性树脂混合,还加入催化剂、阻滞剂、脱模剂、增强剂,再在一定的温度以及高压下冲模成型)、膨胀石墨双极板(膨胀石墨是利用冲压或滚压的浮雕法成型,有时还要有低黏度热塑性树脂溶液的助力);金属板主要有薄镍板、薄镁铝合金板、铬镍铁不锈钢薄板、$Cr_{30}Ni_{45}AlY_{0.03}Fe$ 不锈钢薄板、$Fe_xNi_xMn_xCr_{3-3x}O_4$ 不锈钢薄板等。为了防腐蚀,在其表面还要进行镀铬、镀铝等表面改性措施。为了降低表面电阻,有时还要镀金。

SOFC 的双极板材料有两类:一类是掺杂二价金属离子的 $LaCrO_3$,例如,M-$LaCrO_3$(这里,M = Sr,Ca,Mg);另一类是用于平板型 SOFC 的高温抗氧化合金,主要有 Ni 基合金、Cr 基合金、Fe 基合金等。另外,SOFC 通常采用微晶玻璃为封接材料。

2.2.3.4 燃料电池堆的外设

燃料电池堆的外设是指其核心部件(燃料电池堆)以外的外围设备(或称:周边系统,peripheral system)。燃料电池的外设主要包括供气系统、电力调节系统、冷却系统、辅助装置等。

供气系统包括气体燃料储存装置、气体净化装置、气压调节装置、空气压缩机(或者高压鼓风机)、抽气泵等;电力调节系统包括调压器、逆变器以及辅助电机、电子控制以及保护装置及其仪表等;冷却系统是指换热器(换热器将化学反应热散发出去,以维持工作温度的稳定);辅助系统是指各类管道以及各种控制阀等。

2.2.3.5 燃料电池的应用与发展

从能量视角来说,第一,燃料电池是连续发电装置。假如不考虑元件的老化以及可能发生故障等因素,只要不断地供给燃料与氧化剂,燃料电池就会连续不断地发电;第二,燃料电池是高效的发电装置,这是因为(化学过程发电的)燃料电池理论上不需要热力过程,即避开了(热力学第二定律引中的)卡诺循环效率 η_c 这一热机效率极限的理论限制,也没有过多的机械能损失,所以,其能量转换效率 η 必然比火力发电的高;若采用共发电的模式(燃料电池排出的热蒸汽再用于蒸汽轮机组发电),η 值还会更高。第三,燃料电池在设备的紧凑性,操作的可靠性、灵活性、安全性,环境的洁净性等方面都具有优势。

从燃料电池发展史来看,对于表 2.7 中的五种燃料电池:AFC 主要用于航天领域。而作为常规发电的燃料电池,PAFC 是第一代燃料电池;MCFC 是第二代燃料电池;现在应用更广的 PEMFC、SOFC 是第三代燃料电池。

中温型 AFC 最早用于美国阿波罗登月舱,现在也主要用于航天领域;中温型 PAFC 可用于发电厂或大型机动车;中高温型 MCFC 与高温型 SOFC 用于热电厂(SOFC 用得更多),既可共发电,也可电热联供;低温型 PEMFC 的应用最广,在航天、交通运输(见图 2.106[①])、电器(见图 2.107)、便携式电源、无人机、船舶、潜艇、水下机器人等方面有应用。

图 2.106 燃料电池轻型客车(商用车)

(武汉理工氢电科技有限公司研发)

图 2.107 空调机用氢燃料电池

(日本名古屋水族馆公开发布的宣传图片)

从燃料角度来说,燃料电池还有直接型、间接型与再生型之分。直接型燃料电池是直接利用燃料来发电;间接型燃料电池需要先将燃料重整(reforming)为 H_2 后再用以发电(注:这种燃料电池已被淘汰);再生型燃料电池是将反应产物再生为燃料后,继续循环发电(再生的措施则包括:充电再生、

---

① PEMFC 氢燃料电池确实适用于全部机动车车型。然而,就我国国内的汽车市场而言,客观地讲,与(本教材第 3.1.2.3 中涉及到的)充电式电动机车相比,客车、卡车(包括重型卡车)等商用车比乘用车(公务车、家用车等)更适合使用氢燃料电池。

光再生、热再生、放射化学再生等)。

码 2.56

就现在应用最广泛的 SOFC 和 PEMFC 而言,SOFC 可用的燃料较广,H_2、CH_4、煤气、甲醇、乙醇、汽油、煤油等很多燃料都可以用。PEMFC 通常只用氢气(H_2 纯度还需要达到 99.999% 以上),所以,PEMFC 也常叫作:氢燃料电池。对此,应当鼓励将氢燃料电池与制氢(见第 2.1.9 小节)、储氢(见第 3.3 节)相结合,从而实现"制氢＋储氢＋用氢"的集成化。

有关燃料电池发电的更多介绍,参见码 2.56 中所述。

2.2.4　其他能源材料发电

2.2.4.1　磁流体发电

关于磁流体发电方法及其材料的介绍,参见第 2.1.1.5 中的条目(1)。

2.2.4.2　核衰变发电

核反应也叫作"核变"。共有四种类型核变,分别是:人工核变、(重核的)核裂变、(轻核的)核聚变以及(同位素的)核衰变。

人工核变是指科学家人为地用入射粒子去轰击原子核来引发核反应,但是,这不涉及核能发电,只用于科学研究(最知名的就是卢瑟福 α 粒子散射实验)。

由此看来,核能发电只用三种核能:核裂变、核聚变和核衰变,前两种核能利用已经在第 2.1.7 小节中介绍了。这里探讨的是利用核衰变(释放的)能量来发电。

放射性同位素的原子核在发生衰变时,会自发地向外发射出高能射线(叫作:核放射)。

有两种核衰变(α 型、β 型):α 衰变时放射 α 粒子,从而形成 α 射线(注:α 粒子实质上是氦原子核);β 衰变时放射 β 粒子,从而形成 β 射线(注:β 粒子的本质是电子[①])。另外,请注意:γ 射线是极高能辐射线(波长极短的高能电磁波),但是,γ 射线不是衰变产物。然而,某些 α 衰变或 β 衰变的部分衰变能却是以 γ 射线的形式来释放,这也被冠以"γ 衰变"。

α 射线、β 射线、γ 射线以及中子流(某些核反应会产生中子)的穿透力如图 2.108 所示。由该图可以看出:γ 射线与中子流的穿透力太强,要尽量避免之。α 射线的穿透力最弱,用一张纸就可挡住(服装会保护人体免受 α 射线辐照)。但是,α 射线会使金属表面脆化从而加速其疲劳与断裂。相对而言,β⁻ 衰变最适合制造微型核电池来发电,这是因为,微型核电池是一次性使用的,其内衬不可更换。

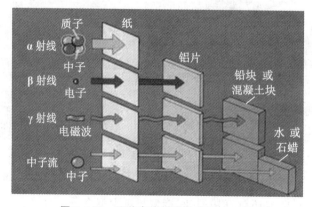

图 2.108　四种高能射线的穿透力对比

---

①　β 衰变有三种:释放正电子与中微子的衰变叫作:β⁺ 衰变,例如,氧-15($_8^{15}$O)的衰变(半衰期很短,2.041 min);释放负电子与反中微子的衰变叫作:β⁻ 衰变;从核外俘获一个电子的衰变叫作:电子俘获 β 衰变。这其中,β⁻ 衰变的应用最广,本教材中也只涉及 β⁻ 衰变。

（1）微型核电池发电

核电池也叫作：放射性同位素电池，或者叫作：原子能电池。

微型核电池（penny-sized nuclear battery）在生物、医疗、电子、气象等领域都有所应用。在以上已述，微型核电池是利用一些放射性同位素的 β^- 衰变能来发电。为此，这里先介绍一下 β^- 衰变（beta-decay）的机理。

按照科学家的精确测量结果，1 个中子的质量为 $1.6749286 \times 10^{-27}$ kg，1 个质子的质量为 $1.6726231 \times 10^{-27}$ kg，由此可知，中子质量大于质子质量。

由这个测量结果，按照爱因斯坦质能公式，便可以知道：原子核内的中子能量大于质子能量，根据最低能量原理，（高能态）中子会自发地转变为（低能态）质子。而依照电荷平衡原则，这个转变会释放 1 个电子。现在，更深入的问题是：1 个电子的质量为 $0.000910956 \times 10^{-27}$ kg，即"1 个中子质量"大于"1 个质子质量 ＋ 1 个电子质量"。由此看来，原子核内的中子衰变为质子时，除了会释放出电子以外，还会释放出其他要素，这便是（电子型的）反中微子（antineutrino）以及核衰变能，如图 2.109 所示。

这里，也解释一下 β^- 衰变的本质：在原子核中，能够将中子与质子紧紧地、牢固地结合在一起的力量是强作用力；能够将质子与电子紧固在中子之内的力量，除了电磁力以外，弱作用力更为重要。因此，图 2.51 所示的核裂变与核聚变是电磁力与（原子核内）强作用力相互对抗的结果；β^- 衰变则是衰变能对抗[电磁力＋（中子内的）弱作用力]之结果。

上述原理简言之，就是：在原子核内，质子能量低、中子能量高。原子核内中子衰变为质子的过程就叫作：β^- 衰变。β^- 衰变的规律是：

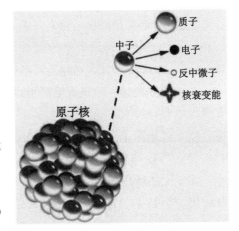

$$_m^n A \longrightarrow _{m+1}^n B + e^- + \nu_{e^-} + E_d \tag{2.12}$$

式中　A——β^- 衰变之前，同位素的化学元素符号；

　　　n——同位素 A 的相对原子质量；

　　　m——同位素 A 的原子序数；

　　　B——衰变产物的化学元素符号；

　　　e^-——电子的符号；

　　　ν_{e^-}——（电子型的）反中微子之符号；

　　　E_d——核衰变能，eV。

图 2.109　β^- 核衰变的机理图

【例 2.3】　氚（氢的同位素）很容易发生核衰变（β^- 衰变，半衰期为 12.43 年），请通过计算与查阅元素周期表来确定其衰变产物。

【解】　由本题中的已知条件：同位素的元素符号 A＝H（氚的元素符号），$n=3$，$m=1$，再按照式（2.12）所示的 β^- 衰变规律，经过计算，得：$n=3$，$m+1=1+1=2$。

查阅元素周期表，可知：原子序数 $m+1=2$ 对应的元素是氦，即同位素 B＝He（氦的符号）。再结合相对原子质量 $n=3$，最后确定：氚发生 β^- 衰变后，其产物是氦-3，即 $_2^3 He$（或写作 $^3 He$）。

微型核电池常用 β^- 衰变放射源的部分资料，如表 2.8 所示。

表 2.8　常用微型核电池的纯 β^- 衰变放射源部分资料

放射性同位素的名称	放射性强度/mCi·μg^{-1}	半衰期/a	平均衰变能/eV
氚（$_1^3 H$）	9.709	12.43	5.7×10^3
碳-14（$_6^{14} C$）	—	5730	—

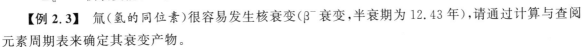

续表 2.8

放射性同位素的名称	放射性强度/mCi·μg^{-1}	半衰期/a	平均衰变能/eV
硫-35($_{16}^{35}$S)	41.667	0.2395	4.9×10^4
钙-45($_{20}^{45}$Ca)	17.763	0.4454	7.7×10^4
镍-63($_{28}^{63}$Ni)	0.056	100.1	1.74×10^4
氪-85($_{36}^{85}$Kr)	0.391	10.756	2.516×10^5
锶-90($_{38}^{90}$Sr)	0.138	28.79	1.958×10^5
钌-106($_{44}^{106}$Ru)	3.300	1.0229	9.3×10^4
钷-147($_{61}^{147}$Pm)	0.943	2.6234	6.2×10^4

注:本表中,单位 mCi·mg^{-1} 读作:毫居每毫克;a 表示:每年。

(2) 核电池的分类

按能量转换机制的不同,核电池共有 9 个类型,它们是:直接充电式、气体电离式、辐生伏打效应转换式、荧光体光电式、热致光电式、温差电式、热离子发射式、电磁辐射转换式以及热机转换式。

这其中,最常用的核电池有三种:第一种是利用热电材料发电的温差电式核电池(thermoelectric battery);第二种是利用爱迪生效应(参见图 2.7)的热离子发射式核电池,或称:热离子核反应堆(thermionic reactor);第三种是利用辐生伏打效应的 β⁻ 伏打微型核电池(betavoltaic microbattery)。

这里所述的第一种核电池既可以做成微型核电池,也可以做成小型核动力装置,被称为同位素热电式发电器(radioisotope thermoelectric enerator,缩写 RTG);第三种核电池则属于上述的微型核电池。以下就来简单介绍一下 RTG 以及第二种核电池(热离子核反应堆)的工作原理。

(3) RTG 与热离子核反应堆

除了上述所用的 β⁻ 衰变以外,α 衰变也有用武之地。α 衰变的本质就是放射性同位素的原子核释放出一个氦-4(⁴He)原子核,其衰变规律如下:

$$_m^n C \longrightarrow {}_{m-2}^{n-4}D + {}_2^4He + E_d \tag{2.13}$$

式中   C——α 衰变之前,同位素的化学元素符号;

n——同位素 C 的相对原子质量;

m——同位素 C 的原子序数;

D——衰变产物的化学元素符号;

E_d——衰变能,eV。

利用 α 衰变能来发电的最典型同位素是钚-238(²³⁸Pu)[依据式(2.13)计算可知,钚-238 的衰变产物是铀-234(²³⁴U)],这是因为,²³⁸Pu 的 α 衰变过程很稳定,即²³⁸Pu 核衰变时会恒定地释放热量。由此,可以制作小型核动力装置。

在航天领域,第一,传统的核动力装置是利用²³⁸Pu 的核衰变能去加热工质 H_2,然后,再利用热电材料(见第 2.2.2 小节)发电(即上述 RTG)。第二,也可以利用磁流体发电技术(参见图 2.6)来发电。第三,现在的航天器还可以选用(性能更优异的)热离子核反应堆(参见图 2.110)来作为动力源[6]。

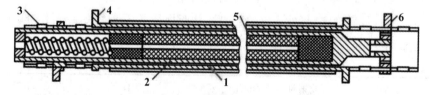

图 2.110   热离子反应堆的结构

1—发射极;2—接收极;3—金属陶瓷密封件;4—发射极电流引出件;5—核燃料;6—接收极电流引出件

热离子核反应堆也是利用²³⁸Pu 核衰变时所产生的热量,但其发电方式却是通过加热金属来发射热电子而发电,参见第 2.1.1.5 中的条目(2)。它的具体工作原理是:金属钨(W)或钼(Mo)被^{238}Pu 释放的核衰变能加热到 1300～2000 ℃后,便会发射出大量电子(为使电子发射更容易,在制造该装置时,先抽真空,再充入铯蒸气),电子通过二极管和外电路就形成了单向电流(直流电)。由于没有运动部件,因此,该核装置小而轻,功率可达 10～1000 kW。

2.2.4.3 利用压电效应发电

在某些电介质的晶格内,原子间的排列方式很特殊,从而会使其材料体内的应力场与电场产生耦合。由此,这些材料便具有压电效应(piezoelectric effect),这些材料便是压电材料。

压电材料既会因受压力而生电,也会因施加电场而变形,这便是压电现象的正、逆效应。

压电正效应:某些电介质在一定的方向上受外力而变形时,内部会产生极化,两个相对的表面也因此呈现相反的电荷(外力撤销后,电荷便随即消失)。

压电逆效应:某些电介质在极化方向上被施加电场后,其材料体便会发生变形,应变大小与电场强度成正比(电场一撤,变形即消失)。

按照材料结构来分类,压电材料共有四类:压电单晶体(通常叫作:压电晶体)、压电多晶体(通常叫作:压电陶瓷)、压电聚合物(俗称:压电塑料)、压电复合材料。

按照形态来分类,压电材料体可分为两类:三维体材料与二维薄膜材料。

按照铁电特性[参见第 2.2.5.3 中的条目(1)]来分类,压电材料共有两类[6]:铁电材料类[钙钛矿结构或钛铁矿结构的 ABO_3 型压电晶体——像 $BaTiO_3$、$PbTiO_3$、$Pb(Zr_{1-x}Ti_x)O_3$、$Na_{0.5}Bi_{0.5}TiO_3$、$KTaO_3$、$LiTaO_3$、$LiIO_3$、$LiNbO_3$ 等的压电晶体;铋层状结构型压电陶瓷——像 $Bi_4Ti_3O_{12}$ 基、$SrBi_4Ti_4O_{15}$ 基、$SrBi_2Nb_2O_5$ 基、$Na_{0.5}Bi_{4.5}Ti_4O_{15}$ 基、Bi_3TiNbO_9 基、Bi_2WO_6 基、Bi_3TiTaO_9 基、$CaBi_4Ti_4O_{15}$ 基、$PbBi_2Nb_2O_9$ 基压电陶瓷等;钨铜矿结构型压电陶瓷或压电晶体——像 Ba_2NaNbO_5 基、$Sr_{1-x}Ba_xNb_2O_6$ 基、$K_3Li_2Nb_5O_{15}$ 基、$Pb_{4x}(Ba,Sr)_{4-4x}(Na_{0.88}Li_{0.12})_2Nb_{10}O_{30}$ 基、$Ba_{2x}Sr_{2-2x}NaNb_5O_{15}$ 基、$Ca_{2x}Sr_{2-2x}NaNb_5O_{15}$ 基、$Mg_{2x}Sr_{2-2x}NaNb_5O_{15}$ 基、$Ba_2AgNb_5O_{15}$ 基的压电陶瓷,$Ba_2NaNb_5O_{15}$ 压电晶体,$K_{1-x}Li_xNbO_3$ 压电晶体等;水溶性压电晶体——像 KH_2PO_4、$(NH_2CH_2COOH)\cdot H_2SO_4$、罗氏盐①等的压电晶体];非铁电材料类(例如,水晶、CdS、CdSe、ZnO、ZnS、ZnTe、CdTe、GaAs、GaSb、InAs、InSb、AlN、$\alpha\text{-}LiIO_3$、$La_3Ga_5SiO_{14}$、$Li_2B_4O_7$、$\alpha\text{-}AlPO_4$、$GaPO_4$、$Bi_{12}GeO_{20}$ 等的压电晶体,一些压电聚合物,一些压电复合材料)。

压电材料有三大特征:第一,必须是电介质(请参考图 2.112);第二,其晶体结构无中心对称性;第三,必须是离子晶体或者是由离子团组成的分子晶体。

压电材料可以用来制造滤波器、谐振器、传感器、放大器、点火器、压电泵、压电驱动器、压电变压器、压电开关、压电键盘、换能器、血压计、呼吸心音测定器以及一些传感器等器件。

上述电子元器件是利用(上述压电材料的)压电效应来产生所需要的或者所探测的电脉冲信号(或者利用通电导致的形变来产生某种特效)。

利用压电正效应来发电,也有一些科研成果,例如,基于 ZnO 纳米线的压电纳米发电机(piezoelectric nanogenerator)。

2.2.4.4 摩擦发电

摩擦生热现象已经是司空见惯,这是由动摩擦引起的能量转换现象,这也说明了摩擦(friction)无处不在。由此,还形成了一门学科,叫作:摩擦学(tribology)。

实质上,动摩擦还与电磁力有关,所以才会存在摩擦生电现象(triboelectricity),当然,摩擦生电也与上述压电正效应有关。摩擦生电也叫作:摩擦起电(electrification by friction),即由动摩擦产生

---

① 罗氏盐又称为罗息盐[Rochelle salt(缩写 RS,Rochelle 为法国城市名)或 Seignette salt(Seignette 为人名),或称:罗谢尔盐],它的化学式为 $NaKC_4H_4O_6\cdot 4H_2O$(酒石酸钾钠)。

了静电,我们对此很熟悉。英语中,"电"这个词实际上就起源于摩擦起电现象被发现,请看这个故事:

英国物理学家吉尔伯特(William Gilbert)在他于 1600 年出版的著作《论磁石》(De Magnete)中提到:当摩擦琥珀时,会有一种看不见的神秘物质转移到琥珀表面,这种神秘的物质可以吸引羽毛等一些轻小的物体。他还发现:除琥珀以外,钻石、蓝宝石和玻璃等物质也都存在这种现象。于是,他便引用希腊语中琥珀(elektron)一词来描述这类神秘物质,并称之为:electricia(类似于琥珀的物质),这便是英语单词 electricity 的来历(汉语译为电)。

当然,本教材所关注的并不是摩擦生电的规律,而是由中国科学家发明的"纳米材料摩擦发电技术",具体是由中国科学院北京纳米能源与系统研究所王中林院士团队在 2012 年发明的。对此,王院士及其主要团队成员还出版了一部专著:《摩擦纳米发电机》(科学出版社,ISBN 9787030517494,2017 年 3 月出版)。

纳米发电机(nanogenerator)属于第 3.1 节中提到的 MEMS 技术(参见码 3.2 中所述)。

纳米发电机主要有三类:(上述的)压电纳米发电机、摩擦纳米发电机以及(以下要提到的)热释电纳米发电机。

摩擦纳米发电机(triboelectric nanogenerator,缩写 TENG)的工作原理就是利用摩擦起电效应与静电感应效应的耦合来把微小的机械能转换为电能,即小能源、大成效、宽应用。

2.2.4.5　利用热释电效应发电

热释电效应(pyroelectric effect)是指:某些电介质的温度升高时,由于自发极化而在材料体表面出现电荷。具有该效应的材料就叫作:热释电材料(pyroelectric material)。

热释电材料实质上是一种特殊的压电材料。其中,热释电特性最强的材料是铁电材料类的热释电材料(注:压电材料包括热释电材料,热释电材料又包括铁电材料,请参考图 2.112),非铁电材料类的热释电材料很少被应用。

从材料的角度来看,热释电材料既有单晶体(通常叫作:热释电晶体),也有多晶体(通常叫作:热释电陶瓷),还有聚合物(俗称:热释电塑料)。

从形态上来分,热释电材料既有三维体材料,也有二维薄膜材料。

迄今,已发现的热释电材料多达 1000 余种。然而,相关的研究结果发现:能够真正满足相关器件要求的热释电材料只有十几种。

常用的热释电材料有:① 钙钛矿结构或钛铁矿结构的 ABO_3 型热释电晶体或者热释电陶瓷——像 $BaTiO_3$、$PbTiO_3$、$Pb[(Mg_{1/3}Nb_{2/3})_{1-x}Ti_x]O_3$、$Pb[(Zn_{1/3}Nb_{2/3})_{1-x}Ti_x]O_3$、$LiNbO_3$、**$LiTaO_3$** 等热释电晶体以及 $Pb(Zr_{1-x}Ti_x)O_3$ 基、$(Pb_{1-x}La_x)(Zr_{1-y}Ti_y)\square_{x/4}O_3$(这里,$\square$ 表示空位)基的热释电陶瓷等;② 正方钨铜矿结构的晶体——像 **$Sr_{1-x}Ba_xNb_2O_6$** 等热释电晶体;③ 水溶性晶体——像 **$(NH_2CH_2COOH)\cdot H_2SO_4$**[①]、$Li_2SO_4\cdot H_2O$、$NaNO_2$ 等热释电晶体;④ 具有热释电效应的聚合物。

热释电材料常用于制作红外光谱仪、红外遥感器、热辐射探测器等测试仪器。

至于利用热释电效应来实现发电的技术,已报道的相关发电设备是热释电纳米发电机(pyroelectric nanogenerator)。

2.2.4.6　声电转换与热声发电

声电转换是指:利用声电转换器(或称:声波换能器)把声能直接转换成电能,特别是可以将环境噪声的震动能量转换为电能,并且还可以短时间储存起来以备用。

声电转换的核心是声电转换材料,最常用的此类材料是压电材料类的声电转换材料,这一类声电转换材料也叫作:压电式声电转换材料。

---

① 1993 年后,该盐的汉语学名是硫酸三甘肽(triglycine sulfide)。另外,在本段中,有三种热释电材料专门用黑体来标注,这是因为这三种热释电材料最为常用。

热声发电是指:先将热量转化为声功输出,声功再去驱动声电转换器来发电。另外,有的学者还提出了热声驱动摩擦纳米发电机的理念,这样,就可以实现热能→声能→电能的能量转换模式。

2.2.4.7 太阳能光化学电池发电

太阳能光化学电池是通过(发生在固/液界面,或发生在溶液中的)化学变化来产生电能。基于此,这种电池也被称为:湿式太阳能电池。

最常用的太阳能光化学电池是光电化学电池,或称:电化学光伏电池。之所以会有"光伏电池"的称谓,这是因为,大多数半导体光伏电池(见第2.2.1小节)是利用p-n结来将光能直接转换为电能。光电化学电池则是通过发生在半导体/电解液界面上的化学反应来产生电能,半导体/液体的界面也叫作:半导体/液体结,或简称为:液结。

2.2.4.8 海水电池发电

海水电池泛指以海水作为电解质的电池。最常用的海水电池属于激发电池(或称为:贮备电池,参见第3.1.2.1)。

海水电池最突出的特点就是不需要携带电解质,这是因为,在它需要电解质的时候,可以用天然海水作为电解液。基于该特点,这种电池在某些场合具有独特的优势,例如,它可作为海上求救信号发射机的电源。内置海水电池的这种求救设备被安装在船舶上。在船舶正常航行或停泊时,由于无电解质,因此,海水电池完全不放电。然而,一旦船舶被淹没或沉没时,海水便会迅速流入海水电池中充当电解液,随即海水电池便发电,于是,求救信号发射机立即自动发射紧急求救信号,等待救援。

2.2.4.9 利用环境中的电磁波发电

在当今世界(尤其是在经济发达地区),由于无线通信的需要,在周围环境中充满着人类五官感受不到的电磁波。

这些电磁波就像空气一样,确实存在但是却不被人们感知。与空气不同的是,空气是拥有质量的物质;电磁波却是无形的能量。

关于周围环境中电磁波能量的利用,可以借助于电磁波的谐振原理,将电磁波的能量转换为电能输出(发电)或者转换为热能助力加热(热源)。

有关第2.2.4小节(其他能源材料发电)的更多资料,如码2.57中所述。

码2.57

2.2.5 非发电能源材料概述

本节(第2.2节)的主题是"能源材料发电技术",其核心是能源材料与发电。

通常来说,凡是参与了能量转换、能量传递与能量储存的材料都属于能源材料。

能量存在的形式很多,除了电能以外,还有磁能、光能、热能、声能、机械能、化学能、生物质能等。这样看来,能源材料的种类就很多了。

第2.2.1~2.2.4小节介绍了能够发电的能源材料,本小节(第2.2.5小节)则简单介绍其他方面一些典型的功能型能源材料,包括:超导材料、磁性材料、介电功能材料、光学功能材料、敏感材料等。这些能源材料尽管不直接发电,但是却与发电、与电能利用密切相关。

2.2.5.1 超导材料

超导材料(superconductive material)是指在一定条件下具有超导性的材料。超导性是指材料的直流电阻值为零,还具有完全抗磁性[①](内部磁感应强度为零,磁通量被排斥在超导体之外)。当然,

---

① 这种抗磁性表现叫作:迈斯纳效应(Meissner effect)。请注意:有些分子结构特殊的非超导材料也会整体显示出抗磁性。另外,请注意,超导体实现超导还有三个条件:低温、外界磁场不太强、通过的电流密度不太高。这三个条件都有各自的临界值,高于临界值,超导材料的超导性便被破坏,迈斯纳效应消失。

根据超导体在磁场中磁化曲线的差异,还分为第一类超导体和第二类超导体。

　　超导材料应用广泛,例如,利用超导线材来无损耗地输送电能以及高效地利用电能、储存电能;在核聚变发电装置中(见第 2.1.7.2),利用超导材料来制作托卡马克装置的核心部件;利用超导体来运行特高速的磁悬浮列车;利用超导材料来制造高级医疗装备与科研设备;利用超导体来探测弱电信号、弱磁信号;利用超导材料来制造特高超运算速度的计算机。

　　迄今,常压下的超导现象还只能在低温条件下呈现。鉴于超导材料的应用极广,因此,能够制备常温超导材料一直是人类的伟大梦想。

2.2.5.2 磁性材料

　　磁性材料(magnetic material)是指能够对磁场做出某种方式反应的材料。

　　在自然界中,磁现象是广泛存在,而且,任何物质在外磁场中,或多或少地都会被磁化。按照物质在外磁场中表现出的磁性强弱,传统上分为五大类磁性物质:反磁性物质(或称:抗磁性物质)、顺磁性物质、铁磁性物质、反铁磁性物质和亚铁磁性物质。

　　大多数物质都是反磁性或顺磁性的,它们对于外磁场的反应较弱(注:弱磁性材料就是由反磁性物质或顺磁性物质组成)。铁磁性物质和亚铁磁性物质却是强磁性物质(注:强磁性材料是由铁磁性物质或亚铁磁性物质组成)。

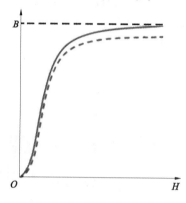

图 2.111　磁性材料的磁化曲线

　　在外加磁场强度 H(单位:A/m)的作用下,磁性材料必然会有相应的磁化强度 M(单位:A/m,读作:安培每米),或者相应的磁感应强度 B(单位:T,读作:特,或特斯拉)。

　　磁性材料的 M-H 曲线(或 B-H 曲线)被称为:磁化曲线,该曲线一般呈非线性(见图 2.111),也会显示出磁饱和现象以及磁滞现象(见图 2.111 以及参考图 2.113)。请注意:磁性材料的任何工作状态都对应着磁化曲线上的某一点,这个点就叫作(磁性材料的)工作点。

　　磁性材料的磁滞回线可以参考图 2.113,由此可得到:

　　磁性材料的常用磁性能参数(见码 2.58)有:饱和磁感应强度 B_s、剩余磁感应强度 B_r、矩形比(B_r/B_s)、矫顽力 H_c、磁导率 μ、居里温度 T_c[①] 以及损耗 P_e。磁性材料有弱磁性材料与强磁性材料之分。只是,人们通常所说的磁性材料往往是指强磁性材料。

　　对于强磁性材料,若按照材料被磁化后再去磁的难易程度来划分,又分为软磁性材料(磁化后,也容易再去掉磁性)与硬磁性材料(磁化后,不容易去磁)。软磁性材料的矫顽力 H_c 小(其 B_r 值也一般较小),硬磁性材料的矫顽力 H_c 大(其 B_r 值也一般较大)。

　　磁性材料在信息储存、电子元器件、能源开发、生物技术、医疗装备、电气与电器、测试与探测、国防与军工、工业与工程、教具与玩具、疗养与养生等方面都有应用,例如,计算机的内存储器、外存储硬盘都是用磁性材料来存储信息。再比如,(高效的)永磁电机、(低损耗的)磁轴承、(核聚变)磁约束装置、核磁共振检测设备都是强磁性材料的应用范例。

2.2.5.3 介电功能材料

　　在外电场作用下会出现极化或极化发生变化的物质被称为电介质(dielectric medium 或

---

　　① 居里温度是指磁性材料等物质的铁磁性(ferromagnetism)与顺磁性(paramagnetism)之转变温度(此时,自发磁化强度为零)。低于居里温度时,此类物质为铁磁体(其磁场较强,很难改变);高于居里温度时,此类物质变为顺磁体(其磁场易随周围磁场的变化而变化),磁敏感度约为 10^{-6}。提示:顺磁性物质内因为有自旋未配对的电子而具有永久磁矩,反磁性(或称:抗磁性,diamagnetism)物质内的电子自旋已配对而无永久磁矩。顺磁性的磁化率通常要比反磁性的磁化率大 1～3 个数量级,所以后者往往被前者所掩盖。

dielectrics)。

电介质的性质随着外界条件的变化而变化的材料就叫作：介电功能材料（dielectric functional material），或简称：介电材料（dielectric material）。

介电功能材料主要包括以下几类：铁电材料、热释电材料、压电材料、电致伸缩材料、电绝缘材料、电容器材料[6]。请注意：关于这几类材料，既有区别，也有关联，例如，铁电材料、热释电材料、压电材料、电介质的范畴隶属关系如图 2.112 所示[12]。

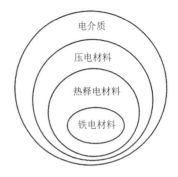

图 2.112　电介质与几种介质材料的关系

（1）铁电材料

关于铁电材料（ferroelectric material），首先要注意的是：铁电材料这个名称与铁元素没有关系。铁电材料是因为"铁电体"与"铁磁体"具有许多平行的类似性质而得名的。

铁电性是指某些材料的晶体在一定的温度范围内会自发极化（spontaneous polarization），而且，自发极化的方向还可以在外电场作用下重新取向（若外电场反向，自发极化随之反向）的性质。具有铁电性的材料叫作：铁电材料。

铁电材料之所以具有铁电性，这是由于它们的晶胞结构使正、负电荷的重心不重合，从而存在着电偶极矩与自发的电极化强度［注：电偶极矩方向排列一致的小区域被称为：电畴（ferroelectric domain）］。至于为什么外电场的作用会使自发极化方向发生改变，这是由于在外电场作用下，自发极化会使材料体表面的电荷重新取向，而且，具有电滞回线（ferroelectric hysteresis loop）[①]，如图 2.113 所示，也存在居里点温度，在该温度以上，会服从居里-外斯定律（Curi-Weiss law）。

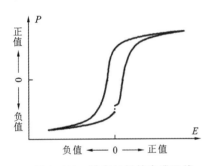

图 2.113　铁电材料的电滞回线

（P 表示电极化强度，单位：c/m²）

（c/m² 读作：库伦每平方米）

（E 表示电场强度，单位：V/m）

（V/m 读作：伏特每米）

从材料的结构来分类，铁电材料既有单晶体（即铁电晶体）、也有多晶体（即铁电陶瓷）。

从形态来分类，铁电材料体既有三维体材料，也有二维薄膜材料。

常用的铁电材料分为以下几类[6]：钙钛矿或钛铁矿结构的ABO₃型铁电晶体（例如，$BaTiO_3$、$PbTiO_3$、$PbZrO_3$、NBT、PMNT、PZNT[②]、$NaNbO_3$、$KNbO_3$、$LiNbO_3$、$LiTaO_3$、一些卤化物铁电晶体等）及其透明铁电陶瓷（例如，PLZT 基铁电陶瓷等）、弛豫体（Relaxor）铁电陶瓷（例如，PMT 基、PNN 基、PZT 基、PST 基[③]的铁电陶瓷等）；铋层状结构型铁电陶瓷［其通式为：$(Bi_2O_2)^{2+}(A_{n-1}B_nO_{3n+1})^{2-}$ 基铁电陶瓷，这里，A＝Bi、Pb、Ba、Sr、Ca、Na、K 以及稀土元素，B＝Ti、Nb、Ta、W、Mo、Fe、Co、Cr 等，$n=1、2、3、4、5$；钨青铜结构型铁电陶瓷（例如，BNN 基、SBN 基、KLN 基[④]的铁电陶瓷等）、焦绿石结构型铁电陶瓷（例如，$Cd_2Nb_2O_7$ 基、$Cd_2Ta_2O_7$ 基、$Pb_2Nb_2O_7$ 基的铁电陶瓷等）、水溶性压电晶体［例如，KH_2PO_4（磷酸二氢钾）、$(NH_2CH_2COOH)\cdot H_2SO_4$（硫酸三甘肽）、$KD_2PO_4$（磷酸二氘钾）、$KH_2AsO_4$、$NaKC_4H_4O_6\cdot 4H_2O$（罗氏盐，见第 2.2.4.3 中的注释）等］。

（2）压电材料与热释电材料

关于压电材料，参见第 2.2.4.3。关于热释电材料，参见第 2.2.4.5。

---

① 若相邻离子联线上的偶极子呈反平行方向排列，则在宏观上其自发强度为零，而且无电滞回线，这类材料便被称为：反铁电材料（anti-ferroelectric material）。

② NBT＝$Na_{1/2}Bi_{1/2}TiO_3$，PMNT＝$Pb[(Mg_{1/3}Nb_{2/3})_{1-x}Ti_x]O_3$，PZNT＝$Pb[(Zn_{1/3}Nb_{2/3})_{1-x}Ti_x]O_3$。

③ PLZT＝$(Pb_{1-x}La_x)(Zr_{1-y}Ti_y)\square_{x/4}O_3$（这里，□表示空位），PMT＝$Pb(Mg_{1-x}Ti_x)O_3$，PNN＝$Pb(Ni_{1/3}Nb_{2/3})O_3$，PZT＝$Pb(Zr_{1-x}Ti_x)O_3$，PST＝$Pb(Sc_{1/2}Ta_{1/2})O_3$。

④ BNN＝$Ba_2NaNb_5O_{15}$，SBN＝$Sr_{1-x}Ba_xNb_2O_6$，KLN＝$K_3Li_2Nb_5O_{15}$。

（3）电致伸缩材料

电致伸缩效应是指：在电场的作用下，材料会产生大小与电场强度的 2 次方成正比的应变。具有电致伸缩效应的材料就叫作：电致伸缩材料（electrostrictive material）。任何电介质或强或弱都具有电致伸缩效应。弛豫体铁电陶瓷、经过电子束辐照过的某些聚合物则具有很强的电致伸缩效应。

（4）电绝缘材料

电绝缘材料（electric insulate material）是指在外电场作用下，其性能基本上不变的材料。电绝缘材料的主要性能指标是电击穿强度。

（5）电容器材料

电容器材料（capacitor material）是高效能电容器的核心材料，其介电常数要大。因电容器具有储电的效能，所以，这类材料也叫作：电介质储能材料，例如，电介质储能陶瓷。

2.2.5.4　光学功能材料

光学功能材料（optical functional material）是指在光学性能方面具有特殊功效的一类材料。

这里，选择几种典型的光学功能材料予以介绍[6]，它们是：电光材料、磁光材料、声光材料、激光材料、光学材料与非线性光学材料、闪烁体材料、X 射线分光材料、光折变晶体。请注意：这几类材料既有区别，也有关联。

（1）电光材料

电光效应是指某些透明物质的折射率会随外加电场变化而改变，从而会呈现光学各向异性现象（例如，双折射），克尔效应（Kerr effect）是电光效应的一种。电光材料（electro-optical material）是指具有电光效应的材料，常用于制造电光调制器、电光开关、光参数放大器等。

常用的电光材料有：水溶性电光晶体[例如，KDP（KH_2PO_4）、DKDP（或缩写为 KD*P，KD_2PO_4，D＝氘）、ADP（$NH_4H_2PO_4$）等]、钙钛矿或钛铁矿等结构的 ABO_3 型电光晶体[例如，$BaTiO_3$、$SrTiO_3$、KTN（$KTa_xNb_{1-x}O_3$）、$KTaO_3$、$LiTaO_3$、$LiNbO_3$ 等单晶体]、AB 型电光晶体（例如，CdS、CdTe、CuBr、Cu_2Cl_2、HgS、GaAs、GaP、ZnS、ZnTe 等单晶体）、钨青铜结构型电光晶体[例如，BNN（$Ba_2NaNb_5O_{15}$）、SBN（$Sr_{1-x}Ba_xNb_2O_6$）、KLN（$K_3Li_2Nb_5O_{15}$）、KLTN（$K_3Li_2Ta_{5x}Nb_{5-5x}O_{15}$ KLTN）等单晶体]以及其他类型的电光晶体。

（2）磁光材料

在磁场或磁矩的作用下，某些物质的电磁特性会发生明显的变化。由此而使这类物质的光传输特性发生变化，这便是磁光效应，法拉第效应（Farady effect，磁致旋光效应）就是磁光效应的一种。磁光材料（magneto-optical material）是指具有磁光效应的材料。它们可用来制造磁光偏转器、磁光传感器、磁光隔离器、磁光信息存储器（或称：磁光记录体）等。

常用的磁光材料有：$YFeO_3$、复合稀土铁石榴石（例如，Bi：TbYbIG、Bi：LaDyIG① 等）、In：BCVIG（BCVIG 表示：铋钙钒铁石榴石）、GGG（钆镓石榴石，$Gd_3Ga_5O_{12}$）等磁光晶体以及 Bi：Garnet（Garnet 表示：石榴石）、Bi：YIG（YIG 表示：钇铁石榴石，$Y_3Fe_5O_{12}$）、Bi：GdYIG（GdYIG 表示：掺杂钆的钇铁石榴石，$Gd_xY_{3-x}Fe_5O_{12}$）、（稀土金属与过渡金属的）非晶合金等磁光薄膜。

（3）声光材料

声光材料（acousto-optical material）是指当声波或超声波对其作用时，其光学特性便会改变②的材料。声光材料常用于制造声光调制器、声光偏转器、声调 Q 开关、声光可调谐滤波器、声表面波器件等声光器件。这些声光器件在光信号处理和集成光通信方面有所应用。

无机声光材料既有单晶体（通常叫作：声光晶体），也有多晶体（通常叫作：声光陶瓷）、非晶体

---

① 这里，Bi：表示掺杂（元素铋），以下该符号表示法的意义类同。另外，IG＝iron garnet（铁石榴石）。

② 声波频率较高时，产生布拉格反射（Bragg reflection）；声波频率较低时，则产生拉曼-纳斯衍射（Raman-Nath diffraction）。

（通常叫作：声光玻璃），还有高分子材料（通常叫作：声光塑料）。

常用的声光晶体有 $Bi_4Ge_3O_{12}$、$HgCl_2$、$HgBr$、$LiNbO_3$、$LiTaO_3$、$PbMoO_4$、$PbWO_4$、TeO_2、Tl_3AsS_4 等单晶体以及一些红外区声光晶体（例如，Ge、Te、GaP、$GaAs$、$\alpha\text{-}HgS$、Tl_3AsS_4、Tl_3AsSe_4 等单晶体）。常用的声光陶瓷有 $PMN\text{-}PbTiO_3$ 系、$PZT^①\text{-}PbTiO_3$ 系等体系的特种陶瓷。常用的声光玻璃有石英玻璃、火石玻璃、硫化合物玻璃、Te 基玻璃以及高砷玻璃（含 $As_{12}Se_{33}Ge_{33}$、As_2S_3、As_2Se_3）等特种玻璃。常用的声光塑料是聚苯乙烯有机玻璃。

（4）激光材料

激光材料（laser material）是指能够产生激光的材料，常用于制造固体激光器。

常用的激光材料有：$Cr^{3+}:Al_2O_3$（红宝石，掺杂铬离子的氧化铝）、$Ti^{3+}:Al_2O_3$（蓝宝石，掺杂钛离子的氧化铝）、$Nd^{3+}:YAG$［$Y_3Al_5O_{12}$ 的缩写是 YAG（yttrium aluminum garnet）］、$Ho^{3+}:YAG$、$Tm^{3+}:YAG$、$Er^{3+}:YAG$、$Nd^{3+}:YAP$（YAP 是 $YAlO_3$ 的缩写）、$Nd^{3+}:YLF$（YLF 是 $YLiF_4$ 的缩写）、$U^{3+}:CaF_2$、$Sm^{2+}:CaF$、$Dy^{3+}:CaF_2$、$Ni^{2+}:MgF_2$、$Co^{2+}:MgF_2$、$V^{2+}:MgF_2$、$Nd^{3+}:(CaF_2\text{-}SrF_2)$（请注意：与 $CaF_2\text{-}SrF_2$ 体系类似的还有：$SrF_2\text{-}YF_3$、$BaF_2\text{-}LaF_2$ 等体系）、$Nd^{3+}:YVO_4$、$Nd^{3+}:GdVO_4$、$LiF:F_2$（这表示 F_2 色心）、$LiF:F_2^+$（这表示 F_2^+ 色心）、$LiF:F_2^-$（这表示 F_2^- 色心）、$Yb^{3+}:FAP$［FAP（fluorapatite）是 $Ca(PO_4)_3F$ 的缩写。注：与之类同的还有 Cs-FAP（这表示 $Yb^{3+}:FAP$ 中的 Ca^{2+} 部分被 Sr^{2+} 取代）、S-FAP（这表示 $Yb^{3+}:FAP$ 中的 Ca^{2+} 全部被 Sr^{2+} 取代）］、$Cr^{3+}:Mg_2SiO_4$、$Cr^{3+}:LiCaAlF_6$、$Cr^{3+}:LiSrAlF_6$、$NdAl_3(BO_3)_4$、$NYAB$［$Nd_xY_{1-x}Al_3(BO_3)_4$ 的缩写是 NYAB］、$Nd^{3+}:GdCOB$［$Ca_4GdO(BO_3)_3$ 的缩写是 GdCOB］等单晶体。

（5）光学材料与非线性光学材料

这里所说的光学材料（optical material）是指一些特殊的光学材料，具体是指具有较宽或特殊的光透过波段，也具有较大折射率、旋光性、偏光性等光学性能指标的材料，例如，CaF_2、MgF_2 等单晶体常用于制作透镜、棱镜；方解石晶体常用于制作偏光镜；氟金云母、TiO_2（金红石）、$\alpha\text{-}SiO_2$（水晶）等单晶体常用于制作仪器或设备的观察窗口，水晶还用于制作波片。

非线性光学材料（nonlinear optical material，缩写为 NLO-material）是指：若光强度较大，光在其内传播时，则会导致与光强度有关的非线性^{②}效应，例如，会产生谐波、电光效应、光混频、参量振荡等效应，这些效应会产生倍频、和频、差频（注：上转换、下转换都属于差频）、光参量放大与振荡等现象。非线性光学材料被广泛用于制造各类激光器件。

常用非线性光学材料有：KDP（KH_2PO_4，磷酸二氢钾）、ADP（$NH_4H_2PO_4$，磷酸二氢铵）、KD^*P（或写为 DKDP，化学式 KD_2PO_4，磷酸二氘钾）、KTP（$KTiPO_4$）、BNN（$Ba_2NaNb_5O_{15}$）、β-BBO（$\beta\text{-}BaB_2O_4$）、LBO（LiB_3O_5）、$\alpha\text{-}LiIO_3$ 等单晶体以及尿素等。

（6）闪烁体材料

闪烁体材料（scintillation material）是指：当其受到高能射线照射时，因为本身特殊的能带结构而会发出荧光。

闪烁体材料通常用于制作放射线的探头、制作车站或码头或机场等交通枢纽的安检设备、制作海关检查的集装箱成像仪，也用于石油探测、放射性矿物探测、医学成像［例如，CT（computed tomography）、PET（positron emission tomography）］，还用于高能物理研究等方面。

闪烁体材料也分有机类和无机类，前者包括：蒽、丙烯酸类、塑料、二甲苯溶液等；后者主要有 $CdWO_4$、$PbWO_4$、$ZnWO_4$、$NaBi(WO_4)_2$、BGO（$Bi_4Ge_3O_{12}$，BGO 的有益掺杂离子包括 Eu^{3+}、Ce^{3+}、Bi^{3+}、La^{3+}、Y^{3+}、Gd^{3+}、Yb^{3+}）、PbF_2、BaF_2、Tl:NaI（掺杂的 Tl 是激活剂，类似的还有 Tl:KI、Tl:

---

① 　$PMN=Pb(Mg_{1/3}Nb_{2/3})O_3$，$PZT=Pb(Zr_{1-x}Ti_x)O_3$。

② 　这里的非线性是指"具有二次方或者以上的函数关系"，所以，非线性光学材料具有二阶或者以上的极化系数。

CsI）、Ce^{3+}:LSO[LSO$=Lu_2SiO_2$，Ce^{3+} 是发光离子。类似的还有 Ce^{3+}:GSO（GSO$=Gd_2SiO_5$），Ce^{3+}:$RE_2Si_2O_7$（这里，RE 表示 Lu^{3+}、Y^{3+}、Gd^{3+} 等稀土元素离子），Ce^{3+}:LuAP（LuAP$=LuAlO_3$）以及 Ce^{3+}:$Lu_x(RE)_{1-x}$AP（这里，RE 表示稀土元素离子）]等单晶体。

（7）X 射线分光材料

X 射线分光材料（X-ray spectral material）是指：当存在（波长与晶体结构的基元间距处于同一个数量级的）电磁波入射时，便会发生衍射，从而形成光栅效应。X 射线分光材料常用于制造 X 射线光谱仪、电子探针等材料测试仪器。

常用的 X 射线分光材料包括：水晶（SiO_2）、LiF、$C_5H_{12}O_4$（季戊四醇）、ADP（ammonium dihydrogen phosphate，$NH_4H_2PO_4$，磷酸二氢铵）等单晶体。

（8）光折变晶体

光折变晶体（photorefractive crystal，缩写 PRC）是指：当微弱的激光照射到其上面时，载流子被激发后便会在其晶格中迁移，并且重新被捕获。这样就会在这种晶体内产生电场，再通过电光效应，则会改变晶体折射率的空间分布，从而形成折射率光栅，其结果是：第一，弱光能够使无法辨认的图像清晰如初；第二，弱激光束与光折变晶体的作用可以产生相位共轭波，它在波矢方向的相对干涉条纹有空间相移，因而会使光束之间实现能量转换，例如，一束弱光和一束强光在该晶体中相互作用会使弱光增强近千倍。上述两个结果都可以用于图像和光信息处理、相位共轭、全息存储、光通信和光计算机神经网络等方面。

常用的光折变晶体是铁电晶体，其材质主要有：$BaTiO_3$（例如，Ce^{3+}:$BaTiO_3$）、$KNbO_3$、$LiNbO_3$、$LiTaO_3$、SBN（$Sr_{1-x}Ba_xNb_2O_6$ 的缩写是 SBN）、KTN（$K_3Li_2Na_5O_{15}$）、$Bi_{12}SiO_{20}$ 等单晶体。

2.2.5.5　敏感材料

码 2.58

敏感材料（sensitive material）是指对于外界因素（力、光、声、电、磁、热、湿、特殊电磁波、气氛、化学成分、生物信息等因素）的变化特别敏感的材料。敏感材料是传感器或控制器的核心材料。

以上简单地介绍了"非发电的能源材料"之概况，至于这方面的更多信息资料，参见码 2.58 中所述。

2.3　生 物 质 发 电

2.3.1　生物质与生物质能

生物质（biomass）是指由生命体的活动所产生的物质。国际能源署（International Energy Agency，缩写 IEA）关于生物质的定义范围要窄一些（仅限于空中、地面附近以及浅水区的生物质，这也是人类可开发利用的生物圈），IEA 给出的生物质定义是：通过光合作用形成的各种有机体（包括所有的动物、植物和微生物及其排泄物）。生物质中的主要成分包括糖类、醛类、酸、醇、酯、苯、酚、胺以及一些无机成分。可开发利用的生物质主要来源于林业资源、农业资源、水产资源、垃圾废料、畜禽粪便。

生物质能（biomass energy）就是指生物质中所含有的能源。对于可开发利用的生物质能，它们在本质上都是太阳能的储存，这是因为大部分生物体的发育与生长过程都来源于植物或者微生物的光合作用。

由于太阳光持续普照地球，光合作用也随之持续进行，因此，生物质能属于可再生能源。另外，将生物质能有效地开发利用并洁净地处理残渣,这也有利于环境的清洁。

2.3.2 生物质能发电技术

生物质能发电技术就是以生物体为工作介质,利用生物质能来发电的技术。关于生物质能发电,在自然界中就有很多的实例,例如,萤火虫、电鳗鱼等。然而,我们更为关注的是人类利用生物质能来发电的那些人为可控技术:第一,燃烧生物质废弃物的火力发电(例如,焚烧可燃垃圾发电、焚烧农业秸秆发电、燃烧动物粪便发电)。在水泥厂,还用窑炉来焚烧可燃废弃物助力烧制水泥熟料,其废气中的热能用于余热发电。第二,通过化工过程将生物质转换为清洁燃料,再燃烧清洁燃料发电。第三,通过微生物将生物质转换为可用燃料(例如,农村制沼气、农作物制醇、微生物产氢),再燃烧这些燃料来发电。第四,果蔬电池发电。第五,直接利用微生物发电。

对于上述这5种生物质能发电技术,第一、二、三种在当前的应用较为广泛;第四种因为发电量太少,主要用于科普活动或趣味教学;第五种现在亦受重视,相关科研活动也较多,这正是以下要介绍的内容。

利用微生物发电也叫作:生化电池发电。生化电池实质上是一种特殊的燃料电池,即生化型燃料电池(或称:生物燃料电池)。它是通过生物的新陈代谢作用以及生化反应来获得电能,其原理是:微生物发酵时,能够强烈地改变氧化还原电位(即增加 H^+ 浓度)。这样,在一定条件下就形成了一个半电池;不接种微生物的另一个容器则为另一个半电池。再通过适当的联接,就构成一个微生物电池。如图 2.114 所示的就是生化电池的两个实例[13]。另外,如果将(能够在光照下制氢的)深红红螺菌置于负极,将蓝藻置于正极,也可以组成一个生化型燃料电池。

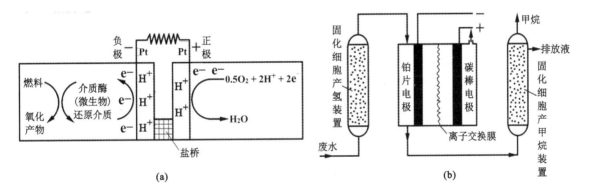

图 2.114 两种生化电池的工作原理

(a) 微生物酶生化电池;(b) 微生物生化电池

图 2.114(a)所示的生物酶生化电池在航天、医疗以及环境治理等领域中有所应用。然而,要使氧化还原酶保持长期的催化活性则较为困难,所以,寻求生物法制备人工酶的新技术就很重要,这会让生物酶生化电池真正成为绿色电池;如图 2.114(b)所示的微生物生化电池则常用于废水的处理。

与燃料电池一样,使生化电池更高效工作的关键在于电催化剂,金属铂(Pt)、金属钯(Pd)是最为优秀的电催化剂,但是,它们都属于贵金属,即其价格昂贵。因此,研制不含贵金属的高性能电催化剂是研究热点。这里所说的"高性能"是指:这些催化剂在酸性溶液中与碱性溶液中都有优异的 HER[①] 催化性能及其较高的稳定性,也无需添加黏结剂。

由非贵金属过渡金属(例如,Ni、V、Mo、Fe、Cr 和 W)组成的众多电催化剂之中,过渡金属碳化物

---

① HER 全称是 hydrogen evolution reaction(氢析出反应)。注:在电化学(或光电化学)领域,电催化的典型电极反应有 4 个:HER、HOR、ORR、OER。其中,HER/HOR 是一对;HOR 全称是 hydrogen oxidation reaction(氢氧化反应);ORR/OER 是一对:ORR 全称是 oxidation-reduction reaction(氧化还原反应),OER 全称是 oxygen evolution reaction(析氧反应)。

(transition metal carbide,缩写 TMC)因其类铂行为而广受关注。这是因为,金属 d 轨道与碳 s 轨道以及 p 轨道的杂化,导致了 TMC 中金属 d 轨道变宽,这样便使其具有类似铂的特征。在众多 TMC 电催化剂中,人们关于 W_2C 和 Mo_2C 的研究较多。相关研究结果表明,需要对 TMC 内部金属电子结构进行优化,才能够使 TMC 的 HER 活性很高。另外,基于密度泛函理论(density functional theory,缩写 DFT)的理论计算结果也验证了功能过渡金属原子(例如,Ni、Co、Fe)的引入对于富集在金属位上的电子有显著影响:这也能够导致 d 带的中心位移下降,从而使氢的结合力减弱,以达到活化 TMC 之目的。然而,当前仍然缺乏一种通用的方法来优化过渡金属原子以活化 TMC。

码 2.59

有关生物质发电的更多信息资料,参见码 2.59 中所述。

2.4　未开发能源概述

正如在本教材第 1 章(绪论)中所述,地球上拥有庞大的能量。但是,在这些庞大能量之中,只有极少的份额才能够开发利用,即自然界中还有数量巨大的能量根本无法开发利用(或者是无法高效地开发利用)。

这里,先就原子核中蕴藏的巨大能量简述之。现在,人类能够可控地和平利用核裂变能,即建造(裂变)核电站。然而,可控地和平利用核聚变能没有实现[人类迄今只是引爆了氢弹(聚变核武器),核聚变发电站还没有建一座]。至于太阳内部发生的核聚变,那是自然核聚变,不属于人类的可控核聚变。关于核衰变能,人们有少量利用。另外,请注意:原子核从激发态返回基态也会释放大量能量(即所谓的"退激发能"),对于这种能量,人类就是在理论上也没有找到它的利用方法。

关于核能之外的能量,地球上也不缺乏,即地球(包括大气层)是一个巨大的能量储库。然而,该储库中的绝大多数能量是无法得到有效利用的。这里只列举 4 个具体实例,它们是:闪电的能量、火山喷发时释放的能量、发生地震时释放的能量以及强风所具有的能量。这些巨大能量都无法得到利用,而且还会给人类社会带来巨大的破坏。

(1)闪电的能量

闪电(lightning)是在地球大气层的对流层中发生的瞬时放电现象。一次闪电形成时,云与地面之间的电压超过 10^8 V,其功率超过 10^{13} W。所以,一旦被击中,所造成的破坏极大。

早在 1752 年,美国历史名人富兰克林[①]就利用风筝线做过引电的实验,从而证实了闪电与人工摩擦生电具有完全相同的性质,即闪电(lightning)的本质就是电(electricity)。

然而,此后人们在闪电利用方面的研发活动并没有取得很大进展,这是因为,尽管闪电属于电能,但是,闪电既不是连续的交流电,也不是连续的直流电,而是极高压的电脉冲,它无法被储存,所以就无法再利用。

当然,人们在这方面的研究并没有停止,例如,中国科学家在引雷试验方面就做了很多工作。但是,这距离有效开发利用闪电中的能量,还很遥远,尚有漫漫的长路要走。

(2)火山爆发时的能量

火山爆发(或称:火山喷发,volcanic eruption)是地球内部所蕴藏的巨大能量在地表上面的一种最强烈的展示。

火山喷发时,火山口的岩浆(magma)中会喷发出大量熔岩(lava),并且伴随着巨大的能量释放,

---

① 本杰明·富兰克林(Benjamin Franklin,1706 —1790)是美国历史上知名的政治家、外交家、物理学家、慈善家、发明家,新闻工作者,英国皇家学会院士。他最早提出了电荷守恒定律,他也做过多项电实验。他发明了避雷针、双焦点眼镜、蛙鞋等。

这给周围的生命栖息地带来了巨大破坏。

火山爆发的喷射物冷却下来后，所形成的物质是火山灰（cinerite，tephros，tephra，trass，volcanic ash）、浮石（pumice，pumex）等物质，它们可以用来制作建筑材料［例如，可用来制作火山灰质水泥（pozzolana cement）］或者一些保温材料等。然而，对于火山喷发时所释放的巨大能量，人们至今也无法直接利用。

（3）发生地震时释放的能量

地震（earthquake）又称为：地动、地震动。地震是地壳在快速释放能量过程中所造成的巨大震动，在地震发生的瞬间也会产生地震波。

引起地震的主要原因是：地壳的相邻板块之间在相互挤压、碰撞后，会造成板块的边沿以及板块内部产生错动和破裂，从而引发巨大的能量释放。然而，这种巨大能量释放来得太快，所以，人类无法直接利用它，甚至也没有办法准确地预测地震的发生时间。

（4）强风的能量

海洋上的强风会形成热带气旋［tropical cyclone，热带风暴（tropical storm）是热带气旋的一种］。强热带气旋主要有三个名称——飓风、台风、旋风[①]。这些海洋上形成的特强风，它们的发生与运行轨迹没有规律。然而，同样是海洋上生成的季风（monsoon）则较有规律。

上述来自海洋的强大风暴不仅风力大，也带来了大量降水。

陆地上也会产生强风（gale，注：6级以上的风叫作：强风），甚至形成龙卷风（tonado）。

码 2.60

强风中蕴含的能量巨大，然而，这些能量却无法得到利用，这是因为，风力发电机不能由强风来发电（强风到来之前，要调节桨距角，让叶片停转，以保护风力机的叶片免受强大风吹力的破坏）。

有关未开发能源方面的更多资料，参见码 2.60 中所述。

2.5　中国电力概述与拓展

本章（第 2 章）的核心是发电，具体的内容是关于各种发电方法的介绍。当然，按照发电规模以及在当今的受重视程度，有的发电方法介绍得详细一些、有的发电方法介绍得简略一些，读者对此会有体会。

关于中国电力，中国在 1949 年以前所建造的发电站或发电厂可以说是星星点点。

码 2.61

新中国成立后，逐渐建立起完整的电力体系。改革开放后，中国电力更是实现了腾飞。21 世纪后，中国电力取得了令世人惊叹的成就，请见码 2.61 中所示。

中国作为社会主义国家，始终坚持着人民利益至上的理念，将全心全意地为人民服务作为一切工作的宗旨，将人民的福祉放在首位。例如，对于民用电，中国政府一直是实行着低电价政策，这有利于广大人民群众生活品质的改善，也有利于国家各项事业的可持续发展。

当前，中国的民用电基础电价平均为 0.59 元/(kW·h)，这也是从广大人民的利益考虑而实行的低电价。纵观世界各国，我国的这个电价是很低的。有人将世界各国的电价都换算为人民币，而且，据此将各国电价划分为高、中、低三个电价区：1 元/(kW·h) 以下为低价区；1～1.5 元/(kW·h) 为中价区；1.5 元/(kW·h) 以上为高价区。

---

① 在北半球，产生于太平洋东部与大西洋及其一些海域的强热带气旋叫作：飓风（hurricane），产生于太平洋西部以及一些海域的强热带气旋叫作：台风（typhoon），产生于印度洋以及一些海域的强热带气旋则叫作：旋风（cyclone）。另外，一些区域还有当地的俗称。

以人们较熟知的一些国家为例。在低价区,按照电价由低到高的次序是:墨西哥、中国、土耳其、韩国、加拿大、匈牙利、美国、冰岛、立陶宛、挪威;在中价区,按照电价由低到高的次序是:爱沙尼亚、波兰、芬兰、斯洛伐克、斯洛文尼亚、捷克、希腊、拉脱维亚、卢森堡、智利、新西兰、瑞士;在高价区,按照电价由低到高的次序是:奥地利、荷兰、日本、澳大利亚、葡萄牙、法国、爱尔兰、西班牙、意大利、比利时、丹麦、德国、英国、瑞典。即当今世界,电价最高的国家是瑞典,大约为 3.3 元/(kW·h)。

另外,据有关资料介绍,现在中国大陆每年的人均电能消耗量在 6000 kW·h 左右,由此可看到我国人民的潜在福利。

电力领域中的四大要素是"源、网、荷、储"。源是指发电(即本章内容);网是指电网输电(参见码 1.12);荷是指用电负荷,各行各业都在用电;储是指储电(本教材第 3.1 节内容)。由此可以推演,在电费构成中,不仅包括发电费用,也包括输电费用、储电费用、电能损失费用以及人工维护的费用与管理费用等,另外,还应当包括环境成本以及生态成本。所以,面对中国的低电价与充足的电能,我们一方面应当怀有感激之情、感恩之心;另一方面,低电价与供电充足绝对不能成为人们随意浪费电能的理由,我们反而更追求节电、低耗与环保的低碳生活。

这就是说,我们每个人在用电时,都自觉或不自觉地与储电技术、与节能减排产生关联,这两部分内容正是本教材以下两章所要介绍的主要内容——第 3 章(能量储存篇)、第 4 章(节能减排篇)。

思 考 题

2.1　按工作介质来分,提供电力的发电方法主要有哪三种?

2.2　流体动力发电技术的根本是什么?

2.3　能源材料发电基本上只能直接产生直流电(只有摩擦发电会产生低频交流电),请问:关于流体动力发电,除了可以直接产生直流电以外,能不能直接产生交流电?

2.4　关于火力发电的效率,它受不受卡诺效率的限制?

2.5　在中国,火力发电机组是不是发电行业的主流?

2.6　对于我国的火力发电厂,最常用的燃料是煤粉,还是燃油,或是天然气?

2.7　燃煤火力发电厂是采用"层燃法"烧煤,还是采用"喷燃法"烧煤?

2.8　燃煤发电厂所用蒸汽轮机的叶片是不是机翼形,为什么?(注:建议先看码 2.3)

2.9　燃煤发电厂所用的蒸汽轮机为什么中间细、两头粗?(注:建议先看码 2.3)

2.10　燃油或燃天然气的火力发电厂是用燃气轮机发电机组来产生电能。这句话对不对?

2.11　涡轮机也叫作:透平机(turbine)。涡轮机工作的本质也就是将流体轴向流动的能量转换为涡轮机旋转的动能。这个说法正确不正确?

2.12　涡轮机属于外燃机,内燃机的工作还需要气缸与火花塞。这个说法对不对?

2.13　压缩天然气的英语缩写是 CNG。这句话对不对?

2.14　可燃冰已经得到了广泛应用。这个说法对不对?

2.15　燃煤发电的两项最先进技术是:第一,超超临界水燃煤发电技术;第二,超临界 CO_2 循环发电技术。这个说法对不对?

2.16　关于磁流体发电技术,在磁场中切割磁感线的是"含有电离成分的流体"。这个说法是否正确?

2.17　热电子发电所用的核心材料是金属材料。这个说法是否正确?

2.18　中国水力发电资源丰富的地区主要在哪些省份?

2.19　水轮机就是用于水力发电的涡轮机。这个说法对不对?

2.20　水力能是不是新能源?水力能是不是可再生能源?水力能是不是清洁能源?

2.21　按照流水道中落差方式的差异,有哪 4 种类型的水电站?

2.22　混流式、轴流式水轮机用于堤坝式或混合式水电站。那么请问:切击式水轮机与斜流式水轮机各适用于哪种情况的水流发电?

2.23　建设水电站大坝,为什么需要低热水泥?除了这一条以外,还有哪些措施可以防止水电站大坝的开裂?

2.24 中国风力发电资源丰富的地区,主要在哪些地方?

2.25 为什么风力发电机的塔架要很高?

2.26 为什么风力发电机的叶片要很长?

2.27 风力发电机的主要材料是玻璃钢,玻璃钢是典型的复合材料。请问:玻璃钢是用什么材料制成的?

3.28 现在的风力发电机叶片越来越长,为此,其核心部分(主梁骨架)需要用到碳纤维材料。请问:碳纤维材料有什么特点?

2.29 风力发电机的发电效率一般是多少?

2.30 风力发电机偏航装置的作用是什么?

2.31 风力发电叶片的桨距角是什么意思?

2.32 风力发电机叶片转得很慢,但是,风力发电机有调速装置。它传统上是用齿轮箱增速后再用发电机发电,现在也直接用永磁发电机发电。这个说法是否正确?

2.33 是不是在任何风力条件下,风力发电机都可以发电?

2.34 从环保与生态的角度来看,在筹建风力发电场时,还需要考虑哪几个方面的影响因素?

2.35 我国已在陆地上建设了很多风力发电场,关于风力发电(业内称之为风电)以后的拓展方向,则是向海上风电、雪山风电发展。请问:这个说法能不能代表中国风电的发展趋势?

2.36 潮汐能中的"潮"与"汐"各有什么含义?

2.37 潮汐能是由什么作用引起的?

2.38 某沿海地区是否适合建设潮汐能发电站,主要应当看哪三个方面的条件?

2.39 双水库型潮汐能发电站与单水库潮汐能发电站相比,有什么优点?

2.40 潮汐能发电所用的水轮机与水力发电所用的水轮机相比,有什么不同?

2.41 海岸线附近有潮汐能,海面上有波浪能。请问:除了这两种与海洋有关的能源以外,还有哪些可以开发利用的海洋能?

2.42 波浪能发电装置的型式很多,若归纳分类,则有哪四类?

2.43 波浪能的发电量是否稳定?

2.44 洋流能的获取装置有哪五大类?

2.45 海洋温差发电是清洁、环保的发电技术,海洋温差能也是可再生能源,但是,这项技术为什么至今也没有得到广泛推广利用?

2.46 海洋中的盐差能发电前景如何?

2.47 关于太阳能的利用,有两个概念需要先弄清楚。请问:什么叫作太阳常数?什么叫作大气质量?

2.48 关于太阳能发电,有哪三类方法?

2.49 关于太阳能热发电,有哪三个方面的技术?

2.50 太阳能聚焦的英文缩写是什么?太阳能聚焦的方法有哪两大类?

2.51 太阳能点聚焦的具体方法有哪些?太阳能线聚焦的方法又有哪些?

2.52 菲涅尔透镜除了具有聚焦功能以外,还有什么应用?

2.53 就太阳能聚焦热发电技术而言,吸热器的作用是什么?

2.54 就太阳能聚焦热发电技术而言,储热系统的作用是什么?

2.55 太阳池热发电技术的应用范围是否广泛?

2.56 太阳能烟囱发电技术的另一个叫法是什么?

2.57 原子核内有几种作用力?

2.58 请先参考教材中的图 2.50 与图 2.51。然后,从原子核结合能的角度来看,哪一个同位素左边的轻元素会发生核聚变,而其右侧的重元素有发生核裂变的可能?

2.59 核武器又叫作:核弹。裂变核武器叫作:原子弹。聚变核武器被称为:氢弹。这两种核武器都已经研制成功,而且,还都有核爆炸的案例。但是,就和平利用核能而言,核裂变发电是不是已经实现了?核聚变发电实现了没有?为什么?

2.60 现在,地球上能够发生链式核裂变的同位素有哪些?

2.61 在核裂变发电技术中,为什么压水堆比沸水堆更安全,更环保?

2.62　核裂变发电技术共有几代？现在,中国的核发电名片华龙一号、国和一号属于第几代核裂变发电技术？华龙一号的小型化装置叫什么？

2.63　中国自主研制的具有固有安全性的超高温气冷堆属于第几代核裂变发电技术？

2.64　在中国甘肃省武威市运行的钍堆是熔盐堆,请问:它属于第几代核裂变发电技术？

2.65　请问:第四代核裂变发电概念堆之一的快中子堆是消耗^{235}U,还是消耗^{238}U？

2.66　为什么快中子堆是增殖堆？快中子增殖堆的英语缩写是什么？

2.67　核裂变发电中的重水堆有什么优点？

2.68　在中国,有没有利用核裂变能在冬季供暖的案例？

2.69　若想实现核聚变发电,人们公认的约束高温等离子体的方法有哪两大类？

2.70　现在,在国家层面或国际合作层面,集中力量攻关的典型核聚变装置有:国际合作的 ITER,欧盟的 JET,中国的 EAST(东方超环)、中国环流三号,美国的 NIF。请问:这几种装置要实现核聚变的话,所使用的两种核燃料是什么？对于这两种核燃料,哪一种在地球上很丰富？哪一种在地球上却极其稀少？

2.71　国际热核反应实验堆(ITER)项目的参与方有七个,这七方具体是指哪七方？

2.72　在 ITER 装置中,七大部分的名称各是什么？

2.73　关于高温等离子体的磁约束,除了托卡马克装置之外,还有其他一些什么装置？

2.74　中子具有放射性,那么质子有没有放射性？

2.75　在 2022 年末,美国有关机构宣布:在 NIF(国家点火装置)上,世界首次实现了能量增益因子 Q 大于 1 的核聚变。请问:能量增益因子 Q 的定义是什么？

2.76　法国的 LMJ 装置与 NIF 装置很类似。请问:中国的激光驱动惯性约束核聚变研究项目叫什么？

2.77　人们通常所说的地热能是指地壳中的浅层地热能,其热源较为复杂,但是,它的来源主要有三个。请问:这三个热源分别是什么？

2.78　可广泛开发利用的地热能有哪两大类？

2.79　拥有地热能资源的大片区域叫作:地热田,共有五种类型的地热田。在我国,哪一种地热田的数量最多？

2.80　中国的干热岩资源是否很丰富？

2.81　蒸气田与热水田相比,哪一种的发电效率更高？

2.82　按照氢源来分类,制氢的方法可分为 4 类,请问是哪 4 类？

2.83　制氢技术很广泛,归纳起来有 10 种制氢技术,请问是哪 10 种？（提示:建议先看码 2.37）

2.84　什么叫作灰氢？什么叫作蓝氢？什么叫作绿氢？什么叫作白氢？

2.85　燃氢动力发电与氢燃料电池相比,哪一个的发电效率更高,也更环保？

2.86　燃氢动力发电与氢燃料电池相比,哪一个要求氢气的纯度更高？

2.87　怎样正确地理解能源材料与新能源材料？

2.88　怎样正确理解能源材料发电技术中的三种能源——光能、热能、化学能？

2.89　能源材料发电的工作介质主要有三类,请问这三类工质(工作介质)是什么？

2.90　半导体与能带理论中带隙这一概念有什么关系？为什么带隙可以理解为禁带宽度？

2.91　怎样正确地理解直接带隙型半导体与间接带隙型半导体？

2.92　什么叫作载流子？半导体中的载流子是什么？电解质中的载流子是什么？

2.93　什么叫作施主掺杂？什么叫作受主掺杂？

2.94　什么叫作多子？什么叫作少子？

2.95　在掺杂半导体中,才会有多子与少子的概念。在本征半导体内,电子与空穴是成对地出现,两者"浓度"相同,所以就不会有多子与少子的概念。请问:这个说法是否正确？

2.96　什么叫作 n 型半导体？什么叫作 p 型半导体？

2.97　在宏观上,怎样判断一个半导体到底是 n 半导体,还是 p 型半导体？

2.98　什么叫作 p-n 结？为什么 p-n 结是单向导电(正向导通、反向截止)？（注:建议先看码 2.39）

2.99　半导体材料的四个特性是什么？（注:建议先看码 2.39）

2.100　从第一代半导体到第四代半导体,半导体的带隙是不是越来越大？（注:建议先看码 2.39）

2.101　半导体材料是否在微电子学中有所应用？半导体材料是否在能源领域有所应用？请各自举例说明。

2.102　三个最典型的光电效应是什么?

2.103　光伏效应中"伏"的科学术语是什么?

2.104　光电子发射效应是属于外光电效应,还是属于内光电效应?

2.105　光电导效应与光伏效应是属于外光电效应,还是属于内光电效应?

2.106　光伏电池是否就是太阳能电池?

2.107　存在于 p-n 结两侧的内建电场是不是自然形成的(即不通电时,也会存在这个内建电场)?

2.108　光生电场的方向与内建电场的方向是相反,还是相同?

2.109　晶体硅的阳面电极为什么要做成梳状(或称:栅线状)?

2.110　光伏电池的阳面上方,需要钢化玻璃的保护。请问:关于光伏电池阳面上的减反射膜,其作用是什么?

2.111　光伏组件也叫作光伏板,请问:光伏板是通过什么联接方式来构成光伏发电阵列?

2.112　什么叫作跟踪式太阳能光伏发电阵列?

2.113　聚光能够提高光伏电池的光电转换效率,对此,常用的两种聚焦方法是什么?

2.114　太阳能光伏发电系统为什么需要逆变器?

2.115　太阳能光伏发电系统为什么需要蓄电池组与阻塞二极管?

2.116　是不是全光谱的太阳辐射能都对于光伏发电有贡献?

2.117　肖克利-奎伊瑟极限的本质是什么?

2.118　太阳能光伏材料主要有哪几类?

2.119　制备晶体硅料时,是先制备冶金级硅料,还是先制备多晶硅料?

2.120　晶体硅料的纯度是用一个数字＋字母 N 来表示,请问:这里的 N 代表什么意思?

2.121　多晶硅锭可以铸造而成,单晶硅锭通常是用什么方法拉制而成?

2.122　非晶硅薄膜中为什么要掺杂氢? S-W 效应是什么作用?

2.123　为什么非晶硅光伏电池需要本征层?

2.124　非晶硅光伏电池的制备工序为什么需要激光切割工序? 通常所用的非晶硅光伏电池是不是叠层结构?

2.125　非晶硅光伏电池是否可以做成柔性电池?

2.126　什么叫作异质结技术? (注:建议先看码 2.44)

2.127　砷化镓系光伏电池与磷化铟系光伏电池主要应用在哪些场合?

2.128　为什么碲化镉、铜铟镓硒等薄膜光伏电池喜欢以玻璃为衬底,从而使得"会发电的玻璃"享誉光伏界?

2.129　敏化纳米晶光伏电池是利用敏化方法来制成窄带隙的半导体材料,这里制成窄带隙半导体的目的是什么?

2.130　钙钛矿光伏电池的优点是什么? 现在,还存在的主要问题是什么?

2.131　什么叫作量子点的"限域效应"?

2.132　量子点光伏电池的优点是什么?

2.133　有机光伏电池的工作原理是什么?

2.134　塑料光伏电池相比于有机小分子光伏电池,有什么优点?

2.135　提高光电转换效率的新成就,主要体现在哪三个方面?

2.136　让光伏电池实现柔性化的成功案例有哪些?

2.137　列举光伏发电的几个应用场景。

2.138　什么叫作"光伏建筑一体化"技术? 这项技术的英语缩写是什么?

2.139　三个热电效应分别是什么效应? 它们之间是否有关联?

2.140　塞贝克效应的最早应用是在什么领域?

2.141　威廉·汤姆森先生后来被尊称为开尔文勋爵,绝对温标就是以此来命名。请问:为什么绝对温标的基准点(绝对零度)为－273.15 ℃? (注:建议先看码 2.54)

2.142　半导体温差发电机主要应用于哪些方面?

2.143　热电材料不仅能够用于发电,还能够用于制冷。请你列举几个用热电材料制冷的实例?

2.144　什么叫作热电材料的优值系数(也叫作:品质因数)?

2.145　什么叫作热电材料的无量纲热电优值? 什么又叫作热电材料的功率因子?

2.146　基于你自己的理解,什么样的材料才能够算得上是优秀的热电材料?

2.147　请你分析一下,为什么电负荷的正极是阳极,电负荷的负极是阴极,但是,直流电源的正极为阴极,直流电源的负极为阳极?

2.148　从电解质的角度来分类,有哪五种燃料电池? 哪两种燃料电池在当前用得最多?

2.149　氢燃料电池通常是什么电解质类型的燃料电池? 什么是这种燃料电池的流场? 什么是这种燃料电池的双极板?

2.150　请你列举几个氢燃料电池的应用案例?

2.151　关于 α 衰变,它的本质是什么? β 衰变的本质又是什么?

2.152　请你计算一下,表 2.8 中各个放射性同位素的衰变产物是什么?

2.153　缩写为 RTG 的装置是利用什么能源材料将核衰变能转换为电能的?

2.154　热离子核反应堆是利用什么效应将核衰变能转换为电能?

2.155　利用压电效应产生电能的是其正效应,还是其逆效应?

2.156　摩擦纳米发电机的英语缩写是什么,它的发电原理是什么?

2.157　热释电材料是否属于压电材料?

2.158　请列举声电转换的几个应用实例。

2.159　为什么太阳能光化学电池也叫作:湿式太阳能电池?

2.160　海水电池在使用前,会不会有自放电现象?

2.161　你见过利用环境中电磁波能量的具体实例吗?

2.162　对于超导材料、磁性材料、介电功能材料、光学功能材料、敏感材料这 5 种非发电的能源材料,请你各列举几个应用实例。

2.163　请你列举几个利用生物质能发电的实例。

2.164　请你认真思考一下,现在人类仍没有开发利用的能源还有哪些?

2.165　请你仔细思考一下,为什么中国电力能够取得如此惊人的成就?

习　题

2.1　请看【例 2.1】,然后对其中的式(2.3)进行求导与求极值点。提示:先求一阶导数,然后令其为零,从而得到极值点。再求二阶导数,用来判断是极大值还是极小值?

2.2　选择任何一项流体动力发电技术的案例,再以此来选择核心主题,再围绕着这个主题,在充分地查阅相关的信息资料后,撰写一篇科技小论文。

2.3　选择任何一项能源材料发电技术的案例,而且由此选择核心主题,再围绕所选主题,在充分地查阅相关的信息资料后,撰写一篇科技小论文。

2.4　任选一个生物质发电的案例,以此为核心来寻找主题,围绕该主题,在充分查阅相关信息资料后,撰写一篇科技小论文。

2.5　任选一个迄今未开发利用的能源作为核心主题,再围绕着该主题,在查阅了足够的信息资料后,撰写一篇探索性的科技小论文。

2.6　围绕着中国电力的历史、现状以及未来,自选题目,在查阅了足够多的信息资料后,撰写一篇相关的评述性小论文。

注:上述小论文的格式要符合国家标准 GB/T 7713.2—2022 中关于学术论文的规范要求,而且重点要有:题名(题目)、摘要(中文、英文)、关键词(中文、英文)、正文、参考文献。另外,参考文献的次序按照引用的先后顺序来排列(正文中也要标注序号),参考文献的格式要符合国家标准 GB/T 7714—2015 的要求。

3　能量储存篇

能量储存叫作:储能。按照储能时长(所储存电能的持续放电工作时间)等要求,储能的应用场景分为四类:容量型(要求不低于 4 h)、能量型(通常要求 1～2 h)、功率型(一般不需超过 30 min)和备用型(要求不低于 15 min)。容量型储能属于"长时储能";其他三类储能属于"短时储能"。

按照用途的不同,储能的应用场合也分为:家用储能、工业储能、交通储能、其他储能。关于储能的更多信息,见码 3.1 中所述。

码 3.1

关于储能的需求、作用及其优点,主要体现以下四个方面:

① 储能是节能的重要方式之一,例如,将暂时不用的多余能量储存起来,待到需要时再使用,便能够提高能源的利用率。

② 储能是能源供给体系中不可缺少的关键环节,例如,电力系统四大要素是:源、网、荷、储。这里,源是指发电环节,网是指输电电网,荷是指用电负荷,储是指储电系统。关于储电系统,第一,它可以节能增效(电网用电低谷时,将富余的电能储存备用;到了用电高峰时,再将储存的电能释放给电网以补能);第二,某些发电方式为了输出稳定可控的电能之所需(例如,风能不稳定,所以要将风力发电量储存后再稳定地向电网输电;受天气、季节与昼夜等因素的影响,太阳能随时间的变化幅度较大,晚上无光照时更是没有太阳照射,因此太阳能发电系统也需要储热或储电后再供给);第三,机车动力源所需(电动汽车需要储电作为动力电源;氢能汽车需要储氢来提供燃料;将轨道机车刹车过程中释放的能量储存后,还可供机车启动后再用。所以,储能技术给交通行业也带来一场革命性的变革)。

③ 储能是现代人类社会的需求,例如,手机、平板电脑、笔记本电脑、照相机、录像机等常用电子设备都需要蓄电池,以确保这些设备能够随时随地工作。

④ 储能还可以应用到更多的场合,比如,航天器要携带储能装置,以供备用。

从广义的角度来看,储能的范围很宽。例如,在物理储能方面,弹簧储能、飞轮储能、重力储能等属于机械储能法;高水位、压缩空气属于流体储能法;莱特瓶、电容器是传统的物理储电器件,(后来发明的)超级电容器是新型物理储电器件;超导电磁能储存技术也是新型物理储电技术;储存热量(物理热与相变热)也是属于物理储能。在化学储能方面,化石燃料(例如,煤、石油、天然气)是远古生物体吸收当时的太阳能之后,储存至今,这叫作燃料储能,当然,现在的生物体也有燃料储能功能(例如,柴薪、秸秆、草木)。在燃料储能方面,人们最重视 H_2 储存(储氢)。但是,请注意:最常用的化学储能法还是电化学储能,例如,化学电池(储电)、"电解铝＋铝制氢"等。

从能源角度来看,在第 1.3.1 小节条目(4)中曾说过:按其本身性质来分类,能源有两种基本的类型——含能体能源与过程性能源。含能体能源由于拥有具体的能源载体,因此,其储存相对容易(例如,煤、柴草、秸秆等燃料只需要堆放即可。油类、燃气类燃料可以放入储罐储存);过程性能源是以动能形式存在,所以需要注入其他载体才能够储存(例如,电流就需要相应的载体才可以储存),故而储存难度相对较大。

本教材是注重储能技术的先进性、实用性与广泛性。因此,经过遴选与归纳后,本章内容(能源储存)便集中在以下三个方面:电能储存(储电技术)、热量储存(储热技术)与氢气储存(储氢技术)。

3.1 储电技术

正如在本教材第1.4节中所述,电能乃是当今应用最广泛的能源。因此,在所有的储能技术中,电能储存最为重要,这通常叫作:储电。储电已经成为当今新型电力系统不可缺少的核心要素。

关于储电技术,可以简单分为两大类方法:物理储电法与化学储电法。

码 3.2

物理储电法包括:流体储电法、超级电容器储电法、机械储电法、超导电磁储电法等。这其中,流体储电法属于动力储电(工程技术范畴,工程质量要求高);超级电容器储电法与超导电磁储电法是属于器件储电(能源材料的范畴,科技含量较高)。机械储电法主要有:飞轮储能发电、重力储能发电[机械工程范畴,对于机加工的精度要求高。现在人们还将机械储能的技术原理拓展到 MEMS[1](见码3.2中所述),例如,微型飞轮电池]。

化学储电法主要是指电化学储电,其中,电池最为常用。从电池的名称来看,它由两个字构成——"电"与"池",这里,电是指电能(electric energy,具体指:直流电);池的含义是储存(storage)[2],所以,电池的本意就是储存电能。此外,人们还将微电子技术应用于电化学储电(也见码3.2中所述),例如,纳米线电化学储能芯片[14]就属于微纳电化学储电器件。

当然,任何事物都是一分为二的。具体到储电,有储存就会有释放。请记住:储电装置接收电能时,被称为:充电(charge);释放电能时,则叫作:放电(discharge)。

综上所述,流体储电法、电化学储电法、超级电容器储电法、其他储电方法(机械储电法、超导电磁储电法)就构成了本节(3.1 储电技术)的四个小节。

3.1.1 流体储电法

流体储电法主要是指"抽水蓄能电站"与"压缩空气储能电站",此外,还有液化空气储能法(或称:液态空气储能法)。

关于这三种流体储电方法,抽水蓄能电站的使用最早、应用最广,技术也很成熟;压缩空气储能法的应用要晚一些,当前正在积极推广中;液化空气储能法应用得少一些。

至于其他类型的流体储能法,在国外有报道,国内鲜有信息。

3.1.1.1 抽水蓄能电站

抽水蓄能电站有两种类型——纯抽水蓄能型水电站与混合式抽水蓄能电站。

抽水蓄能电站能够起到对电网调峰(或称:削峰填谷)的作用,它的立足点是两个水库:上位水库与下位水库,参见(第2章中的)图2.16。

抽水蓄能电站的工作原理参见图3.1所示的鸟瞰图以及(第2章)图2.17所示的原理图,具体就是利用(电网用电谷底时的)富余电能来驱动水轮机组抽水,从而将下位水库中的水提升到上位水库中,这样就可以把富余电能借助于水的势能加以储存;待到用电高峰时,再让上位水库开闸放水,以驱动水轮机组进行水力发电,从而弥补用电高峰时电网的电能不足。

抽水蓄能电站属于重力势能储存,在这方面,水确实是最有效的自然流体。为提高储能效果,还有人研制了密度更大且流动性很好的人造流体,这样,在缺水、坡缓的山丘地区,也能够利用该介质来

---

① MEMS 是微机电系统(或称:微电子机械系统)的缩写,它的全称是 micro-electro-mechanical system。MEMS 通常是指典型尺寸在 100 nm~1 mm 的高科技装置。它与微系统、微纳系统、微机械属于同一类高科技。MEMS 的应用广泛,尤其在电子、医学、工业、交通以及航空航天等领域。

② 在汉字词条中,与"池"在储存方面具有类似含义的字还有"瓶",例如,燃油机车或燃气机车用的蓄电池就叫作:电瓶,甚至还有人将电动机车称为"电瓶车"。

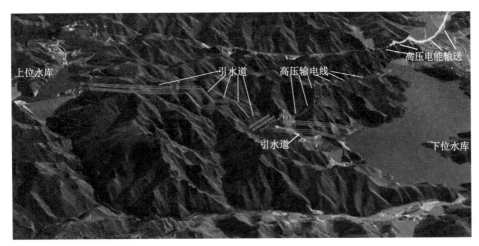

图 3.1 （世界最大的）中国河北丰宁抽水蓄能电站的鸟瞰图

［图片来源：CCTV1 于 2022 年 10 月 6 日播放的节目《征程》(第 19 集 为了地球村)］

建设储能电站(参见以下码 3.3 中的报道)。

3.1.1.2 压缩空气储能电站

压缩空气储能电站是通过压缩空气来储存电网的"弃电"或"谷电"，其本质乃是储存空气的压力势能［参见(第 1 章中的)式(1.10)］。压缩空气储能电站的布局如图 3.2 所示。

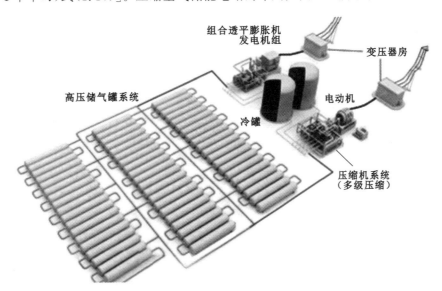

图 3.2 压缩空气储能电站的布局图

(图中的热罐、冷罐都是储热介质的储罐，其作用可参考图 2.47 或图 3.3)

(本图中，左侧的变压器房内在升压；右侧的变压器房内在降压)

(图片来源：CCTV2 于 2021 年 12 月 10 日播放的节目《经济半小时》)

像图 3.2 所示的储能电站是利用(电网不要的)过剩风力发电量与过剩光伏发电量(俗称：弃风、弃光)以及电网用电谷底时的低价电量(俗称：谷电)来驱动电动机转动，继而带动空气压缩机(图中的"多级压缩机系统")运转来压缩空气，这些压缩空气被送入高压储气罐内储存。与此同时，空气被压缩过程中产生的压缩热，也会加热储热介质，再将储热介质送往热罐内储存，即实现储热(关于储热介质，见第 3.2 节，压缩空气储能电站常用水/水蒸气、导热油等这样的中低温储热介质)。请注意，在图 3.2 中，用高压储气罐来储存压缩空气。另外，也可以利用坚固的岩洞或盐穴来储存压缩空气，例如，图 3.3 所示的压缩空气储能电站就是利用地下闲置的盐穴来储存压缩空气。

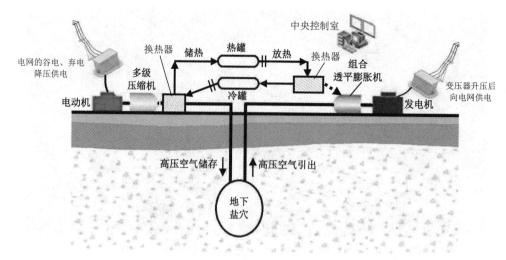

图 3.3　利用地下闲置盐穴的压缩空气储能电站示意图

━━━━▶ 储热介质或常温空气；　┈┈┈▶ 热空气的走向

　　到了电网的用电高峰时,中央控制室便发出指令:停止储能工序运行,启动发电工序运转。于是,再将高压空气从储气装置(高压储气罐、岩洞、盐穴)中引出,然后,送往"组合透平膨胀机"[①],同时,将高温的储热介质从蓄热系统抽出去加热空气,热空气也被送入组合透平膨胀机。如此,在压缩空气的压力势能与热空气的热能之共同作用下,驱动组合透平膨胀机运转,继而再带动发电机的转子转动来发电,以弥补用电高峰时电网对于电能的需求。

　　再到了电网的用电低谷时,中央控制室再发出指令:停止发电工序运转,重新启动储能工序运行,即重复(上上一段中所述的)高压空气储能过程。

　　如此循环往复,便是压缩空气储能电站的工作原理与工作流程。

　　1978 年启动运行的(德国)亨托夫电站是世界第一个商业化运行的压缩空气储能电站(地下盐穴储存压缩空气,为当地核电站服务,当时的输出功率为 290 MW)。早期的压缩空气储能电站,其储能效率较低(例如,亨托夫电站只有 42%),这是因为当时还需要一套补燃设施来补充压缩空气的动力不足,如图 3.4(a)所示,该作法对于节能减排与环境保护都不利。后来,中国科学院工程热物理所、清华大学等单位研发了用储热系统来取代补燃设施的压缩空气储能新技术,如图 3.4(b)、图 3.2 与图 3.3 所示(储存的热量是空气被压缩过程中释放的热量),其储能效率可达 70%以上。

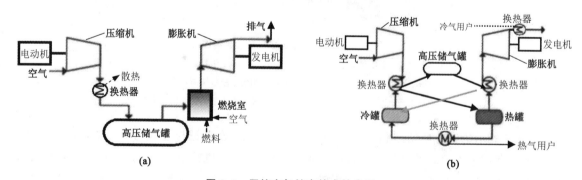

图 3.4　压缩空气储电技术的发展

(a) 补燃型；(b) 储热型

───────────

　　① 英语单词 turbine 在汉语中有两个译法——涡轮机 或 透平机(参见码 2.1 与码 2.6)。所以,这里所说的"透平"是指气轮机,请参考图 2.4 中的燃油气轮机;这里的"组合"是指压缩空气的压力势能与热空气的热能之共同作用;这里的"膨胀"是指压缩空气在压力势能与热能的共同作用下,膨胀做功;这里的"机"是指动力机或原动机。

3.1.1.3 液化空气储能电站

液化空气储能电站也叫作:液态空气储能电站。这种储能电站的工作原理是:

在电网用电低谷时,多余的电能驱动空气压缩机与制冷机运转使空气增压降温至其沸点(在标准大气压下,空气沸点为 81.5 K)以下,直至空气全部液化,然后将其储存于高压储罐中,如图 3.5 所示。当电网处于用电高峰时段时,再打开高压储罐的排气阀来释放液态空气,这些液态空气通过保温管道送往发电车间,在那里气化膨胀做功(被储热介质加热的热空气也会助力做功),以驱动组合透平膨胀机发电机组运转发电,从而补充电网用电高峰时不足的电能。

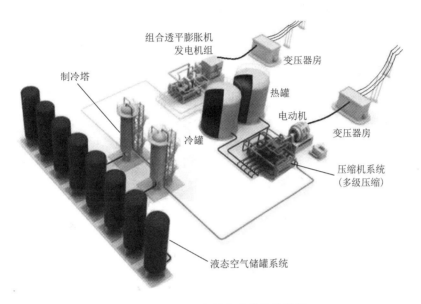

图 3.5 液化空气储能电站的效果图

(图中的热罐、冷罐都是储热介质的储罐,其作用可参考图 2.47 或图 3.3)

(本图中,左侧的变压器房内在升压;右侧的变压器房内在降压)

(图片来源:CCTV2 于 2021 年 12 月 10 日播放的节目《经济半小时》)

有关流体储能技术的更多介绍,参见码 3.3 中所述。

码 3.3

3.1.2 电化学储电法

如前所述,电池一词是由"电"与"池"构成,电是指电能(直流电),池是指储存。所以,从广义上讲,只要符合电池这两个字的含义之一,就可以归类为电池。这就是说,凡是能够通过正极、负极输出直流电的装置(或器件)以及能够"储存电能/释放电能"的装置(或器件)都是广义上的"电池",例如,将太阳能直接转换为电能(正极、负极输出)的光伏电池(第 2.2.1 小节),正极、负极发电却不能储电的燃料电池(第 2.2.3 小节),将放射性同位素的核衰变能转换为电能(正极、负极输出)的核电池(第 2.2.4.2),有正极、负极以及电解质却是用物理方法储电的超级电容器也叫作:物理电池(第 3.1.3 小节),利用机械装置来储能与发电的飞轮电池、重力电池(第 3.1.4.1)等都是广义上的电池。更新型的电池还有量子电池等。

然而,人们通常所说的电池仅指化学电池(也叫作:电化学电池,或称:化学电源,chemical power source)。关于化学电池,除了燃料电池(第 2.2.3 小节)不能储存电能以外,其他类型的电池都能够以化学能的形式来储存电能。当然,也可以将化学能转换为直流电输出。

化学电池正是本小节(第 3.1.2 小节)要介绍的内容。请注意:若不特加指明,以下所介绍的电池均指化学电池。

在英语中,表示电池的单词主要有两个(battery 与 cell):battery 的本意是排炮,最早它是由美国历史名人本杰明·富兰克林借用来表示电池组。然而,在现在英语中,它既可以表示一个电池(例如,一节干电池),也可以表示电池组;cell 只能表示电池单体。所以,由很多 cell 组成的电池组件既可以叫作:电池堆(cell pile)或电池包(battery pack),也可以称为:电池组(battery)。有关物质结构、能源材料与电池方面的更多英语科技术语,参见附录 4。

电池的工作原理是:在电极发生化学反应后,离子(阳离子或阴离子)便会在电池的内部迁移(离子从一个电极穿过电解质与隔膜后到达对面电极),从而实现充电、放电。充电时,先将电池的正负极分别与直流电源的正负极相连,于是,电源通过外电路从电池的正极带走电子(发生氧化反应),也向电池的负极迁移电子(发生还原反应)。放电时,需要先接通外电路,此时,电子迁移方向与充电时刚好相反,即电子从负极通过外电路到达正极,于是,在正极发生还原反应,在负极发生氧化反应。简言之,电池工作原理是发生电极反应,电子在外电路中移动,离子在电解质中透过隔膜迁移。有关电池起源等资料,见码 3.4 中所述。

码 3.4

电池的形状有:柱状、扁平形、扣式、薄形(或膜状)等。电池的组件主要包括:电极[正极(即阴极)、负极(即阳极)[①]]、电解质与隔膜、外壳、封装体与封口剂等。

电极(electrode)一般由活性物质、导电体、端子、添加剂以及黏结剂等组成。活性物质指参加成流反应(电极表面的化学反应)的物质(注:为了加快成流反应,往往还需要电催化剂),对于活性物质的要求是:电化学活性高、自发反应能力强、比容量大、在电解液中的化学稳定性高、电子导电性能好;导电体(或称:导电骨架)会收集成流反应产生的电子,再高效地向外电路传输,例如,蓄电池中的铜箔、铝箔,它们通常叫作 current collector,译作:集流体(注:这里的“集流”是汇集电流之意,“集”表示收集,“流”表示电流;而“体”表示导电体。它们都与流体无关);端子是电极导电体与外电路导体相连接的部件,它确保电池与外部导体紧密接触,以最大限度地降低接触电阻。少量添加剂包括:导电剂、缓蚀剂等;常用的电极黏结剂是 PVA(聚乙烯醇)、PTFE(聚四氟乙烯)、CMC(羧甲基纤维素)等。常见的电极类型有:片状电极、粉末状电极、膜电极和多孔的气体扩散电极[②]等几种。

电解质(electrolyte)必须是离子导体。电解质在电池内部承担着正极、负极之间的离子迁移以及与电子隔离的作用。所以,要求电解质的离子电导率要高(电子导电要绝缘)、化学稳定性要高。另外,电池被贮存期间,电解质与电极活性物质分界面上的电化学反应要慢,以减少电池的自放电损失。对于液态电解质,还需要溶剂以及一些添加剂。

电解质隔膜(separator 或 membrane 或 diaphragm)的作用是防止正极、负极的活性物质直接接触,以避免电池内部短路。对于隔膜的要求是:电绝缘性高、化学稳定性好、有一定的强度、对电解质离子迁移的阻力小,能够阻止电极脱落的活性物质微粒以及枝晶的生长。

液态电解质的隔膜主要有两大类——半透膜(孔径为 $5\sim100$ nm)和微孔膜(孔径大于 10 μm)。半透膜主要有:可再生的高分子膜(例如,水化纤维素膜、有机玻璃纸)、合成的高分子膜(例如,聚乙烯辐射接枝膜、聚乙烯醇膜);微孔膜按照材质不同,也分为两类:有机膜(有机膜还分为“编织物膜”与“非编织物膜”)和无机膜(例如,陶瓷膜、无机编织物膜等)。隔膜的形状主要有:膜状、板状、圆筒状。

固态电解质不需要隔膜,或者说,固态电解质与隔膜合二为一。

电池外壳(shell)也叫作电池容器的“壳体”,对于电池外壳的要求是:强度高、耐震动、耐冲击、耐

---

① 具体原理见图 2.101。请注意:“正极为阴极、负极为阳极”是电池放电时的规律。电池充电时,电池不是电源,而是电负荷,因此规律相反(正极为阳极、负极为阴极)。由于通常是将电池作为直流电源使用,因此才有此规律。

② 气体电极(gas electrode)是指有气体参与成流反应的电极(例如,氢电极、氧电极等)。对于气体电极,气体分子与溶液中相应的离子会在气/液之间的惰性金属上接收电子,从而建立电极反应的平衡。在一些化学实验中,常用(镀有铂黑的)铂片作为气体电极的导电体。后来,随着燃料电池、金属空气电池的不断发展,人们研制了载有电催化剂的气体扩散电极(具体有:双层电极、防水电极、微孔隔膜电极等),这大大拓展了气体电极的应用。

腐蚀、耐温度变化。

电池封口剂（seal matter）的材质有：环氧树脂、沥青、松香等。

如前所述，作为化学电源的电池，它的本意是：将直流电能以化学能的形式储存起来。等到用电时，让电池释放直流电能（放电）。基于此，电池有三种基本类型：激发电池（获得激发信号后才放电，即无自放电现象，可长期存放）、一次电池（只能放电不能充电，电量耗完后便被丢弃）；二次电池（可以反复地充电、放电，其应用最广泛）。

以下就专门介绍这三种电池。至于燃料电池，由于它只能够连续发电，不能储电，因此，本教材将其放在第 2 章中介绍（参见第 2.2.3 小节）。

3.1.2.1 激发电池

激发电池（激活电池）又称为：贮备电池（reserve battery，或称：备用电池）。在贮存期间，其正极、负极的活性物质与电解质不接触（即处于惰性状态），所以，这种电池便没有自放电现象。通常来说，激发电池能够贮存几年甚至几十年的时间。

激发电池只有在获得用户的激发信号后，才会触发执行机构动作（例如，注入电解液、熔化电解质），继而让电解质与两个电极的活性物质接触，从而再放电。具体的激活法有：液体激活、气体激活（例如，第 2.2.4.8 中介绍的海水电池、表 3.1 中所列的镁-空气电池、铝-空气电池）、热激活（例如，让电解质熔化）。

激发电池通常用作（导弹制导器件、心脏起搏器、求救信号发射器的）备用电源。还有，人类发射到其他星球表面的登陆器（例如，中国的玉兔号月球车、祝融号火星车）也都装备有激发电池，以作为（低功率的）短时备用电源。

3.1.2.2 一次电池

上述的激活电池也可以看作是特殊的一次电池（没有自放电现象的一次电池）。

一次电池的电量消耗完以后，便不能再使用（假如强制充电，则有可能着火燃烧，甚至发生爆炸）。关于激发电池与一次电池的更多资料，参见码 3.5 中所述。

码 3.5

一次电池（primary battery）也被译作：原电池，这种电池常用于便携式电器、电子装置、照明装置、信号装置、报警装置与一些小电器等。还有，薄形一次电池可用作计算机 CMOS 电路的记忆贮存电源；大功率的一次电池还在军事、通信、气象等领域有所应用。

一次电池的性能指标主要是容量（单位：mA·h）、电动势（或称：工作电压，单位：V）。

常见的一次电池如下所示：

$(-)Zn \mid NH_4Cl + ZnCl_2 \mid MnO_2(+)$，锌锰干电池①（或称：锌碳电池，亦称：碳性电池）

$(-)Zn \mid KOH \mid MnO_2(+)$，碱性锌锰干电池（或称：碱性电池）

$(-)Zn \mid KOH \mid HgO(+)$，锌汞电池

$(-)Cd \mid KOH \mid HgO(+)$，镉汞电池

$(-)Zn \mid KOH \mid Ag_2O(+)$，锌银电池（中国东方红一号卫星就用锌银电池供电）

$(-)Zn \mid KOH \mid O_2(+)$，碱性锌-空气电池（还有：碱性镁-空气电池、碱性铝-空气电池）

$(-)Li \mid LiClO_4—PC+DME \mid MnO_2(+)$，锂锰电池（锂金属电池的一种）

（注：PC 为碳酸丙烯酯；DME 为 1、2-二甲氧基乙烷）

使用固体电解质的一次电池（例如，银碘电池等）

3.1.2.3 二次电池

二次电池（secondary battery）也叫作：蓄电池（storage battery）。二次电池是可反复充电的电池

---

① 如果一次电池所用的电解质是不流动的糊状电解质（以便于电池被人们携带），这样的一次电池也就叫作：干电池（dry battery）。

(rechargeable battery)，这就是说，二次电池可以反复地充放电来实现很多次的循环使用。二次电池的用途非常广泛，例如，电子电气、工业制造、交通运输、船舶舰艇、航空航天等各行各业以及社会的方方面面都在使用二次电池。

二次电池（尤其是动力电池）的性能指标主要有：比重（单位体积的质量，kg/m^3）、比能量［或称：比能，通常叫作：能量密度，即单位质量或单位体积电池所容纳的电量，单位：$(W \cdot h)/kg$ 或 $(W \cdot h)/m^3$］、比功率（单位质量或单位体积的电池在开始放电的瞬间所输出的功率，单位：W/kg 或 W/m^3）、单体电池的电动势（电压）[①]、倍率性能[②]、安全性、使用寿命（或者循环充放电的次数）、充电速度等。

码 3.6

最早实用化的二次电池是铅酸蓄电池［$(-)Pb \mid H_2SO_4 \mid PbO_2(+)$］（这种电池现在仍有市场，其现代升级版是铅碳电池），其后是镉镍电池［$(-)Cd \mid KOH \mid NiOH(+)$］、铁镍电池（铁替代部分镉），镉镍电池后来又被（优点更多的）氢镍电池［$(-)H_2 \mid KOH \mid NiOH(+)$］取代。再后来，随着锂离子电池的兴起，铅酸蓄电池与氢镍电池虽然没有完全被淘汰，但是，它们的光芒却被锂离子电池所掩盖，参见码 3.6 中所述。

现在，最常用的二次电池是锂离子电池，与之同类的还有：钠离子电池、钾离子电池、镁离子电池、钙离子电池、铝离子电池、锌离子电池、氟离子电池、质子电池等。其他较为热门的二次电池还包括：新型锂金属电池、固态锂离子电池、石墨烯电池、硫系电池（例如，锂硫电池、钠硫电池、铝硫族电池）、金属-空气电池（例如，锂-空气电池、钠-空气电池、钾-空气电池、锌-空气电池）、液流电池、铅碳电池等。以下分别对上述新型二次电池做详略不同的介绍。

（1）锂离子电池

锂是地球中最轻的金属元素，电负性最低［0.98（鲍林标度）］。电负性的全称为：相对电负性，或称：电负度（electronegativity）。对于金属元素，电负性越小，则它的化学活泼性就越高，其标准电极电位越负。Li 的标准电极电位最负（具体为 -3.045 V），即金属锂是最理想的负极材料。由此可知：锂电池的能量密度会很大，所以说：锂电池是最理想的电池。

锂（或氢化锂）与水、与 O_2 都会发生极其剧烈的放热反应。当然，锂与非水的有机电解质也容易发生反应，从而在其表面形成一层钝化膜（这层钝化膜被称为：固态电解质界面膜，solid electrolyte interphase，缩写 SEI）。也正是因为有了 SEI 钝化膜的保护，金属锂才可以在电解质中稳定存在，才能够制成金属锂电池。请注意：这只是对于（作为一次电池的）锂金属电池（lithium metal battery，缩写 LMB）而言。

若将金属锂电池作为二次电池使用，在充电时，新生成的锂原子会重新回到负极，这些新沉积的金属锂，由于其表面没有 SEI 钝化膜的保护，于是，便会与电解质发生反应，并且，锂原子被反应产物所包裹（即失去与负极的电接触）而成为散态锂。更严重的是：这些散态锂还会形成枝晶锂（dendrite lithium），枝晶锂会刺穿隔膜造成电池内部"软短路"，参见图 3.6。电池内部的"软短路"会使得电池局部升温，从而熔化隔膜，最终的结果是"软短路"变成"硬短路"而毁坏电池，甚至使电池爆炸起火。

由此看来，枝晶锂问题似乎使得锂电池"永远不能成为可反复充电的二次电池"。然而，请相信：既然人们发现了问题，就会找到解决该问题的方法。

① **锂离子电池的问世**：1971 年，法国化学家阿尔芒（Michel Armand）发现：锂可以嵌入石墨结构的层间，从而会形成石墨嵌入化合物。1973 年，美国埃克森美孚公司（Exxon Mobil Corporation）的

① 电池放电时为电源，要用"电动势"的概念；电池充电时为电负荷，要用"电压"的概念。当然，在实际用语中，对此不做严格的要求。

② 倍率用 C 来表示，它是指二次电池在给定时间内放出（放电时）或达到（充电时）额定容量（单位：$A \cdot h$）所需要的电流大小（单位：A）。二次电池的倍率性能主要是指它不同电流下的放电性能，例如，容量为 $10 \ A \cdot h$ 的某二次电池，它的 0.1C 倍率性能是指它在电流为 $1 \ A(10 \times 0.1 = 1)$ 时的放电性能，这是一个很低的倍率；而 5C 倍率性能是指它在电流为 $50 \ A(10 \times 5 = 50)$ 时的放电性能，该倍率是属于中高倍率。一般来说，倍率越高，电池能够释放的电量就越少，所以，在高倍率下的输出电量是蓄电池的一个重要指标。

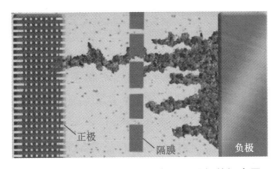

图 3.6 锂金属电池充电时产生枝晶锂的概念图

(图片来源:CCTV10 于 2018 年 10 月 21 日播放的节目《走近科学》物从何处来 电池)

研究员惠廷厄姆(Michael Stanley Whittingham)经过实验证实:具有层状结构的 TiS_2 可在层间实现锂的电化学可逆储存,他以此构建了世界首个可充电的锂电池原型。20 世纪 80 年代,美国材料学家古迪纳夫(John Bannister Goodenough)合成了层间化合物 $LiCoO_2$、$LiMn_2O_4$,Li^+ 能够可逆地脱嵌或嵌入此类化合物的层间。1985 年,日本旭化成工业株式会社的研究员吉野彰(AkiraYoshino)以 $LiCoO_2$ 为正极、石油焦为负极,构建出了世界上第一个锂离子电池原型。1991 年,日本 SONY 公司采用该原型技术,从而推出了世界上第一款面向市场的锂离子电池。有关这段历史的更多介绍,参见码 3.7 中所述。

码 3.7

 与(传统的)其他二次电池相比,锂离子电池的优点是:第一,电极的比容量很高、单体电池的电动势较高;第二,能量密度很高,而且外形设计灵活;第三,循环充放电寿命长;第四,自放电率小;第五,没有(镍镉电池、镍铁电池、镍氢电池等镍基电池具有的)记忆效应[①],放电速率可变(可以按需要随时放电,而不会降低电池性能);第六,无有害物质排放。

 ② **锂离子电池的工作原理**:以图 3.7 为例,作为二次电池的锂电池在充电时,因受电源的驱动,正极活性物质中的部分 Li^+ 脱离 $LiCoO_2$ 晶格,再穿过电解液到达负极,Li^+ 在负极获得电子后变为 Li,锂原子嵌入负极石墨的晶格层间,即生成 Li_xC(通常,$x<0.17$);电子通过外电路到达负极与 Li^+ 复合。反之,放电时,负极材料 Li_xC 中的 Li^+ 会脱嵌,再经过电解液返回正极;电子则通过外电路返回正极与 Li^+ 复合(电子通过外电路返回时,会对外做功)。如此反复地充电与放电,便会循环重复上述两个过程。显然,在这种锂电池的工作中起重要作用的是 Li^+ 的往复迁移,所以称其为:锂离子电池(lithium ion battery,缩写 LIB)。

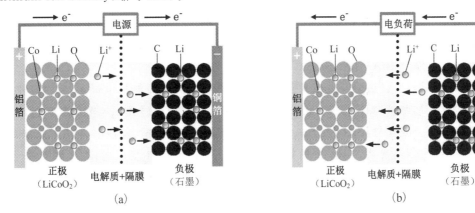

图 3.7 (最早一款)锂离子电池的工作原理

(a) 充电过程;(b) 放电过程

---

 ① 镍基电池在某容量段反复地充放电,就会使电池内产生部分结晶物(结晶便失去活性)而暂时减少电池容量。这就好像电池记住了以前的充电量,所以叫"记忆效应"。该效应对于电池用户而言是很烦恼的事。

　　在国外,法国化学家阿尔芒形象地将"Li^+在正极中与负极中反复地嵌入或脱嵌,从而完成循环充电、放电的过程"比拟为:摇椅式机制(rocking-chair mechanism)。

　　在国内,还有更为通俗的类比,有人将Li^+在锂离子电池正极、负极中的重复嵌入与脱嵌以及在电解液中的往返移动过程比拟为"很多鸡蛋在两个容器之间来回搬运"。为了避免鸡蛋壳破损,便将这两个容器都设计成多层,而且,每一层都有一个一个盛装鸡蛋的小窝,参见图3.8(该图的上半部分比拟充电过程;该图的下半部分则比拟放电过程)。

　　借助于该图,可以更容易地理解Li^+在锂离子电池中能够安全地反复迁移这一基本原理。

　　③ **锂离子电池的结构展示**:这里,以手机用的锂离子电池为例,简单地展示锂离子电池的基本构造,具体如图3.9所示(该图中的电极端子也叫作:极耳)。

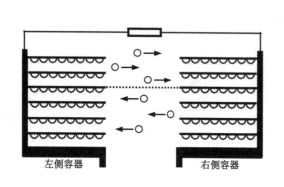

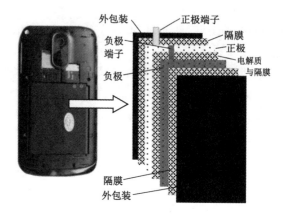

图3.8　锂离子在两个电极之间安全迁移的比拟图　　　　**图3.9　手机用锂离子电池的结构**

　　请注意:图3.9所示的电池结构是小型电子装置所用锂离子电池的常见结构。如果是大功率的动力电池,则电池形状各异(既有与图3.9类似的电池结构,也有其他更多类型的电池结构),而且,还需要大量锂离子电池的串联/并联。

　　④ **锂离子电池核心材料概述**:化学电池的核心材料是:正极材料、负极材料、电解质材料、隔膜材料。影响电池性能的关键因素主要就是这些核心材料。

　　正极材料(阴极材料):已被研究过或者已应用的锂离子电池正极材料有很多[6],在这其中,较为典型的正极材料主要包括:$LiCoO_2$、$LiMn_2O_4$、Li_2MnO_3、$Li(Ni_x Li_{1/3-2x/3} Mn_{2/3-x/3})O_2$、$Li(Ni_x Mn_y Co_{1-x-y})O_2$、$Li(Ni_x Al_y Co_{1-x-y})O_2$、$LiNi_{1-x}Ti_{x/2}Mg_{x/2}O_2$、$Li_2MSiO_4$(M=Fe、Mn)、$NaMF_3$(M=Fe、Mn、Ni)、$V_2O_5$系、$LiV_3O_8$、$Li_3V_2(PO_4)_3$、$LiVPO_4F$、$Li_xMoO_3$、$Li_2TiF_6$、$LiFeTiO_4$、$LiFePO_4$以及其他的复合磷酸盐体系、一些复合氧化物体系、一些导电聚合物和一些有机物(尤其是有机硫化物),等。另注:无论是正极或负极,其最主要的性能指标就是比容量①(或称:电流密度),单位:(A·h)/kg[等价于(mA·h)/g]。

　　负极材料(阳极材料):已被研究过或者已应用的锂离子电池负极材料也很多[6],这其中,较为典型的主要有:金属类(包括:$LiAlFe$、$LiPb$、$LiAl$、$LiSn$、$LiIn$、$LiBi$、$LiZn$、$LiCd$、$LiAlB$、$LiSi$等含锂合金;一些不含锂的纳米合金复合材料;$SnSb$、$Sn_{0.88}Sb$、$SnFe/SnFeC$、Cu_6Sn_5、Ni_3Sn_2等纳米级金属间化合物;金属锂)、碳基类(包括:硬碳、石墨、中间碳微珠、碳纤维、石油焦、不定形碳、有机裂解碳,等)、氧化物类(包括:$LiWO_2$、$Li_6Fe_2O_3$、$LiNd_2O_5$、$Li_4Ti_5O_{12}$等)、硅质类(例如,纳米硅材料)、其他类(例如,$Li_{3-x}M_x$,这里,M=Co、Ni、Mn、Fe;Mg_2Ge;$Li_{1+x}M_{1-3x}Ti_{1+2x}O_4$,这里,M=Fe、Ni、C,$x$=0.2、0.33)。

　　电解质材料:锂离子电池的电解质有液态(电解液)与固态之分,前者是包括:高温熔融盐类、有机溶剂类、有机盐类、离子液体类、聚合物类;后者则包括:无机类、聚合物类等。

---

　　① 电池电极(正极或负极)的比容量是指:每1g反应物发生氧化反应或还原反应以后,所产生的电量,或称为:电极的电流密度,其常用单位是(mA·h)/g,该单位等价于(A·h)/kg。注:1 mA·h=3.6C。比容量的理论值可以用法拉第定律计算获得。

隔膜材料:锂离子电池所用的隔膜材料主要有三大类:一是聚合物类(高分子材料);二是纳米纤维材料(高科技材料);三是陶瓷类(无机非金属材料)。

⑤ **关于锂离子电池正极材料的探讨**:以上已述,世界上首款实用型的锂离子电池是由日本SONY公司推出,这款锂离子电池所用的正极材料是钴酸锂($LiCoO_2$)。

在此之后,锂离子电池正极材料的研发更新很快。经过长期的科技研发、技术竞争与优胜劣汰,锂离子电池正极材料的发展道路主要形成了两条技术路线:一是三元(ternary)正极材料;二是磷酸铁锂($LiFePO_4$)正极材料。这两者相比的话,三元电池[①]的能量密度高、单体电池的电动势(或称:工作电压)高;但是,在安全性方面,磷酸铁锂电池的表现更好。

锂离子电池的三元正极材料主要有两种:NCM 与 NCA。NCM 是 $Li(Ni_xMn_yCo_{1-x-y})O_2$ 的缩写(即镍钴锰固溶体的锂盐);NCA 则是 $Li(Ni_xCo_yAl_{1-x-y})O_2$ 的缩写(即镍钴铝固溶体的锂盐)。

NCM 三元正极材料起源于美国材料学家古迪纳夫最早研发的两种(锂离子电池)正极材料——钴酸锂($LiCoO_2$)、锰酸锂($LiMn_2O_4$)。$LiCoO_2$ 也可以提高正极材料的比容量很大,即钴酸锂电池的比能量很高,但是,$LiCoO_2$ 的热稳定性较差。$LiMn_2O_4$ 的热稳定性要好一些,但是在高温时,锰容易被电解质溶解。基于此,人们便向 $LiCoO_2$ 中添加了镍、锰以及一些非过渡金属元素来形成固溶体,最典型的就是 $Li(Ni_xMn_yCo_{1-x-y})O_2$,这便是 NCM。对于 NCM 三元正极材料,较高的镍含量会显著提高正极的比容量以及工作电压的上限,这有利于锂离子电池的快充快放,也是大功率设备工作时所希望的。然而,较高的镍含量会使上述三元正极材料的结构不稳定,这很容易引起锂离子电池的起火爆炸。为此,人们一直在研究解决该问题。随着这方面的科研成果增多以及相关技术提升,镍在三元正极材料中的含量逐渐上升(中镍、中高镍到高镍),高镍电池的能量密度很高。在这里,有必要提醒注意:由于镍酸锂的电子结构、磁性结构和局部结构还存在着很大的争议,因此,纯的镍酸锂不适合用作锂离子电池的正极材料。

NCA 三元正极材料的本质是用元素铝(Al)取代 NCM 中的元素锰(Mn)。一般来说,在锂离子电池的三元正极材料中,钴(Co)、镍(Ni)、锰(Mn)、铝(Al)这四种元素的作用分别是:Co 能够稳定三元正极材料的层状结构,同时会提高正极材料的循环性能和倍率性能;Ni 能够提高三元正极材料的体积比容量;Mn 能够降低三元正极材料的成本,正极材料的安全性和结构稳定性;Al 可以抑制三元正极材料在高脱锂状态下会出现的结构塌陷问题。NCA 在国外的研究与应用较多,在国内,当前以NCM 路线为主。但是,也不排除将来 NCM 和 NCA 会共同发展。

关于上述三元正极材料,最后还要指出:由于 ^{57}Co、^{58}Co、^{60}Co 具有的放射性对于人体与环境有危害。因此,人们希望降低钴含量(甚至用无钴电池,例如,镍锰酸锂电池)。

磷酸铁锂电池(或称:锂铁电池,缩写 LFP)是以磷酸铁锂($LiFePO_4$)为正极,石墨为负极。这种电池的安全性好、充放电循环寿命长。然而,其能量密度略逊于三元锂电池,而且,在高温性能、低温性能、倍率特性等方面,磷酸铁锂电池相比于三元锂电池也有差距。

磷酸铁锂电池的充放电反应是在 $LiFePO_4$ 和 $FePO_4$ 之间进行的:充电时,$LiFePO_4$ 逐渐脱离出 Li^+ 从而形成 $FePO_4$;放电时,Li^+ 嵌入 $FePO_4$ 晶格中又形成 $LiFePO_4$。

磷酸铁锂电池既是锂离子电池,也属于铁电池。另一种典型的铁电池是高铁电池(注:这里的高铁是指高价铁 Fe^{6+})。高铁电池的正极用 K_2FeO_4 或 $BaFeO_4$(这两种材料中都含有 Fe^{6+});负极用 Fe(或 Al、Zn、Cd、Mg);电解质通常使用 KOH 溶液(如果用有机电解液,则负极可以用 Li)。高铁电池的能量密度较大、成本较低、放电曲线平坦、充放电循环寿命很长。

---

① 人们常以锂离子电池的电极材料或电解质性质或形状特点,给锂离子电池直接赋名:以电极材料为例,有(正极材料的)钴酸锂电池、锰酸锂电池、三元锂电池、高镍三元锂电池、磷酸铁锂电池以及(负极材料的)钛酸锂电池等。在码 3.8 中,也有针对这个问题的更多实例。

⑥ **关于锂离子电池负极材料的探讨**：日本 SONY 公司 1991 年推出的世界首款锂离子电池的负极材料是石墨。石墨属于碳素类的负极材料,现在仍在广泛应用。除了石墨以外,钛酸锂负极材料也得到较多应用(被称为:钛酸锂电池)。而且,其他一些能够显著提高负极性能的(锂离子电池)负极材料也不断地被人们挖掘或研制出来,从而使锂离子电池的相关性能指标获得显著提高,在这方面的典型代表有:纳米硅材料、金属锂(即"掺硅补锂"是锂离子电池负极材料的一个发展方向)。

硅负极的理论比容量很高。然而,电池充放电过程中,硅负极的膨胀严重,所以就需要纳米硅这样的高科技。纳米硅负极材料包括:硅纳米粉(缩写 Si-NP,NP＝nanoparticle)、硅纳米线[14](缩写 Si-NW,NW＝nanowire)和硅碳纳米复合材料,前两种材料叫作:硅负极材料,第三种被称为:硅碳负极材料。无论是硅负极还是硅碳负极,它们的首次可逆比容量都比石墨负极有数倍的增加。这是真正体现了高科技成果的重要性。

就锂离子电池而言,金属锂原本应该是理想的负极材料,这是因为在充电过程中,当 Li^+ 获得从外电路来的电子而成为 Li 后,若沉积在同质晶格中,其效率会很高(可逆比容量很大)。然而,因存在如图 3.6 中所示的枝晶锂,这就导致金属锂不能用作锂离子电池的负极材料。由此看来,如果锂离子电池充电过程中能够抑制负极形成枝晶锂(例如,使用固态电解质),就可以使用金属锂来作为负极材料,这种锂离子电池被称为:新型锂金属电池①(lithium metal secondary battery)。

⑦ **关于集流体的探讨**：就电子导电性而言,除了超导材料(参见第 2.2.5.1)以外,金属银最佳,其次是金属铜②、金属铝。然而,银的价格高,所以,对于有大批量需求的锂离子电池,为了降低成本,其电极集流体普遍选用铜箔或铝箔。

通常来说,锂离子电池的正极集流体为铝箔,负极集流体是铜箔。这是因为,尽管在导电性方面铜优于铝,但是铜在高电位时容易被氧化,所以铜箔适合用作负极集流体;铝的情况则刚好相反:如果选用铝箔作为负极集流体,则腐蚀问题较为严重,即铝箔适合作为正极集流体。此外,还请注意:集流体不仅是电极的优良电子导电体,它也是电极活性物质的载体。所以,制造锂离子电池时,正极的活性物质被涂覆在铝箔上,负极的活性物质被涂覆在铜箔上。

⑧ **关于电解质及其隔膜的探讨**：电解质要具有很高的离子导电性,但是,电解质对于电子导电则要绝缘。日本 SONY 公司在 1991 年推出的世界第一款锂离子电池,其电解质是含锂盐的有机溶剂,这种电解质现在也较为常用。显然,这是一种液态电解质。

关于锂离子电池的液态电解质,除了有机溶剂电解液之外,还包括:高温熔融盐电解液、有机盐类电解液、离子液体电解液、聚合物电解液。现在,水性电解液也是一个研究热点。

液态电解质锂离子电池存在一定的安全风险,这是其一个大缺点;在低温时,电池的性能会急剧变差也是液态电解质锂离子电池的较大缺陷。为此,人们正在竞相研发固态电解质,这也是新一代锂离子电池的关键技术之一。

使用固态电解质的锂离子电池,不仅其安全性能高,循环使用寿命也大大延长,而且,因电极材料得到了优化,其能量密度也大大地提高,例如,从理论上讲,液态电解质锂离子电池的能量密度很高,然而,对于实际使用的液态电解质锂离子电池,其能量密度最高为 220～500(W·h)/kg;固态电解质锂离子电池的能量密度普遍能够达到 400(W·h)/kg 以上,甚至超过 600(W·h)/kg。

从材料与化学的角度来说,固态电解质主要有三大类:聚合物类、氧化物类、化合物类(这里说的化合物主要是指:卤化物、硫化物)。当然,研发固态电解质的难度很大。为此,人们先从凝胶电解质起步,以开发半固态电解质或准固态电解质为过渡。一般来说,在固态电解质中,如果液体电解质的

---

① 这种电池也叫作:金属锂二次电池。除了可利用固态电解质制取这种电池以外,也有的研究证实:合适的高容量正极材料与合适的有机电解液也能够实现充电时锂负极表面无枝晶锂。

② 中车研究院与上海交通大学相关科研团队联合研发了超级铜,这种新材料的导电性能比银还要高出 10% 左右。这种优质的导电材料是利用石墨烯与铜相结合的技术制备而成。

质量百分比在5%～10%之间,就叫作:半固态电解质;若液体电解质的质量百分比小于5%,则称为:准固态电解质(或称:类固态电解质);不含任何液体电解质的固态电解质也就是全固态电解质(all-solid-state electrolyte),参见图3.10。

隔膜是防止两个电极的活性物质通过电解质相接触(即防止电池内部短路)。液态电解质的隔膜要能够耐电解液的腐蚀,而且,浸润性要好、吸液保湿性要强、力学强度要高、厚度要薄、热稳定性要高、有异常时的自动保护性能要好。请注意:固态电解质不需要隔膜,或者说,固态电解质与隔膜合二为一。

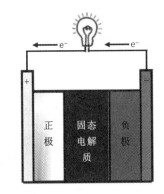

图3.10　全固态电池的示意图
(本图注重原理介绍而未按比例绘制)
(实际的固体电解质很薄)

⑨ 锂离子电池新技术简述:如上所述,锂离子电池问世于20世纪90年代。此后,锂离子电池在各行各业中得到了广泛应用,而且,这方面的研发活动也成为科研"热点",尤其是锂离子电池核心材料方面的研发。

有关锂离子电池核心材料创新的探讨,已经在上述的条目⑤～⑧中有所体现。这里,关于锂离子电池的新技术,只是简单介绍(21世纪新材料之王)石墨烯对于锂离子电池的助力作用。至于这方面的更多信息资料,可参阅以下码3.8中所述。

在电池材料遇到发展"瓶颈"或者电池材料性能到达"天花板"时,石墨烯能够以超强的导电性、导热性以及良好的柔韧性为锂离子电池"加油助推"。因石墨烯的助力从而提高了性能的蓄电池便被称为:石墨烯电池(graphene cell),例如,利用三维连通的石墨烯网络(取代铝箔、铜箔)作为锂离子电池的集流体;再比如,用特殊工艺制备出含石墨烯的活性复合材料来作为电极材料(正极材料、负极材料)。另外,请注意:第一,石墨烯电池需要配备专用充电器。第二,单体电池的性能提高与(串、并联)电池组的性能提高还是有区别的,具体效果还需要经过实践的检验。

码3.8

在国内,相关单位(科研院所、高等学校以及公司企业)正在积极地研发石墨烯电池方面的技术,而且,有一些单位已经在这方面取得了显著成就。

有关锂离子电池的更多资料,参见码3.8中所述。

(2) 其他元素离子电池

其他元素离子电池主要包括:钠离子电池、钾离子电池、镁离子电池、钙离子电池、铝离子电池、锌离子电池、铁离子电池、氟离子电池、质子电池等。在这些电池中,现在真正实现市场化的主要是钠离子电池(sodium-ion battery,缩写SIB),它被评为2022年度化学领域十大新兴技术之一,而且,中国企业在钠离子电池制造技术方面位于世界领先地位(参见图3.11)。

基于以上所述,这里仅以钠离子电池为例,简单地介绍一下它与锂离子电池的异同。

钠离子电池的工作原理与锂离子电池基本相同(请参考图3.7)。然而,在电池的核心材料方面,钠离子电池与锂离子电池还是有一些区别,对此,简述如下:

(a) 正极材料

如上所述,锂离子电池的正极材料已基本定型(主要是三元材料或磷酸铁锂)。然而,当前可用的钠离子电池正极材料多达100余种。当然,其主流技术路线只有三种:层状过渡金属氧化物、普鲁士蓝类化合物和聚阴离子化合物。

层状过渡金属氧化物正极材料:这里所说的氧化物实质上是含氧的盐类。层状过渡金属氧化物的化学通式为Na_xMO_2,这里,M＝Mn、Ni、Cr、Fe、Ti、V等过渡金属元素或它们的复合体。这一类正极材料的比容量很高,也易于加工与量产。这类正极材料又分为4种类型:单金属型、二元金属型、三元金属型和多元金属型。在合成这类正极材料以及制成电池正极方面,与锂离子电池的正极材料

图 3.11　宁德时代电池生产线正在生产出高能量密度的钠离子电池产品

(图片来源:CCTV2 于 2023 年 7 月 24 日播放的节目《栋梁之材(第 5 集 随源开智)》)

相类似,例如,单层金属型类似于 $LiCoO_2$,然而,它的结构不稳定。因此,就需要掺入更多元素的二元金属型、三元金属型、多元金属型,这样才会具有较高的可逆容量、较长的循环使用寿命。当然,随着组分增多,正极材料的成本也随之增大。

普鲁士蓝类化合物正极材料:普鲁士蓝(Prussian blue)是性能优良的无机涂料(它还有其他的称呼:柏林蓝、中国蓝、贡蓝、铁蓝),学名:亚铁氰酸铁,即 $Fe[Fe(CN)_6]_3$。但是,这里说的普鲁士蓝类化合物实质上是过渡金属六氰基铁酸盐,其化学通式为 $Na_x M_a[M_b(CN)_6]$,式中,$M_a = Fe、Co、Mn、Ni、Cu;M_b = Fe$ 或 Mn(注:普鲁士白类化学物也属于此盐类,只是钠含量更高)。$Na_x M_a[M_b(CN)_6]$ 晶体具有开放的框架结构,这有利于钠离子的快速迁移,氧化还原的活性位点也较多,所以这种正极材料具有较高的理论比容量,结构稳定性也较强。然而,该晶体骨架中却存在较多空位和大量结晶水,这会削弱正极材料的实际比容量以及库仑效率[①],继而影响钠离子电池的稳定性和循环充放电性能。这些缺点需要通过相关的技术研发来弥补,例如,采用纳米结构、表面包覆、金属元素掺杂的改进型合成工艺来减少空位以及配位水。另外,在电池生产线上也要有除水工艺。

聚阴离子类化合物正极材料:这里所说的化合物也是指盐类。聚阴离子类化合物的化学通式是 $Na_x M_y[(XO_m)_{n-}]_z$,这里,M 为可变价态的金属元素,例如,M = Fe、V 等元素;X = P、S 等元素。$Na_x M_y[(XO_m)_{n-}]_z$ 晶体具有三维网络结构,这种结构的稳定性很好,还具有工作电压高和循环充放电性能好等优点。然而,这种材料的比容量较低,而且导电性偏弱,为此,人们常常采用碳材料包覆、氟化、掺杂、不同阴离子集团混搭、尺寸纳米化、形成多孔结构等方法来改善这种正极材料在比容量与导电性方面的劣势。

(b) 负极材料

钠离子电池的负极材料优选碳基材料。然而,钠原子半径(~0.186 nm)比锂原子半径(~0.152 nm)大,钠原子无法在石墨层间有效地嵌入、脱出,即普通石墨难以用作钠离子电池的负极材料。为此,若仍想用石墨作为负极材料,那就需要扩大石墨的层间距。当前,钠离子电池的负极材料主要有三种:合金类材料、金属化合物和无定形碳。它们之间相比较,大多数合金类材料的体积变化大,因而循环性能较差;金属化合物的比容量较低。

基于以上所述,无定形碳是当前主流的负极材料。

无定形碳分为硬碳(HC = hard carbon)和软碳(SC = soft carbon)。硬碳也被称为:难石墨化碳(超过 2500 ℃的高温也难以使其石墨化),硬碳主要是由随机分布的类石墨微晶构成,因此没有石墨

---

① 在给定条件下,蓄电池放电过程中放出的电量(单位:A·h)与充电过程中输入电量(单位:A·h)的百分比就叫作:库仑效率。

长程有序和堆积有序的结构;软碳也叫作:易石墨化碳,在 2500 ℃ 以上的高温时可以完全石墨化,软碳的导电性能优良。

两者相比,硬碳的优点在于储钠的比容量高[200～450 (A·h)/kg]、嵌钠的电势低、易于合成,所以其应用更为广泛。当然,硬碳也面临着倍率性能弱(高倍率下的钠离子电池会有一定风险)、成本较高,所以仍需要优化,以图降本增效。

(c) 电解液与隔膜

在电解液与隔膜方面,钠离子电池与锂离子电池基本相同。

关于电解液,钠离子电池是利用钠盐电解质(例如,高氯酸钠);溶剂分为水系和非水系:非水系溶剂可以沿用锂离子电池用的酯类有机溶剂,其他添加剂也与锂离子电池相同。

关于隔膜,钠离子电池与锂离子电池的技术相近。锂离子电池用的 PP/PE 隔膜也可以被钠离子电池选用,只是钠离子电池更多地采用玻璃纤维隔膜,所以成本更低。

另外,与锂离子电池的情况一样,人们也在积极地研发用于钠离子电池的固态电解质,当然,这个方面也是有半固态电解质、准固态电解质、全固态电解质之区分。全固态电解质钠离子电池的缩写是 ASSB(all solid sodium-ion battery)。在前面已提到,固态电解质不需要隔膜(或者说,固态电解质与隔膜是合二为一)。

(d) 集流体

钠离子电池两个电极的集流体都可以使用铝箔。这是因为,在锂离子电池的石墨负极中,Li 会与 Al 反应产生锂铝合金,因此锂离子电池要用铜箔作为负极集流体;然而,在钠离子电池的负极中,Na 和 Al 却不会发生反应,因此,钠离子电池的正、负极集流体都可以使用铝箔。铝的价格比铜要低,因此,钠离子电池的集流体成本比锂离子电池低。

除了集流体成本低以外,钠离子电池的原料成本也很低。众所周知,物以稀为贵:锂原料成本高主要是锂的储量少(地壳中,锂的丰度为 0.0065%)且分布不均。然而,钠在地壳中的丰度却高达 2.64%,人们从海水中与陆地盐矿中都能够提炼出大量的 NaCl。所以,在成本方面,钠离子电池远比锂离子电池有优势。

另外,锂离子电池在安全性方面或多或少地有一些隐患,尤其是那些具有很高能量密度的锂离子电池,即其安全风险较大。然而,钠离子电池的安全性问题则没有那么突出。

单体钠离子电池的工作电压为 2.8～3.5 V,与锂离子电池相当。钠离子电池的低温性能优秀,它与磷酸铁锂电池混搭使用可以弥补后者的缺点。

当然,相比于锂离子电池,钠离子电池也有劣势,主要是钠离子电池的能量密度较低,当前,(液态电解质)钠离子电池的能量密度最高可达 160 (W·h)/kg 左右,相比于(液态电解质)锂离子电池的能量密度[先进指标在 220 (W·h)/kg 以上],还有较大的差距。当然,钠离子电池的能量密度要比铅酸蓄电池高,因此在某些应用场合,钠离子电池可替代铅酸蓄电池。

除了钠离子电池,其他金属离子电池与锂离子电池相比,也是在原料成本与安全性方面有一定的优势。但是,在能量密度等主要性能指标方面不如锂离子电池。对于氟离子电池,还存在工作温度过高的问题。总之,因各种因素所限,这些电池还没有完全市场化。在电池的核心材料方面,尽管各种离子电池的工作原理相同,但是具体材质还是有一些差异。

有关其他元素离子电池的更多资料,参见码 3.9 中所述。

(3) 硫系电池

硫系电池也叫作:金属-硫电池(metal-sulfur battery)。这类电池主要有锂硫电池、钠硫电池、铝硫族电池。

在硫系电池中,锂硫电池(lithium-sulfur battery)研究得最早。实质上,锂硫电池也是属于锂离子电池,只是其电极反应机理不同于普通锂离子电池中的 Li$^+$ 脱嵌机理,具体的

码 3.9

电化学机理是很复杂的(尤其是硫正极的充放电反应很复杂)。

锂硫电池：锂硫电池以单质硫为正极,金属锂为负极,使用有机溶剂类电解液,单体锂硫电池放电的理论工作电压为 2.287 V。用作正极材料的硫与负极材料的锂都拥有很高的比容量[硫的理论值为 1675 (A·h)/kg,锂的理论值为 3860 (A·h)/kg],因此,锂硫电池应当具有很高的能量密度[理论最高值为 2600 (W·h)/kg],这是锂硫电池的最大优点。

然而,锂硫电池所存在的一些问题也使其应用推广受限:第一,单质硫的导电性差,这会降低电池的倍率性能。第二,中间放电产物(多硫化物)易溶入有机电解液之中(增大黏度,降低离子导电性),被溶解的多硫化物还会穿过隔膜扩散到负极而且发生化学反应(破坏负极的钝化膜)。另外,还存在飞梭效应(shuttle effect,这是指:多硫离子在正极与负极之间迁移会损失电极活性物质,也会导致自耗电)。第三,其放电的最终产物硫化锂(Li_2S_x,$x=1\sim2$)的电子导电性极差而且不溶于电解液,从而会沉积在导电骨架的表面(部分 Li_2S_x 还会脱离导电骨架,所以无法在充电时变成硫,从而降低电极的比容量)。第四,硫和 Li_2S_x 有密度差异($2070\ kg/m^3$ 和 $1660\ kg/m^3$),这导致放充电时有膨胀或收缩(膨胀会改变正极材料的形貌与结构,例如,硫与导电骨架脱离,大尺寸电池甚至还会因膨胀而损坏电池)。第五,充放电时,负极锂也有体积变化,充电时还容易形成枝晶锂。第六、正极材料载体的载硫量不大。

上述问题已经成为锂硫电池的研究热点,例如,在电解液方面,向醚类电解液中加入某些添加剂(例如,添加 $LiNO_3$ 离子液体)可以有效缓解多硫化合物的溶解,也可以使用固态电解质或者(准固态的)凝胶电解质;在正极方面,将硫与碳材料复合(或者"硫与有机物复合")能够解决硫导电性差以及充放电时体积变化的问题。现在,人们在解决上述问题方面已经获得了很多科研成果,这会推动锂硫电池逐渐走向市场化。

钠硫电池：钠硫电池(Na-S battery)的理论能量密度为 760 (W·h)/kg,然而其实际值要小很多(与钠离子电池相当),这种蓄电池的循环使用寿命较长、其储能效率也较高,可用于大电流、高功率的储电场合。单体钠硫电池的结构见图 3.12,请注意:钠硫电池是高温型蓄电池:其两个电极都是熔融电极(正极的活性物质为液态硫和多硫化钠熔盐;负极的活性物质为熔融的金属钠),而且,要使用固态电解质。

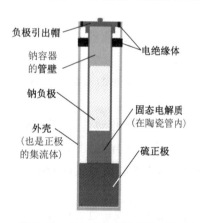

钠硫电池的放电过程是:电子通过外电路从负极到正极,Na^+ 通过固态电解质到达正极(在那里与硫反应形成多硫化钠产物);充电过程则与放电过程相反。

充电时,钠与硫的化学反应很剧烈,因此,正极中的硫与负极中的钠必须用固态电解质分隔开,而且,钠硫电池用的固态电解质必须是钠离子快导体。例如,传统钠硫电池采用 $\beta\text{-}Al_2O_3$[①] 固态电解质,这种电解质只有在工作温度超过 300 ℃时才具有优良的导电性,因此,钠硫电池要在 300~350 ℃的温度下工作(350 ℃时,单体钠硫电池的工作电压为 1.78~2.76 V)。请注意:除了

图 3.12　单体钠硫电池的结构剖析

负极引出帽
钠容器的管壁
钠负极
外壳(也是正极的集流体)
电绝缘体
固态电解质(在陶瓷管内)
硫正极

$\beta\text{-}Al_2O_3$,后来人们也研发了其他用于钠硫电池的固态电解质,例如,NASICON(钠基超级离子导体,$Na_{1+x}Zr_2Si_xP_{3-x}O_{12}$)、$Na_3PS_4$、$Na_3YCl_6$、$Na_3YBr_6$、NYZC($Na_{3-x}Y_{1-x}Zr_{2x}Cl_6$)、$NaAlCl_4$ 等固态电解质,它们各有优点,但是也各有显著的缺点。

由于其工作温度较高,所以,钠硫电池还需要加热(启动时)与保温,参见图 3.13。

---

① 　在 Al_2O_3(刚玉)的三个晶型中,$\alpha\text{-}Al_2O_3$ 与 $\gamma\text{-}Al_2O_3$ 的成分确实是 Al_2O_3。然而,$\beta\text{-}Al_2O_3$ 实质上是多聚铝酸盐,一般认为其化学式是 $Na_2O\cdot11Al_2O_3$,简洁式为 $NaAl_{11}O_{17}$(将其误认为 Al_2O_3 是由于其发现初期的检测与认识错误,然而,它的命名却这样延续下来)。另外,经过离子交换,$\beta\text{-}Al_2O_3$ 中的 Na^+ 也可能被其他离子替换。

低原料成本、温度稳定性好与无自放电现象等都是钠硫电池的显著优势。但是，硫和硫化物的强腐蚀性（尤其腐蚀集流体等金属件）、较高的工作温度会使钠硫电池存在一定的安全隐患等都是需要重点关注与重点解决的问题。

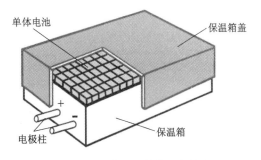

铝硫族电池：这是一种新型的可充电电池，以硫化铝为正极、石墨为电极、NaCl 溶液为电解液。这种电池的能量密度较高，因此，它小巧、质轻。而且，还具有热性能好、安全可靠、充放电速度快、循环使用寿命长等一些优异性能。

图 3.13　钠硫电池组件的局部剖析

关于硫系电池的更多资料，如码 3.10 中所述。

（4）金属-空气电池与金属-氧气电池等

码 3.10

金属-空气电池（metal-air battery，缩写 MAB）是以空气中的 O_2 作为正极的活性物质；以（电位较负的）某些金属作为负极，这些金属包括：锂、钠、钾、镁、铝、锌、铁等，见表 3.1。

表 3.1　几种典型金属-空气电池的特性

电池种类	锂-空气电池	钠-空气电池	钾-空气电池	镁-空气电池	铝-空气电池	锌-空气电池	铁-空气电池
发明时间	1996 年	2012 年	2013 年	1966 年	1962 年	1878 年	1968 年
金属价格	很高	较低	高	中等	较低	较低	很低
电解质	多种	多种	多种	盐水	碱性电解液或盐水	碱性电解液或盐水	碱性电解液
理论开路电压/V	2.96	2.27	2.48	3.09	2.71	1.65	1.28
理论比能量/$(kW \cdot h) \cdot kg^{-1}$	3458	1106	935	2840	2796	1086	763
实际工作电压/V	～2.6	～2.2	～2.4	1.2～1.4	1.1～1.4	1.0～1.2	～1.0
实际比能量/$(kW \cdot h) \cdot kg^{-1}$	不详	不详	不详	400～700	300～500	350～500	60～80
能否直接充电	能	能	能	否	否	能	能

注：第一，本表中的数据引自一部相关专著[15]，因此，某些数据可能与其他参考资料中的对应数据有点差异。第二，本表中的多种电解质是指：除了碱性电解液（水性电解质）之外，还可用（无水的）有机电解液、组合型电解液（碱性电解液＋有机电解液）以及固态电解质，参见图 3.15。第三，本表中的碱性电解液是指强碱（例如，KOH）的水溶液。第四，本表中的盐水也称为：中性电解液，例如，NaCl 水溶液（或海水）以及 K_2CO_3、NH_4Cl、$ZnCl_2$ 的水溶液等。

由表 3.1 可知，锌-空气电池问世最早。然而，早期的锌-空气电池在充电时，其负极的表面会有枝晶锌形成而且锌负极还会有变形，空气正极也有一些问题，因此，只能作为一次电池使用，参见第 3.1.2.2 中的"碱性锌-空气电池"。后来，在这些问题得到解决之后，锌-空气电池才成为可重复充电的二次电池。然而，对于镁-空气电池、铝-空气电池，仍然不能直接充电，这是由于（充电时）电解液中的 Mg 或 Al 沉积到负极表面的过程在热动力学方面就不可行，所以充电极慢。因此，镁-空气电池、铝-空气电池只能作为一次电池或储备电池使用。当然，任何一个金属-空气电池在放电完毕后，也都允许将金属负极板抽出，再更换一块新的金属负极板插入即可（这叫作"间接充电"）。

（使用碱性电解液的）金属-空气电池之放电过程概况如图 3.14 所示。对于可直接充电的金属-空气电池（例如，锂、钠、钾、锌、铁的空气电池），充电过程与放电过程的方向相反。

图 3.14 所示的金属-空气电池，正极是空气电极，它是由三层构成（集流网、防水透气层与催化层）：集流网（cathode grid）的全称是"金属集流导电网"，其作用是增加了空气电极的机械强度；通过

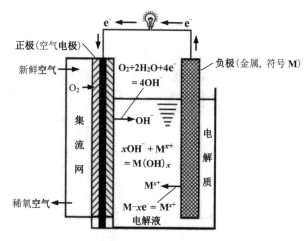

图 3.14　（碱性电解液中）金属-空气电池放电过程

（图中，$x=1,2,3$）

集流网吸入的空气经过防水透气层（一般由层间结构的碳材料构成）后，再到达催化层（电催化剂构成），空气中的 O_2 经过被溶液溶解、在溶液中扩散、电极表面吸附等过程后，在催化层的气、液、固三相界面上发生电化学反应：$O_2+2H_2O+4e^- = 4OH^-$。该正极反应速度很快，相对而言，负极上的电化学反应速度较慢，因此金属空气电池的理论能量密度取决于金属负极。关于电解液，除了有传递离子的作用以外，还要有缓冲作用，这是因为，如果 OH^- 浓度局部增加过大，便会使电势变化太快从而引起严重极化，所以，需要由电解液来缓冲。高浓度的强酸液或强碱液都是很好的缓冲溶液，但是它们也各有一些缺点：碱性液会被空气中的 CO_2 污染，酸性液会腐蚀电催化剂以及电极中的金属件。两者有害取其轻，于是人们选择了碱性电解液而容许其缺点。另外，有些金属-空气电池选用近乎中性的盐水（例如，$NaCl$、K_2CO_3、NH_4Cl、$ZnCl_2$ 等盐类的水溶液）作为电解液，这只限于低比容量的电极。

金属-空气电池具有成本低、无毒、无污染等优点，所以是绿色能源。它们的比能量与比功率普遍较高。具体到表 3.1 中所列七种金属-空气电池：铁-空气电池的理论能量密度最低，钠-空气电池、钾-空气电池、锌-空气电池的理论能量密度也不太高，这降低了它们在比能量方面的优势（但是，它们的原料价格有优势）；镁-空气电池、铝-空气电池不能直接充电，即不属于二次电池。相比之下，锂-空气电池的理论能量密度最高，这也是其最大的优点。

锂-空气电池所用的电解质也有多种，参见图 3.15（**注**：该图中的 LiSICON 膜是一种微晶玻璃膜，叫作：超级锂离子导电膜，其材质主要有两种：一是 Li_4GeO_4 和 Zn_2GeO_4 的固溶体；二是 $Li_{3+x}X_xY_{1-x}O_4$，X＝Si, Sc, Ge, Ti；Y＝P, As, V, Cr；$x=0.4\sim0.6$，至于其他一些材质，读者可通过网络搜索）。然而，在产业化方面，锂-空气电池还存在一些问题，例如，正极生成的过氧化锂（Li_2O_2）颗粒会堵塞多孔碳材料的碳孔，这会使电解液中的 O_2 量不够而停止放电（图 3.15 中的后三种电解质就是为了解决此问题而研发）。另外，某些有机电解液还会与金属锂反应而使电解质分解。

综合考虑以上所述，在金属-空气电池中，关于锌-空气电池的研究最多，其应用也较广。

金属-空气电池所用的空气如果改为纯氧，那便是金属-氧气电池（例如，锂氧电池、锌氧电池）。无论是金属-空气电池，还是金属-氧气电池，它们实质上都是特殊的燃料电池（燃料是负极上的活泼金属）。这种燃料电池还可以直接更换负极金属板后再用，而不必充电。

针对金属-空气电池工作时需要从空气中吸入 O_2 的特点，有人便将该过程比拟为人体呼吸。于是，就给予这种电池一个雅号"会呼吸的电池"。

由上述原理可知，金属-空气电池所释放的电能来源于相应金属和 O_2 化合反应所释放的能量。因此，凡是能够与相应的金属发生放热反应的气体，理论上就有对应的金属-气体电池，实际上，也真

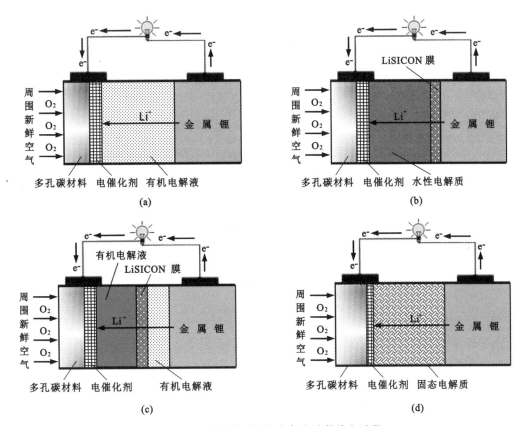

图 3.15　（四种电解质）锂-空气电池的放电过程

（a）（无水的）有机电解液；（b）碱性电解质（水性电解质）；（c）组合型电解质；（d）固态电解质

有这样的实例，例如，镁-CO_2 电池（Mg-CO_2 battery）。

有关金属-空气电池的更多介绍，如码 3.11 中所述。

（5）液流电池

对于（利用电化学储电法来工作的）所有电池（也叫作：化学电源），它们的工作原理都是通过发生在正、负电极上的化学反应来实现放电或充电，即正、负电极上的活性物质发生了电化学反应从而使电池工作。

码 3.11

电极的活性物质通常为固体，而且主要是粉体（只有上述金属-空气电池这样的金属-气体电池才是以气体作为正极的活性物质）。

然而，从化学反应的角度来看，在液体中发生化学反应远比在固体中发生化学反应要更容易、更快速。基于此原理，我们这样来思考：如果电池两个电极的活性物质以及电解质都是液态，那么电池的成流反应将会更迅速、更彻底，电池的储电量就会大大增加，电池更容易大型化，这便是液流电池的本质，即具有很大的储电量是液流电池的显著特点。

液流电池的全称为：氧化还原液流电池（flow redox battery 或 redox flow cell），也叫作：电化学液流电池（electrochemical flow cell）。

1971 年，两位日本科学家（Ashimura 和 Miyake）首次提出液流电池的现代理念：将正极、负极的活性物质溶解在电解液中，在惰性电极（即集流体）的表面发生可逆的氧化还原反应，从而实现了电能与化学能的互相转换。1974 年，奉命开展液流电池研究的美国 NASA（National Aeronautics and Space Administration，美国航空航天局）科学家 L. H. Thaller 首次提出了具有实用价值的液流电池详细模型——铁铬液流电池（$FeCl_2$ 为正极活性物质；$CrCl_3$ 为负极活性物质）。从此后，更多类型的液流电池被研发出来，也有一些类型的液流电池获得了新生。

从结构上讲，液流电池是由两个半电池组成，即液流电池要有两种电解液——正极电解液与负极电解液(这两种电解液有各自独立的循环回路,它们从各自的储罐泵送到液流电池中),在液流电池的内部,两种电解液用隔膜分开,如图 3.16 所示。这种隔膜的材质与 PEMFC(质子交换膜燃料电池,参见第 2.2.3 小节)的隔膜相同。基于此,也有人将液流电池比作是特殊的(交换膜)燃料电池。

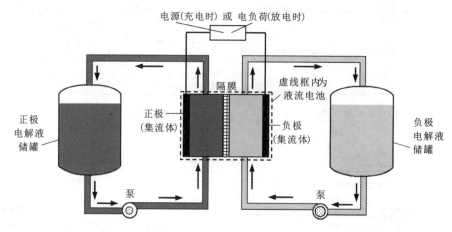

图 3.16　液流电池的基本结构

　　当然,单体液流电池的电动势并不高。为此,需要将很多个液流电池串联为液流电池组件(液流电池产品),以满足用户对于工作电压的要求。

　　在液流电池领域,储电容量最大的且技术最成熟的就是全钒液流电池(vanadium redox flow battery,缩写 VRFB)。VRFB 能够实现长时储能,其充放电的循环使用寿命也很长。因此,VRFB 常用于大型电网的储电、大型光伏电站的储电、大型风力发电站的储电等需要大功率、长时储能的场合。

　　全钒液流电池也被称为:钒电池(vanadium redox battery,缩写 VRB)。下页中,图 3.17 所示的为单体全钒液流电池的工作原理以及全钒液流电池组的外观。

　　如上所述,作为大容量的储电装置,全钒液流电池主要应用于三种需要大型储电的场合(电网、大型光伏电站、大型风电站)。然而,就整个液流电池领域而言,其实际应用范围更为广泛,例如,液流电池还可以用作紧急备用电源、边远地区的储电设备、潜艇的备用电源等。对于电动汽车,若以液流电池为动力源,只需在加油站更换电解液储罐,即可完成快速充电。

　　正是由于其用途广泛,因此,除了钒电池(全钒液流电池)以外,其他类型液流电池也已投入市场。例如,其应用广泛程度仅次于钒电池的多硫化钠/溴液流电池(sodium polysulfide/bromine battery,缩写 PSB),还有铈钒液流电池、锌基液流电池、铁基液流电池、液流锂蓄电池、铅酸液流电池以及一些有机体系的液流电池等。

　　铈钒液流电池的构成是:Ce^{4+}/Ce^{3+} 在正极电解液中转换,V^{2+}/V^{3+} 在负极电解液中转换,H_2SO_4 水溶液作为支持电解液,具体原理与结构可以参考(下页中的)图 3.17(a)。

　　锌基液流电池是指以 Zn 作为负极活性物质的液流电池,这包括:锌溴液流电池、锌镍液流电池、锌碘液流电池、锌碘溴液流电池(或称:锌溴化碘液流电池)、锌铁液流电池、锌铈液流电池、锌空气液流电池等。这其中,以锌溴液流电池最为典型,它在技术方面也最成熟,这里便以此为例介绍之。

　　锌溴液流电池(zinc-bromine flow battery)也叫作:锌溴电池(zinc-bromine cell),其正极电解液与负极电解液都是 $ZnBr_2$ 水溶液。锌溴液流电池组的结构如(下页中的)图 3.18 所示[16,17]。

　　锌溴液流电池的工作原理简述如下:

　　充电时,正极生成的 Br 被电解液中的溴络合剂络合,从而成为油状物质。于是,在 $ZnBr_2$ 水溶液中的溴含量会大幅度减少。而且,这种油状物质的密度大于电解液密度,因而逐渐地沉淀在正极储罐(catholyte reservoir)的底部。这种沉积会极大地降低电解液中溴的挥发,从而提高了电池的安全性;在负极,锌沉积在其表面。

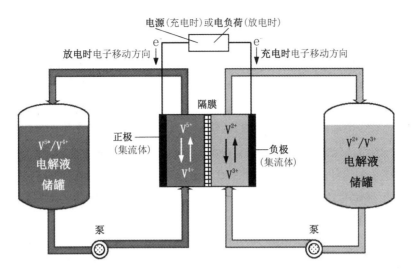

图中的**电源**或**电负荷**均为直流电
若是交流电源或交流电负荷，电源要配备整流器；电负荷要配备逆变器
(a)

产品箱内，很多个单体电池串联成电池组件来提高工作电压
若干电池组件还可并联联接，以提高输出电流
(b)

图 3.17   单体 VRB 的基本工作原理及其电池的组件箱的外观

（a）单体电池的工作原理；（b）电池组件箱外观

[图(b)来源:CCTV2 于 2023 年 8 月 12 日播放的节目《对话》(储能大赛场)]

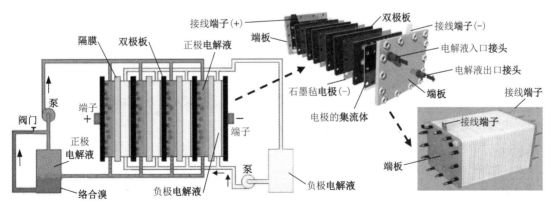

图 3.18   锌溴液流电池组的结构

放电时,正极储罐中的络合溴被泵入循环回路中,而且络合溴被打散,从而转变为 Br^-。这样,正极电解液重新回到 $ZnBr_2$ 状态;负极表面的 Zn 逐渐溶解为 Zn^{2+},于是负极电解液也恢复为 $ZnBr_2$ 水溶液。

由此看来,锌溴液流电池的充电反应与放电反应是完全可逆的。这种液流电池也具有价格方面的优势,这是因为 $ZnBr_2$ 较为廉价。

　　锌溴电池不仅属于锌基液流电池,也属于含溴液流电池。另一种典型的含溴液流电池则是以上提到的多硫化钠/溴液流电池 PSB,这也是一种技术成熟、容量大、应用广泛的液流电池。

　　铁基液流电池是指以含铁物质为正极活性物质的液流电池,包括:铁铬液流电池、铁锌液流电池(或称:锌铁液流电池)、铁钛液流电池、全铁液流电池等。其中,铁铬液流电池、全铁液流电池的技术较为成熟:铁铬液流电池在前面简单介绍过,即 Fe^{3+}/Fe^{2+} 在正极电解液中转换;Cr^{2+}/Cr^{3+} 在负极电解液中转换,其原理与结构可以参考图 3.17(a);全铁液流电池也叫作:铁盐电池(iron-salt battery),它与全钒液流电池、全铬液流电池构成了三大单元素(多价态)液流电池体系。全铁液流电池还分为酸性体系和碱性体系,相对而言,酸性全铁液流电池在技术开发方面较为成熟。

　　液流锂蓄电池主要是指锂离子液流电池与液流锂空气电池。另外,还有半液流锂蓄电池(电池中一个电极的活性物质可以流动,另一电极的活性物质不流动)。

　　锂离子液流电池(Li-ion flow battery)的典型实例有:无隔膜锂硫液流电池、有机锂离子液流电池、半固态液流锂离子电池(该电池能够减少电池内的“无效材料”以及提高电池的能效)。液流锂空气电池(lithium-air flow battery)可以通过溶解在流动电解液中的氧化还原分子,将 Li_2O_2 的生成过程或分解过程(参见图 3.15)与正极分离,这样就有效地避免了正极材料空隙的阻塞与钝化。

　　铅酸液流电池是基于铅酸蓄电池与液流电池的基本原理而研发的新型液流电池,其英语名称是 lead acid flow battery。该液流电池正极、负极的电解液相同,以可溶性甲基磺酸铅[soluble lead(Ⅱ) methanesulfonate]为基质溶液:充电时,溶液中的 Pb^{2+} 还原为 Pb(到达负极的 Pb 形成金属铅负极;到达正极的 Pb 则被氧化为固态 PbO_2,从而形成过氧化铅正极);放电时是其逆反应。总的充放电反应式为:

$$2Pb^{2+} + 2H_2O \Longrightarrow Pb + PbO_2 + 4H^+ \tag{3.1}$$

　　与传统的铅酸蓄电池相比,铅酸液流电池不需要电解质隔膜,只需正极、负极保持一定的间距即可。这不仅简化了电池的结构,也因为无隔膜而降低了电池的造价与运行成本。

码 3.12

　　上述几种液流电池是从电极活性材料的角度来分类的,它们都属于无机体系液流电池。

　　有机体系液流电池则是从电解质的角度而得名,其典型代表是基于“有机分子苯醌的无金属液流电池”,这种液流电池在主要性能方面能够与全钒液流电池相匹敌。自然界中存在大量廉价的含苯醌有机材料,这是这种液流电池的价格优势。

　　有关液流电池的更多资料,见码 3.12 中所述。

3.1.3　超级电容器储电法

　　莱顿瓶(Leyden jar)是最早具有类似于电容器工作原理的物理储电器件。然而,莱顿瓶能够储存的电量很少,在科学史上它被认为是原始形式的电容器。后来,随着电能技术的不断发展,作为实用型储电器件的电容器(capacitor)才广泛应用于电路中。

　　电容器的储电量是用单位电势差的储电量 C 来表示(一个电极板上的电荷量与两个电极板之间的电压之比),单位:F(farad,读作:法拉,简称:法),显然,1 F ＝ 1 C/V(即 1 法拉＝1 库仑/伏特)。

　　电容器的储电量与电极板的表面积成正比,与两个电极板之间的距离成反比。这里,就以最简单的平板电容器[①]为例,它的储电量计算公式为:

$$C = \frac{Q}{U_A - U_B} \tag{3.2}$$

或

---

　　①　平板电容器内为匀强电场(uniform electric field),即各处的场强(field intensity)大小相等、方向相同。

$$C = \frac{\varepsilon_r S}{4\pi k d} \tag{3.2a}$$

式中　C——电容器的储电量,F;

　　　Q——电极板 A(或电极板 B)上的电荷量,C;

　　　$U_A - U_B$——(平行的)电极板 A 与电极板 B 之间的电势差(电压),V;

　　　ε_r——电极板之间电解质的相对介电常数[物质的 ε_r 是它的介电常数 ε 与真空中的介电常数 ε_0 之比。关于 ε_0 的大小,参见式(1.1)中关于光速 c 的解释],无量纲量;

　　　k——静电力常量(或称:库仑常数),$k = c^2 \times 10^{-7} = 8.987551 \times 10^9 \text{N} \cdot \text{m}^2/\text{C}^2$;

　　　S——两个电极板的正对面积,m^2;

　　　d——两个电极板之间的距离,m。

　　普通电容器能够储存的电量较少(常以 mF、μF、nF、pF 为单位,注:$1\text{m} = 10^{-3}$;$1\mu = 10^{-6}$;$1\text{n} = 10^{-9}$;$1\text{p} = 10^{-12}$,参见附表 2 中的附表 2.5),常用作电子元器件,通常无法作为动力型的储电装置,这正是超级电容器与普通电容器的最大区别:超级电容器储存的电量巨大(常以 MF 为单位,注:$1\text{M} = 10^6$,也请见附表 2.5)。

　　由式(3.2a)可以看出,要想增加电容器的储存电量,主要有两个途径:其一是增大电极板的面积;其二是缩短电极板之间的距离。超级电容器正是在这两个方面做了极大的改进,从而能够储存极其大量的电能。

　　当然,这里所说的超级电容器(supercapacitor)仅指纯超级电容器,见图 3.19。它们在工作原理方面是属于物理储电法,因此,也有人将其称为:物理电池,这是因为它们与化学电池的结构相似,例如,两者都有电极(正极、负极)、电解质、隔膜,也都有串联、并联的联接。注:也有将超级电容器与化学电池相结合的新技术——电化学超级电容器。

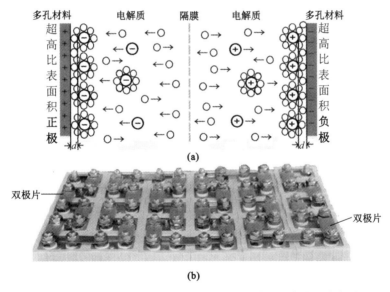

图 3.19　超级电容器的双电层结构以及多个超级电容器的串联

(a) 超级电容器的原理图;(b) 某超级电容器堆的面板

　　在电极方面,超级电容器的正极、负极都是由拥有超高气孔率的材料制成,这就极大地增大[式(3.2a)中所示的]电极板面积。具有超高气孔率的电极材料常以碳基材料以及气凝胶为主,其中,具有超高气孔率的碳基材料包括:活性炭、碳纳米管、碳纳米线、石墨烯等;关于气凝胶,硅质(SiO_2)气凝胶、碳基(石墨烯)气凝胶最为典型。超级电容器的电极也需要导电体(集流体)、接线端子这些导电物质,当然,由于纯超级电容器是物理储电法,因此,其电极不需要活性物质、电催化剂等化学反应所需要的物质。

在超级电容器的电解质中,阳离子、阴离子是被中性原子包裹。按照同性相斥、异性相吸的电学原理,被中性原子包裹的阳离子向负极移动,从而在负极侧的电解质中形成"间距 d 为原子大小的"电容;基于类似原理,被中性原子包裹的阴离子会向正极移动,也会在正极侧的电解质中形成"间距为原子大小的"电容。这就是所谓的超级电容器双电层结构,如图 3.19(a)所示。注:原子大小在 10^{-10} m 数量级,这是通过人为可控方法能够达到的最小间距[①]。

按照以上所述,超级电容器利用(具有超高比表面积的)多孔材料电极来获得极大的电极表面积,也利用电解质内的中性原子包裹体来获得间距极端渺小的双电容结构。根据式(3.2a),超级电容器会具有超大的储电容量。

单个超级电容器的电动势较低,为此,往往需要很多个超级电容器单体串联成为超级电容器堆[参见图 3.19(b)],这样才能够满足电能系统的要求。当然,若干个超级电容器堆还可以再做串联、并联,以便按照用户的具体需求来输出更大功率的电能。

超级电容器的最大优点是充电极快(物理储电不需要化学反应时间),而且,性能极其稳定、安全系数高、低温性能好、使用寿命长,容易维护与维修。然而,由于缺乏化学能的参与,其能量密度(储电量)明显低于蓄电池。实际上,超级电容器与蓄电池各有各自的适用领域,它们之间还能够相互补充。另外,超级电容器也可以与蓄电池结合为电化学超级电容器,例如,铅碳电池(或称:铅炭电池)。

码 3.13

除了铅碳电池以外,高科技助力超级电容器储电的另一个实例就是国内称之为"超级电池"的微型石墨烯超级电容器(miniature graphene supercapacitor)。在结构上,它是由单原子厚的碳层所构成的储电器件。该储电器件的充电速度和放电速度比普通电池要快一千倍左右,能量密度是普通电池的几倍,使用寿命是锂离子电池的两倍左右,制造成本也低于锂离子电池。它可用于快速充电的电器、手机或电动汽车。

有关超级电容器的更多资料,见码 3.13 中所述。

3.1.4　其他储电方法

上述三种储电法(流体储电、电化学储电、超级电容器储电)的应用最为广泛。除此之外,还有其他一些电能储存法被人们所利用。当然,这些储电法主要是利用一些物理原理来实现电能储存。为此,特选取其中两种典型储电法(机械储电法与超导电磁储电法)予以概述。

3.1.4.1　机械储电法

(1)弹簧储能发电

弹簧是通过形变来实现储能的,参见式(1.9)。作为储能装置,弹簧的应用很早(例如,机械钟表就是通过手动上弦来为弹簧发条提供弹性势能且被储存;然后,缓慢地释放能量来为钟表指针的旋转提供动力)。即便到了现在,弹簧仍然广泛地应用于交通车辆以及一些机械设备的储能减震装置中。当然,不仅在民用领域中,就是在枪炮等军事器械中也有很多弹簧储能的应用实例。

码 3.14

在储电方面,用"弹簧＋电动机"来储电,在机电原理上可行,但是,弹簧的材质无法适应(电动机快速运转会导致)快速转换的交变应力,参见码 3.14 中所述。因此说,弹簧储能发电在实际上并不可行。

尽管利用弹簧来储能发电不现实,但是,弹簧的储能作用在电力系统中还是有所应用,例如,常用的空气开关(学名:空气断路器,miniature circuit breaker)内部就设置有弹簧。关于空气开关的工作原理与作用,也参见码 3.14 中所述。

[①]　原子内存在着巨大的电子简并压(electron degeneracy pressure),所以人类无法对原子内部进行控制或加工。注意:人们用中子或 α 粒子去轰击原子核,那是破坏而不是主动控制。

（2）飞轮储能发电

飞轮储能发电的原理是利用旋转飞轮的动能增量来储存由电能转换而来的机械能。尽管工作原理较为简单,但是这方面的机械制造技术却较为复杂,甚至需要精密的高科技,例如,人们利用高科技手段制造了飞轮电池。

飞轮储能发电的优点是快速储能、快速发电,而且,作为很高效的物理储电法之一,它的工作性能安全、可靠、稳定。基于这些优点,飞轮储能发电已用于交通领域的储能与节能,例如,在火车站、地铁站等轨道交通的站点设立飞轮储电设备,可以有效接收运行机车进站之前因刹车减速所释放的能量,再通过电机转换为飞轮的旋转动能增量,从而实现储能;继而,当机车离站重新启动后,飞轮先前储存的动能增量又会通过电机转换为电能,该电能会即时反馈给运行中的机车,从而达到节能目的。还有,某些汽车也安装了飞轮电池,用以实现快速储能与节能。

有关飞轮储能发电的更多信息,参见码 3.15 中所述。

（3）重力储能发电

重力储能发电站也叫作:重力储能电站(或称:重力蓄能发电站)。

从广义角度来讲,无论依靠什么介质,只要是利用重力势能[参见式(1.8)]来储存能量与释放电能的装置都可归类于重力储能发电。然而,利用液体的重力势能增量来实现储电的装置通常归类于流体储电的范畴,这方面的典型代表就是(第 3.1.1.1 中介绍的)抽水蓄能电站,参见图 3.1。

按照式(1.8)所示的重力势能计算式 $E_{p,g}=mgH$,重力储能发电的最基本需求便是高度差与重物。在实际工程中,高度差主要是借助于陡峭山体、地下竖井、人工构筑物等;重物一般是密度较高的金属块、混凝土块、砂石包或大石块。基于此,重力储电装置可分为:活塞式重力储电、悬挂式重力储电、混凝土砌块重力储电、山地重力储电等。它们的工作原理都是:当有富裕的电能时,由电机驱动重物升高来储能;等到了用电高峰时,让重物下降来释放重力势能,而且由此来发电(参见图 3.20),以弥补用电高峰时段的电能不足。

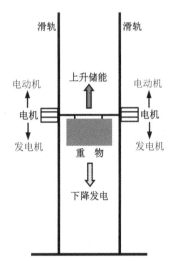

图 3.20　悬挂式重力储能装置
的工作原理

重力储能发电的优点:第一,无污染,环保效果好;第二,适应性强,可以适应多种地质条件与地理环境,特别是可以利用废弃的矿井、废弃的高塔;第三,所用的材料价格低廉、耗损少,使用寿命长;第四,运行成本较低,即储电成本较低;第五,储能时间长,也无自耗电现象,而且扩容改造相对容易。

重力储能发电的缺点:第一,容量规模尚小;第二,建设时以及运行中都存在的高空坠物的安全风险;第三,发电的稳定性还难以满足要求。

有关重力储能发电的更多信息,参见码 3.16 中所述。

码 3.16

3.1.4.2　超导电磁储电法

超导电磁储电法是基于超导电磁能量储存技术(superconducting magnetic energy storage technology,缩写 SMES),其本质是:让电流在超导线圈内循环运行,这会在线圈周围形成强磁场,从而将电能以磁能方式储存起来。

超导储电线圈通常很长(排布面积大约为足球场大小)。按照材质的不同,线圈被浸泡在液氮中或液氦中,以实现线圈导线的超导性。

由于超导体无电阻,所以当电流在超导线圈的导线内通过时,几乎没有电能损失。如果外界需要用电,所储存的电能便可立即输出。

SMES 装置的优点:第一,储能效率高,这是因为,由于电磁共生,因此,SMES 在本质上是不需要能量转换,即无能量转换损耗;第二,响应快,由于采用(大功率电力/电子元件集成的)变流器将超导线圈与电网相连,因此,可以在储电与输电之间实现高速切换;第三,使用寿命长,这是由于 SMES 装置无机械磨损;第四,选容、选址灵活方便,还可根据电力系统的实际需求,选择最合适的储能容量,而且安装地点在储电方面也无特殊要求;第五,可靠性高,相关的实践表明,SMES 装置对于地震波或电磁脉冲的冲击不敏感。

码 3.17

SMES 装置的应用范围很广,发电侧、电网侧、用电侧均可以使用,它还能够为激光器、电磁炮等武器系统提供电能。

有关超导电磁储电等方面的更多信息,参见码 3.17 中所述。

上述介绍了各种储电法。关于这些储电方法,最后需要指出的是,就我国国内的储电技术应用现状而言,抽水储能电站的份额最大,而且各地还在积极建设中。流体储能技术的主要特点是集中储能、储能时间长、对环境与生态的影响小。当然,不同的储电法在不同的应用场合会表现出各自显著的优点。

抽水储能法是成熟的储电技术,其他储电法(包括压缩空气储能法)则是新型的储电技术。当前,我国的国家政策是鼓励储电行业发展,因此,很多省市在科学优选、积极布局、实施与培育适合于当地的储电技术、储电项目与储电产业。在这方面,有些地方已经取得了很大成效。

请注意:应用各种储能技术及其装备时,还需要科学的管理技术、优化的操作技术与之相配套。

3.2 储热技术

能源领域需要储热,例如:其一,第 2.1.6 小节中所介绍的太阳能热发电技术就需要储热介质来储存热量,以备晚上(或白昼的日照被乌云遮挡时)或者用电高峰时热发电所用(参见第 2.1.6.2),这可提高发电机的满负荷率以及发电稳定性;其二,第 3.1.1.2 中所述的压缩空气储能电站也需要储热介质来储存(空气被压缩时释放的)热量,以助力提高储电的效率,参见图 3.2、图 3.3 与图 3.4(b);其三,对于热电材料发电技术(见第 2.2.2 小节)、热电子发电技术[见第 2.1.1.5 中的条目(2)]等需要热量的能源材料发电技术,储热也有其重要意义;第四,储热也有益于节能减排。总之,储热技术在能量领域有着重要地位。

传统储热方法很多,例如:第一,中国北方地区的炕,在冬天就具有良好的储热供暖功效;第二,中国人烹调某些佳肴时,会加入石子来热炒,这样因石子储热会产生慢凉的效果。尽管这些传统储热方法与储热发电无关,其原理却值得借鉴,而且关键是要激发人们对于储热介质升级与研发的热情。

上述这两种传统储热方法都属于显式储热法,它们的基本原理是基于式(3.3)所示的蓄热量计算公式:

$$Q = m \cdot c \cdot \Delta t \tag{3.3}$$

式中 Q——储热介质的蓄热量,kJ;

m——储热介质的质量,kg;

c——储热介质的热容量,J/(kg·℃);

Δt——储热介质的温升值,℃。

由式(3.3)可知,除了温升值以外,显式储热法的关键还在于储热介质的密度与热容量。

尽管显式储热法在储热领域仍然被应用。然而,更先进的储热方法则是利用储热介质的相变热来实现高效储热的潜热储热法,也叫作:相变材料储热法。相变材料通常书写为 PCM 或 PCM 材料(PCM=phase change material)。

显式储热法与潜热储热法各有优劣,为了彼此取长补短,人们还用到了复合储热法。

当然,无论是显式储热法、还是潜热储热法,或是复合储热法,它们都是属于物理储热法。既然有物理储热法,那也就有(利用化学反应热的)化学储热法,对此,人们也在积极地研发。

以下就来分门别类地介绍这些储热方法[5,18]。

3.2.1 显式储热法

显式储热法应用得最早,人们对其规律的认识也最为成熟。任何高密度、高热容量、(在应用温度范围内)无相变的物质都可以作为储热介质,甚至包括气体,例如,多余(暂时不用的)热空气或热烟气可鼓入耐压容器中被压缩与保温储存,需要热量时再抽出做功。

显式储热法常用的储热介质包括无机物、油类或者这两类物质的组合:廉价的储热介质就是水或沙石。相对而言,导热油(学名:热载体油)要高级一些。除此之外,还有其他的一些显式储热材料被研发与应用。

水的热容量很大,适合于低温储热,这是因为在高温时,水变为水蒸气(水/水蒸气储热属于潜热储热法)。例如,压缩空气储能电站(见第 3.1.1.2)所释放的压缩热储存,就属于中低温储热,因此,有的压缩空气储能电站便是以水作为储热介质。

尽管沙石的密度是水的 2.5~3.5 倍,但是其热容量不及水(后者是前者的 4~5 倍),因此沙石的储热体积密度仍低于水,其热导率较低也导致充热、放热很慢。沙石储热的优点是:不会像水储热系统那样存在漏损和管道腐蚀的问题,石块床甚至可以与空气加热系统联合使用,这样的石块床既是储热器,又是换热器。

导热油是传统的称谓,在国家标准 GB/T 4016—2019《石油产品术语》中,其正式名称是热载体油(heat transfer oil)。这种油的应用范围很广,作为储热介质只是它的用途之一,具体要按照国家标准 GB 23971—2009《有机载热体》执行。导热油适合于中温储热、低温储热,所以,有的压缩空气储能电站选用导热油来作为储热介质。

在固体显式储热介质中,除了沙石以外,应用前景较好的两种无机非金属储热材料是陶瓷材料与耐热混凝土。这两者相互比较,储热陶瓷的热容量较高(大约高 20%)、热导率较高(大约高 35%);然而,耐热混凝土的价格较低、抗冲击强度较高,而且成分配比较容易控制。

显式储热介质的工作性能稳定、可靠,优良的保温条件又使其储热效率很高,这是显式储热法的主要优点。然而,显式储热介质的储热密度较低,这往往会使储热装置庞大;显式储热介质的热导率通常很低,这又使其放热功率较低,这两条都是显式储热法固有的局限性。当然,人们也在想方设法解决这些问题,例如,在许用范围内,向耐热混凝土中加入少量具有高热导率的金属、膨胀石墨碎片来提高其热导率。

3.2.2 潜热储热法

潜热储热法通常叫作:相变储热法。相变材料一般写为 PCM 或 PCM 材料。

潜热储热法的蓄热机理是利用物质相变(包括:晶型转变)的热效应来实现储热或放热。与显式储热法相比,潜热储热法的储热密度更高,这使得储热装置的体积小且结构简单,从而便于灵活设计,并且其使用方便、易于管理。潜式储热法的另一个优点是储热过程近似为恒温,这有利于储热装置的控温。潜热储热法的缺点是很多相变材料有腐蚀性、在高温时易分解。另外,无机相变材料还存在着过冷与相分离现象,有机相变材料的热导率很低。

PCM 材料的主要特征包括:相变热大小、导热性以及热分解率。为此,人们在积极地研发相关的新技术,例如,PCM 材料的成囊技术、将 PCM 材料均匀嵌入(高热导率的)固体材料中。

按照材质来分类,PCM 材料可分为:化合物(氧化物、氟化物、氯化物等)、结晶水合盐[$CaCl_2$ ·

$6H_2O$、$Na_2HPO_4 \cdot 126H_2O$、$Ca(NO_3)_2 \cdot 106H_2O$、$Na_2SO_4 \cdot 10H_2O$、$Na_2S_2O_3 \cdot 6H_2O$ 等]、熔融盐（磷酸盐、硫酸盐、硝酸盐等）、合金相变材料（Al-Si 合金体系、Pb-Bi 合金体系等）、低共熔混合物（KCl · KNO_3、NaCl · NaNO_3、NaNO_3、CaCl_2 · LiNO_3、BaCl_2 · KCl · LiCl、KF · NaF · KNO_3、NaCl · NaNO_3 · NaSO_4、KBr · KCl · LiBr · LiCl 等）以及有机物（例如，多元醇、烷烃、酯、脂肪酸）等。

按照相变温度的高低，相变储热法又可分为：低温潜热储热、中温潜热储热、高温潜热储热。

饱和水/水蒸气储热法可归类为低温潜热储热，例如，用汽包储热（汽包内含有一定量的加压水，降压即可产生水蒸气）。另外，离子流体（rapid transition ion fluid，缩写 RTIL）的熔点为 25 ℃，所以 RTIL 也是低温 PCM 材料。

在中温、高温 PCM 材料中，熔融盐、合金相变材料最为典型，以下对其做简单的介绍。

熔融盐也叫作：熔盐（molten salt），这是指可熔融的盐类组合体，其固态形式主要为离子晶体颗粒（图 3.25 所示的便是某熔融盐的晶体颗粒），高温熔化后则变为离子熔体。熔融盐的用途很广泛，作为储热介质只是其用途之一。用于储热的熔融盐，主要有二元熔盐与三元熔盐：二元熔盐是高温型熔盐，例如，60％硝酸钠＋40％硝酸钾；三元熔盐是中温型熔盐，例如，53％硝酸钾＋40％亚硝酸钠＋7％硝酸钠。

图 3.21 某种熔融盐固态颗粒的外观

用于高温储热系统的合金相变储热材料主要是富含 Al、Si、Cu、Mg、Zn 的二元合金或多元合金，这些合金元素为常规的轻金属元素，它们无毒，有些还是人体必需的微量元素。因此，相比其他种类的储能材料，合金相变储能材料最环保，即其对环境的不利影响甚微。

关于 PCM 材料，还请读者注意：它们不仅用于储热发电系统，在其他方面也有应用，例如，PCM 材料用于宇航服、相变发热地板等高档制品的制造、将 PCM 材料作为不间断电源的主要材料（它与热电材料共同工作来实现持续发电）、将 PCM 材料作为节能环保的绿色载体（例如，用于纺织业：在气温高时，衣服会相变储热；气温低时，衣服会相变放热）。

3.2.3 复合储热法

复合材料是指由两种或两种以上具有不同化学性质的组分所构成的材料。复合储热法就是利用复合储热材料，这种材料既可以是相变材料与无机非金属材料的复合（例如，液态盐与储热陶瓷材料的复合），也可以是金属材料与无机非金属材料的复合（例如，液态金属与陶瓷材料的复合），还可以是不同盐类的复合（例如，各种硝酸盐的复合）。不同储热材料复合的目的就在于充分地利用各类储热材料的优点，克服单一储热材料的多功效不足这个难题，例如，采用相应复合工艺将熔融盐与适当的基体材料复合，便可将熔融盐相变热较大以及化学稳定性好等优点与基体材料能够强化（储热/放热过程的)传热这一优点相结合,从而得到几方面的性能指标都很优化的效果,这也能够解决液态储热材料易泄漏和易腐蚀的难题。

3.2.4 化学储热法

化学储热是利用分解反应吸热、化合反应放热这个原理来实现储热,即利用化学反应热来实现储热与放热。显然,化学储热法要选择那些化学反应热大且反应可逆的化学反应。

化学储热法有优点,例如,储热密度大。然而,有的化学反应,其机理较复杂,通常还需要催化剂,也有一定的安全性要求。一次投资较大、整体效率不高也是化学储热法往往不被选用的理由之一。

基于上述缘故,化学储热法要想获得广泛应用的话,那还要做大量研究以及充分论证后,方可实现。

3.2.5 储热系统的技术要求

储热系统主要包括:储热介质、介质容器及其结构基础、容器保温层、泵或风机、管道及其保温层、防冻剂、电路及其控制装置等。

关于储热系统的储热方式选择,通常遵循以下几个方面的原则:

第一,在储热介质的工作温度等于或低于500 ℃的情况下,可选用各种储热方法。一旦工作温度高于500 ℃,建议选用高温型PCM材料储热。第二,选择具体的储热介质时,要充分考虑储热介质与其容器壁在高温下的相容性。第三,若储热体中含有陶瓷材料,在充热过程的控制方面,要尽可能降低对储热体的热震性(急冷急热现象)。第四,若用化学储热法,还要考虑有毒、有害气体以及液体的泄漏与排放。第五,尽可能选用当地廉价的资源来作为储热介质。

从技术角度来看,储热系统需要满足以下这几个方面的要求:其一,储热介质的热容量要尽量大,以减少储热系统的尺寸;其二,传热流体与储热介质之间的传热要尽量快,从而提高储热系统的传热效率;其三,储热介质要有优良的热导率,以增强储热系统的动态性能;其四,对于储热介质与嵌入储热介质中的金属换热器,它们的热膨胀系数要相匹配,从而确保传热流体与储热介质之间始终有优良的换热特性;其五,储热介质还要有良好的机械稳定性与化学稳定性,从而让储热系统有较长的使用寿命。

储热系统还要考虑成本问题,这主要包括四个方面:一是储热介质的成本;二是充热与放热用的换热器成本;三是用地成本与其他辅助设备成本;四是运行成本与维护成本。

有关储热技术的更多资料,见码3.18中所述。

码 3.18

3.3 储氢技术

氢能通常是指氢气。若从电解水制氢或太阳能制氢的角度来说,氢气本身就是储能。

氢能是清洁的、高能量密度的能源。因此,无论从高效利用的视角,还是从环境保护以及碳中和的角度来看,氢能都是最具发展前途的能源体系之一。

氢能的利用也叫作:用氢。典型的用氢装置包括氢能发动机(见第2.1.9小节)与燃料电池(见第2.2.3小节)。然而,比用氢更为重要的则是其三个先置环节:制氢、输氢、储氢。

关于制氢,见第2.1.9小节;关于输氢与储氢,它们密不可分,被称为:氢储运技术。

本节主要介绍几种典型的储氢方法以及简单介绍氢储运技术。

氢气属于燃料,燃料属于含能体能源。相对于过程性能源(例如,上述的电能、热能),含能体能源的最大优点就在于其储存较为容易,例如,作为固体燃料的柴草、秸秆、煤炭被放置在棚内、库内或者露天存放即可;作为液态燃料的油类、作为气态燃料的天然气(或者各种煤气)放在储罐内储存即可。这也就是说,这些能源的储存是很方便的,不需要技术太高的储能方法[①]。

作为气态燃料的氢气,当然也可放在储罐内储存。事实上,这也是现今主要的储氢方式。然而,由于 H_2 分子太小以及氢气密度太低,这就导致了氢气的逃逸性较高(即存在氢安全问题),而且金属材料还有"氢脆"效应,因此,储氢罐的器壁很厚(即储氢罐很重)、材质很贵,即储氢成本很高。

为了降低储氢成本,提高储氢效率与储氢的安全性,人们很重视储氢,热衷于研发相关新技术。储氢的方法可简单地分为物理储氢法与化学储氢法。

3.3.1　物理储氢法

物理储氢法通常分为两大类:第一类,缩小体积储氢法;第二类,物理吸附储氢法。

以下就分别介绍这两类物理储氢法。

3.3.1.1　缩小体积储氢法

关于第一类物理储氢法(即缩小体积储氢),可以通过加压或者降温来实现。具体来说,在这方面共有三种具体的储氢方法:

第一种,将氢气降温至极低温(常压下氢气的沸点温度为 20.28 K,即 -252.87 ℃)使其液化来大大缩小体积,这叫作:液化储氢法(liquid hydragen storage,缩写 LH_2)。

第二种,对氢气加压来大大压缩其体积,这被称为:压缩储氢法(pressurised-gas hydrogen storage,缩写 CGH_2)。

第三种,将氢气降至低温后再加压来大大缩小其体积,其名曰:低温压缩储氢法(cryo-compressed hydrogen storage,缩写 CcH_2),也叫作:跨临界储氢(transcritical hydrogen storage)。

上述这三种物理储氢法,在图 3.22 中分别对应着Ⅰ区、Ⅱ区、Ⅲ区[19]。

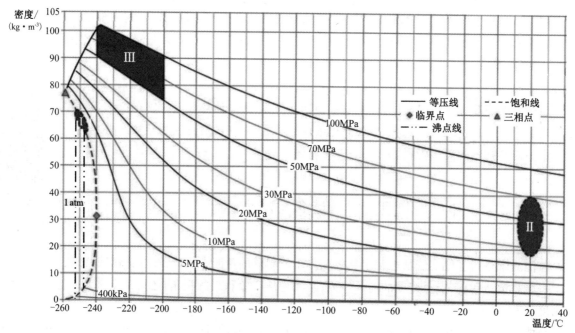

图 3.22　在一些压强与温度条件下物质氢的存储密度图

图中,Ⅰ区——液化储氢的范围(常压～400 kPa);Ⅱ区——压缩储氢的范围(25～70 MPa);Ⅲ区——低温压缩储氢的范围
(图中的 atm 是物理标准大气压的缩写,1 atm ＝ 101.325 kPa,即常压)

---

① 利用燃料燃烧驱动燃气轮机或蒸汽轮机或两者联合的蓄能发电机组,也为电网的调峰、调频做出了很大的贡献,所以,这也是储能方法的具体体现之一。

当前,第一种、第二种是工程中应用最广泛的物理储氢法。当然,无论是液化储氢法,还是加压储氢法,或是低温压缩储氢法,储氢罐都是基本配置(参见图 3.23 与图 3.24[19])。

(a)　　　　　　　　　　　　　　　　　　　(b)

图 3.23　国外展示的两个氢储罐集中存放地

(a) 整齐摆放的高压储氢罐群;(b) 德国 Linde 公司的大型液氢储罐群

图 3.24　美国肯尼迪航天中心的全球最大液氢储罐(有效容积 4732 m³)

这里,也提醒注意:在氢气的存储场地,要能够有效通风,而且还必须安装 H_2 分子探测装置以及明显的警告标识,如图 3.23(a)所示。

当然,图 3.23 与图 3.24 所展示的只是大型、中型的高压氢气储罐与液氢储罐。实际上,小型的高压储氢罐更被广泛利用,例如,氢能机车用的车载储氢瓶[参见图 3.25 与图 3.26(b)]。

图 3.25　中材科技的碳纤维全缠绕(塑料内胆)储氢瓶生产线

[图片来源:CCTV2 于 2022 年 11 月 12 日播放的节目《对话》(中建材周育先:栋梁之材)]

按照容积大小来分类只是储氢罐的一种简单分类法。对于储氢罐,更重要的分类方法则是按照储氢罐的材质与强度来分类,这是因为,储氢罐安全性的关键就是其材质与强度。

在材质方面,传统的储氢罐是全金属质,后来则广泛使用复合材料制作的储氢罐,尤其是碳纤维的使用(参见图 3.25),让储氢罐的强度大大提高、自重大大降低。

在强度方面,按照其耐压值,储氢罐有四种类型,参见表3.2[19]。

表3.2　四种类型储氢罐的概况

类型	Ⅰ型瓶	Ⅱ型瓶	Ⅲ型瓶	Ⅳ型瓶
材质	全金属 (纯钢质或铝合金)	钢制内胆 高强纤维环向缠绕	铝合金内胆 高强纤维全缠绕	塑料内胆 高强纤维全缠绕
内部常用压强/MPa	17.5～20	20～30	35	70
储氢密度	低———————————————————————————→高			
自重	重———————————————————————————→轻			
主要应用场合	运输氢罐	运输氢罐	车载储氢罐	车载储氢罐
成本	低———————————————————————————→高			

注:该表中的高强纤维主要是指碳纤维。

如图3.26所示的是Ⅰ型储氢瓶、Ⅱ型储氢瓶,如图3.27所示的是Ⅲ型瓶与Ⅳ型瓶。

图3.26　Ⅰ型储氢瓶与Ⅱ型储氢瓶的实物案例

(a)Ⅰ型储氢瓶;(b)Ⅱ型储氢瓶

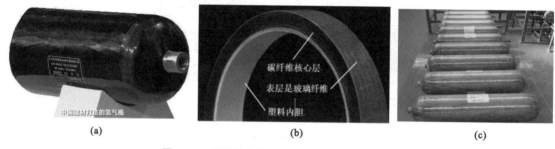

图3.27　Ⅲ型储氢瓶与Ⅳ型储氢瓶的实物案例

(a)无人机专用的Ⅲ型储氢瓶之外观;(b)Ⅳ型车载储氢瓶的截面结构;(c)Ⅳ型车载储氢瓶的产品外观

[图片来源:CCTV2于2022年11月12日播放的节目《对话》(中建材周育先:栋梁之材)]

除了储氢罐与储氢瓶以外,人们也在设法利用地下的洞穴(盐穴、岩穴、废弃油气井的洞穴)来实现加压气态储氢,如图3.28所示。

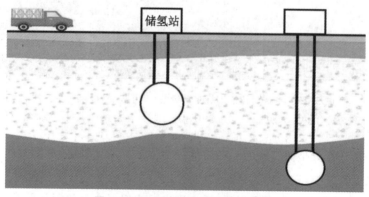

图3.28　地下洞穴储氢法的示意图

(本图注重原理介绍而非真实构造)

　　地下储氢法可以充分利用地下洞穴来储存氢气,从而节约了地表的宝贵土地资源,这是其优点。但是,该储氢法也面临着诸多挑战,例如,储层与盖层的地质完整性、井筒的完整性、可能的 H_2 地下反应、氢气采出纯度以及相关材料的耐久性等问题。所以,地下储氢技术在当前仍然处于探索阶段或试点建设阶段,暂时还不宜大范围推广。

　　尽管利用降温或加压的"缩小体积储氢法"在当前的使用是很广泛,然而,这类储氢法的缺点也是明显的,那就是:无论是压缩氢气,还是液化氢气,其压缩过程或降温过程都需要消耗大量的能量,即耗能过大。而且,储氢罐有些过重,其尺寸也有些过大。正因为如此,人们在积极地探索和研发其他一些新型储氢技术。

3.3.1.2　物理吸附储氢法

　　关于第 2 类物理储氢法,即物理吸附法,可以用吸氢与放氢性能优异的材料来实现。

　　我们知道,具备高吸附性能的材料往往是具有高比表面积与高气孔率的材料。所以,常用的物理吸附储氢法有超级活性炭储氢、空心玻璃微珠储氢等。此外,利用高科技法制备的富勒烯(fullerene)碳材料[例如,巴基球(buckyball)、碳纳米管(carbon nanotube,缩写 CNT)、石墨纳米纤维(graphite nanofiber,缩写 GNF)等高碳原子簇材料]对氢的吸附能力比活性炭更强,因此它们是新一代的物理吸附储氢材料。当然,其他一些纳米材料在吸附储氢方面也有很大的潜力可挖。

　　然而,物理吸附储氢法在储氢效率方面还无法与液化储氢法(或加压储氢法)相竞争。

3.3.2　化学储氢法

　　物理储氢法在当前的使用很广泛,化学储氢法则更为高效。化学储氢法分为三类:一是化学重整储氢法;二是金属氢化物储氢法(固态储氢法);三是其他的化学储氢法。

3.3.2.1　化学重整储氢法

　　化学重整储氢法是指先将氢气用化学方法转换为(便于储存、便于运输的)其他液体燃料,若需要氢气时,再通过逆反应将这些液体燃料重整为氢气。在这方面,最典型的液体燃料就是甲醇与液氨。

　　(1) 甲醇储氢

　　在高温和相应催化剂的联合作用下, H_2 与 CO_2 可一步转化为甲醇,这是较为成熟的化工工艺,其能量转换效率超过 50%。这种制取甲醇的工艺还消化了 CO_2,从而为"碳中和"战略做出较大的贡献。如果该工艺中所用的氢气是绿氢,则所制成的甲醇就叫作:绿氢甲醇(或绿色甲醇),这种甲醇还有"液态阳光甲醇"之美称。

　　甲醇的体积能量密度高、稳定性好,所以,甲醇的储存与运输都很方便。另外,甲醇的安全性也远高于氢气。在应用端,甲醇既可以被直接利用,也可以给予适合的条件让其分解为氢气后再使用。

　　至于能量密度更高的乙醇以及相对分子质量更高的醇类,尽管它们可以通过化学或生物的方法从其他途径来获得,但是,迄今还难以由 CO_2 加氢工艺来直接制取。

　　(2) 氨储氢

　　将氮气(N_2)与氢气(H_2)通过加压催化反应来合成为液氨(NH_3),该化工工艺也很成熟,而且其工业化生产设备很齐全。

　　液氨能够以较高的能量密度来储存与运输。在使用端,液氨可以直接燃烧(燃烧液氨的火力发电系统,其效率只比燃液氢时略低一点),燃烧产物是无毒、无害的氮气和水。如果必须直接用氢气,在常压、400 ℃的条件下可将液氨分解来制取 H_2,该转化工艺通常用钌系、铁系、钴系与镍系的催化剂,其中,钌系催化剂的活性最高。

　　与甲醇储氢法相比,氨储氢的缺点是:液氨在储运时还需要加压,另外,液氨释放 H_2 的过程既要吸热,又会散发有毒物质。

3.3.2.2　金属氢化物储氢法

金属氢化物储氢法是利用某些金属与 H_2 反应形成金属氢化物来储氢。

由于金属氢化物是固态物质,所以,金属氢化物储氢法又叫作:固态储氢法。这种储氢法的基本原理如图 3.29 中所示,具体是:在合适的温度与压强下,储氢合金能够大量吸收 H_2 并与之发生化学反应,从而形成金属氢化物,即储存化合氢。如果想提取氢气,只需要让金属氢化物受热达到一定的温度,便可以分解释放出 H_2。

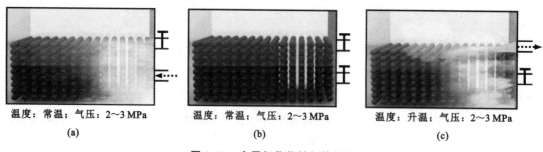

温度:常温;气压:2～3 MPa　　温度:常温;气压:2～3 MPa　　温度:升温;气压:2～3 MPa
　　　　(a)　　　　　　　　　　　　　　(b)　　　　　　　　　　　　　　(c)

图 3.29　金属氢化物储氢的原理

(a) 向合金体喷入氢气(进气);(b) 合金体吸氢后变为金属氢化物晶体(储氢);(c) 合金氢化物受热后释放 H_2 且被导出(排气)

(图片来源:CCTV13 于 2023 年 3 月 26 日播放的节目《朝闻天下》)

中央广播电视总台 CCTV13(新闻频道)在 2023 年 3 月 26 日有一个报道:中国南方电网公司的固态储氢项目于 2023 年 3 月 25 日在广州市与昆明市同时启动运行,这是我国首次实现了固态氢能发电并网,参见图 3.30。

图 3.30　央视相关新闻报道的截图

(图片来源:CCTV13 于 2023 年 3 月 26 日播放的节目《朝闻天下》)

这次(广州市、昆明市)固态氢能发电并网的成功,标志着中国在固态储氢(金属氢化物储氢)方面已经实现产业化。我国这方面的技术也处于国际领先地位。

低成本的金属氢化物主要有锂氢化物、锂铝氢化物,这种由碱金属(或者其合金)与 H_2 反应生成(离子型)金属氢化物的储氢法也叫作:配位氢化物储氢法。这种储氢法对于运输氢具有特殊意义,这是因为很多运氢的储罐为全金属质或内胆为金属(按质量计,运氢储罐的金属质超过 90%)。然而,这些低成本金属材料的储氢效率并不高。

能够高效储氢的储氢金属由ⅢB—ⅦB族与Ⅷ族的过渡金属以及ⅡA族碱土金属和其他个别金属构成,它们主要有五大类:AB_5 型稀土-镍系(稀土系);AB_2 型 Laves 相(锆基或钛基);AB 型钛-铁系(钛系);A_2B 型镁系(镁系);钒基固溶体材料(钒系)。

这些储氢金属可以储存比其自身体积大 1000～1300 倍的氢,所以,它们的储氢密度大,而且,其储氢过程也安全稳定。请注意,金属氢化物储氢还有纯化氢气的作用,这是因为储氢金属只会与吸收的纯 H_2 发生化合反应,不会与其他气态杂质反应。这样,在释放氢气时,就只释放 H_2,从而得到了高纯氢。

能够高效储氢与纯化氢气是金属氢化物储氢法的优点。然而,请注意:储氢金属吸氢时,因化合反应放热会膨胀;反之,释放氢气时,因分解反应吸热会收缩。源于此,在使用过久后,因为反复的膨胀/收缩之交变应力作用,储氢金属体容易遭受粉碎性破坏(变成一堆颗粒),这是使用金属氢化物储氢法时值得注意的问题,这也是该储氢法一个缺点。

以下就来列举上述五大类典型的储氢金属氢化物[6]。

(1) AB_5 型稀土-镍系储氢材料

典型的 AB_5 型稀土-镍系储氢金属氢化物包括:$LaNi_5H_{6.0}$、$MmNi_5H_{6.3}$、$MmCo_5H_{3.0}$、$Mm_{0.5}Ca_{0.5}Ni_5H_{0.5}$、$Mm_{0.9}Ti_{0.1}Ni_5H_{4.5}$、$MmNi_{4.5}Mn_{0.5}H_{6.6}$、$MmNi_{2.5}Co_{2.5}H_{5.2}$、$Mm_{4.5}Ni_{4.5}Al_{0.5}H_{4.9}$、$MmNi_{4.5}Cr_{0.5}H_{6.3}$、 $MmNi_{4.5}Si_{0.5}H_{3.8}$、 $MmNi_{4.5}Cr_{0.25}Mn_{0.25}H_{6.9}$、 $Mm_{0.5}Ca_{0.5}Ni_{2.5}Co_{2.5}H_{4.5}$、$MmNi_{4.5}Al_{0.45}Ti_{0.05}H_{5.3}$、 $MmNi_{4.7}Al_{0.3}Ti_{0.05}H_{5.6}$、 $MmNi_{4.5}Mn_{0.45}Zr_{0.05}H_{5.2}$、 $MmNi_{4.5}Mn_{0.5}Zr_{0.05}H_{7.0}$、$MmNi_{4.7}Al_{0.3}Zr_{0.1}H_{5.0}$、$LaNi_{4.6}Al_{0.4}H_{5.5}$等(这里,Mm 表示混合稀土金属元素)。

(2) AB_2 型 Laves 相储氢材料

常用的 AB_2 型 Laves 相储氢材料主要有锆基和钛基这两类,典型的 AB_2 型或 $A_{1+}B_2$ 型 Laves 相储氢金属氢化物包括:$ZrCr_2H_{3.8}$、$ZrCr_2H_3$、$ZrMn_2H_3$、$ZrV_2H_{2.8}$、$ZrV_2H_{4.9}$、$TiCr_{1.8}H_{2.6}$、$TiMn_{1.5}H_{2.5}$(图 3.30 的报道就是使用这种材质来储氢)、$Ti_{1.2}CrMnH_{3.36}$、$Ti_{1.2}Cr_{1.2}Mn_{0.8}H_{3.20}$、$Ti_{1.2}Cr_{1.9}Mn_{0.1}H_{2.92}$、$Ti_{1.1}Cr_{1.2}Mn_{0.8}H_{2.91}$、$Ti_{1.3}Cr_{1.2}Mn_{0.8}H_{3.24}$、$TiCrMnH_{3.17}$ 等。另外,也还有一些成分更为复杂的多元合金体系[例如,$Ti_{17}Zr_{16}V_{22}Ni_{36}Cr_7$、$Ti_{16}Zr_{16}V_{22}Ni_{39}Cr_7$ 等属于 Ti-Zr-V-Ni-M(这里,M=Cr、Mn、Fe、Co、……)体系的多元合金],同样具有储氢功能。

(3) AB 型钛-铁系储氢材料

典型的 AB 型钛-铁系储氢合金包括:TiFe 合金、$TiFe_{0.90}Mn_{0.10}$ 合金、$TiFe_{0.85}Mn_{0.15}$ 合金、$TiFe_{0.80}Mn_{0.20}$ 合金、$TiFe_{0.70}Mn_{0.30}$ 合金以及掺 Mm 的 TiFe 合金、掺 S 的 TiFe 合金等(这里,Mm 表示混合稀土金属元素)。

(4) A_2B 型镁系储氢材料

典型的 A_2B 型镁系储氢氢化物包括:MgH_2、Mg_2NiH_4、$Mg_2Ni_{0.75}Fe_{0.25}H_4$、$Mg_2Ni_{0.75}Co_{0.25}H_4$、$Mg_2Ni_{0.9}Cu_{0.1}H_4$、$Mg_2Ni_{0.75}Zn_{0.25}H_4$、$Mg_2CuH_3$、$Mg_3CaH_{3.7}$ 等。另外,Mg-Re 系、Mg-Ni-Cu 系、Mg-Ni-Cu-M 系(这里,M=Mn、Zr、……)、La-M-Mg-Ni 系(这里,M = Ca、Zr 等)的镁系储能合金都具有较好的储氢性能。人们还发现:非晶态的 Mg-Ni 系合金也具有很好的储氢效果。

(5) 钒与钒基储氢固溶体材料

钒与钒基储氢固溶体材料在储氢时可以生成 VH 或 VH_2 这两种类型的氢化物。这里所说的钒基储氢固溶体材料,具体包括 V-Ti、V-Ti-C、V-Ti-Ni 等体系的固溶体材料。对于 V-Ti-Ni 储氢材料体系,人们研究较多的是 V_3TiNi_x($x=0\sim0.75$)。

除了配位氢化物储氢以及上述五大体系储氢材料以外,利用金属有机框架物储氢也可以归类为金属氢化物储氢法。金属有机框架物(metal organic frame,缩写 MOF)又叫作:金属有机配位聚合物,这是由金属离子与有机配体形成的(具有超分子微孔网络结构的)类似于沸石的材料。通过改性有机成分,能加强金属与 H_2 的相互作用。MOF 储氢法具有储氢量大、产率高、结构可调、功能可变等特点,但是,该储氢法需要在高温条件下操作。

3.3.2.3 其他化学储氢法

其他的化学储氢法包括:无机物储氢法、有机液态氢化物储氢法、气浆储氢法、粉末储氢法、电解铝储氢法等。

(1) 无机物储氢法

请注意:这里所说的无机物是指无机化合物或者无机盐。

无机物储氢法的典型案例有:第一,某些络合金属氢化物(例如,NH_3BH_4、$NaBH_4$)在被加热时可分解释放出 H_2,所以,这些络合金属氢化物是较好的储氢介质;第二,碳酸氢盐与甲酸盐之间相互转化可实现储氢与放氢,这种储氢方法便于大量储运氢,安全性也很好,只是其储氢量和可逆性不太理想;第三,硼化氢纳米片在紫外线的照射下也会大量释放氢,甚至在常温、常压下通过光照硼化氢纳米片也能够释放出氢。

水合物储氢法也可以归类于无机物储氢法,它是指:在低温、高压条件下,让 H_2 生成固态水合物来储存。由于这些含氢固态水合物在常温、常压时即可分解,因此,该储氢法的脱氢速度快、能耗低,同时,由于该储氢法的储存仅仅需要水,所以具有成本低、环保性好、安全性高等特点。这种储氢法的储氢介质有:Ⅰ型水合物、Ⅱ型水合物、H型水合物、半笼型水合物。然而,因为储氢密度较低,水合物储氢法距离实用化还有一定的路程要走。

(2) 有机液态氢化物储氢法

有机液态氢载体的英语缩写是 LOHC(liquid organic hydrogen carriers),因此,有机液态氢化物储氢法也叫作 LOHC 技术。

这种储氢法是基于不饱和液态有机物可在相关催化剂的作用下进行加氢反应,从而生成稳定的化合物。需要氢气时,再进行脱氢反应,例如,苯(甲苯)是典型的有机液态化合物储氢剂,它们与 H_2 反应后会生成环己烷(甲基环乙烷)。这种载氢剂在常压、室温下呈现液态。

该储氢法的优点是:储氢反应的可逆性好、储氢密度高。该储氢法的氢载体储运方便、安全,所以适合于长途运输,也可以利用输油管道来输送。该储氢法的缺点是:操作条件苛刻、加氢和脱氢装置较为复杂,而且,脱氢是在低压、高温条件下进行的,脱氢反应的效率较低(高温容易使催化剂因结焦而失去活性)。有的还有储氢剂的副反应,这会造成氢气的纯度较低。

(3) 气浆储氢法

该储氢法的本质是将储氢材料制成浆体。由于制备浆体是手段,因此这种储氢法与其他储氢法会有所重叠。该储氢法的典型案例有:第一,美国布鲁克海文国家实验室(Brookhaven National Laboratory,缩写 BNL)曾经将储氢合金 $LaNi_5$ 粉末加入大约 3% 的十一烷或者异辛烷液中,从而制成了可流动的浆体储氢材料[20];第二,浙江大学国家氢能 973 项目组曾系统地研究过高温型稀土-煤基储氢合金及其氢化物在浆液中催化液相苯加氢反应的催化活性问题[20];第三,通过线上网络还可以搜索到更多(与气浆储氢法相关的)技术信息(包括发明专利)。

(4) 粉末储氢法

粉末(粉体)所具有的巨大表面积可以加速化学反应与物质扩散的进度。请注意:粉末制备只是手段,所以粉末储氢法与其他储氢法会有一些重叠。粉末储氢也是现今储氢领域的研究热点,这方面的典型案例有:硅基粉末储氢技术、铝镓纳米颗粒粉末储氢技术、氮化硼粉末储氢技术、镁系粉末储氢技术等。

(5) 电解铝储氢法

电解铝储氢法是指:先电解铝土矿石来制铝,铝被储存。需要氢气时,让铝与水反应生成 $Al(OH)_3$ 与 H_2——氢气被使用,再电解 $Al(OH)_3$ 制铝、储存铝。

以上介绍的是若干典型的储氢方法。

至于具体的储氢设施,按其应用来划分,共有三类:固定式储氢设施[参见图 3.23(b)、图 3.24 以及图 3.30]、运输氢用的储氢容器[参见图 3.23(a)、图 3.31 与图 3.32]、可移动器具(无人机、机动车等)所用的小型储氢瓶[参见图 2.27(a)]。

利用车辆、用火车、用船舶来运输储氢容器都属于氢储运装置(注:输氢管道只输送氢气,不涉及储氢)。如图 3.31 与图 3.32 所示的就是用卡车来运输储氢容器的情形。

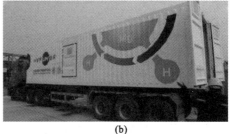

(a)　　　　　　　　　　　　　　　　　　　(b)

图 3.31　国内运输储氢容器的大卡车

(a) 运输(高压气态)储氢罐的常规卡车;(b) 上海交通大学氢科学中心研发的(镁储氢)集装箱运输卡车

[图片来源:CCTV2 于 2023 年 3 月 26 日播放的节目《中国经济大讲堂》(固态储氢 前程在"镁")]

图 3.32　国外运输(液化)储氢罐的卡车[19]

码 3.19

有关储氢技术以及氢储运技术的更多介绍,参见码 3.19 中所述。

本章介绍了储电、储热与储氢这三个方面的储能知识。人类之所以热衷于储能,主要就是为了让(经过开发后而获得的)优质能源可以连续供给、按需供给、高效供给,从而提高能量的利用率以及人们使用的便利性。

当然,只用储能方法来提高能量利用率还不够,还需要在能源的开发与转运、能量的转换与利用等各个环节做到尽可能节约,这便是节能。另外,在能源(尤其是传统能源)开发与利用过程中,或多或少地都会导致污染物释放、生态改变,也会伴随着 CO_2 排放。治理这些污染物与生态变化有利于环境保护与可持续发展。减少温室气体 CO_2 的排放,将排放的 CO_2 加以回收、贮存和再利用是缓解地球持续变暖的碳减排行动。

基于以上所述,节能、环保、减排便是下一章(第 4 章)的三大主题词。

思　考　题

3.1　什么叫作长时储能? 什么叫作短时储能?

3.2　为什么需要储能?

3.3　物理储能包括哪些具体的储能方法? 化学储能包括哪些具体的储能方法?

3.4　含能体能源储存容易,还是过程性能源储存容易?

3.5　物理储电法具体包括哪些? 化学储电法主要是指什么?

3.6　流体储电法具体包括哪些?

3.7　为什么压缩空气储能电站还需要有储热装置?

3.8　人们所说的电池主要是指化学电池。请问:化学电池充电时,能不能直接充交流电?

3.9　化学电池放电时,所输出的电能是交流电,还是直流电?

3.10　英语中表示电池的单词有两个:battery 与 cell,它们的含义有什么区别?

3.11 在电池的电极中,活性物质的作用是什么?

3.12 锂离子电池的集流体是不是导电体? 电池电极的导电体是电子导电还是离子导电?

3.13 电池的电极端子(或称:接线端子)有什么作用?

3.14 电池内部电解质中的导电是离子导电。请问:为什么电解质不允许电子导电?

3.15 电解质隔膜的作用是什么?

3.16 化学电池共有哪几种类型?

3.17 一次电池也叫作原电池,请你列举几种类型的一次电池。

3.18 二次电池的比能量与比功率有什么区别? 它们的单位是否相同?

3.19 在锂离子电池问世之前,有哪几种二次电池已经被使用了?

3.20 为什么枝晶锂对于锂电池的危害非常大?

3.21 与传统的二次电池相比,锂离子电池的优点是什么?

3.22 除了锂离子电池以外,已被研究或已应用的其他离子蓄电池还有哪些?

3.23 在研发与应用方面,其他较为热门的二次电池还有哪些?

3.24 现在常用的锂离子电池三元正极材料主要有哪两种?

3.25 磷酸铁锂电池与三元锂电池,在能量密度方面哪个更高? 在安全性方面哪个更好?

3.26 磷酸铁锂电池的低温性能怎么样?

3.27 当前,锂离子电池负极材料的发展方向是什么?

3.28 关于锂离子电池的集流体,正极用铝箔、负极用铜箔。然而,钠离子电池的正、负极集流体都是用铝箔,为什么?

3.29 从材料与化学的角度来说,固态电解质的材质主要有哪三大类? 另外,半固态电解质、准固态电解质的含义是什么?

3.30 你认为石墨烯在蓄电池方面的应用前景如何?

3.31 你认为锂硫电池、钠硫电池(高温型)的应用前景怎样?

3.32 你认为金属-空气电池的应用前景如何?

3.33 典型的液流电池有哪些? 哪种液流电池的容量最大而适合于电网的"削峰填谷"?

3.34 与电容器相比,为什么超级电容器的储电量能够大大地增加?

3.35 请列举几个机械储能法应用的实例。

3.36 超导电磁储电法的缩写是 SMES,它是以什么方式来储存电能的?

3.37 储热包括物理储热法与化学储热法,请问:物理储热法具体包括哪三种储热法?

3.38 人们常说的 PCM 材料是什么材料? 这种材料有什么应用?

3.39 物理储氢法有哪两类储氢方法? 化学储氢法包括哪三类储氢方法?

3.40 为了便于储氢,人们用哪三种方法来缩小氢气的体积?

3.41 能够高效吸附氢气从而达到储氢效果的材料有哪些?

3.42 在化学重整储氢法中,两种最常用的储氢介质是什么?

3.43 金属氢化物储氢法是属于固态储氢,还是属于液态储氢?

3.44 在金属氢化物储氢材料中,AB_5 型、AB_2 型、AB 型、A_2B 型、钒基固溶体分别与哪一个体系(钛系、钒系、锆系、稀土系、镁系)的储氢材料相对应?

3.45 你认为其他化学储氢法还有哪些? 请你列举几个。

3.46 具体的储氢设施有哪三大类?

习　题

3.1 基于第 3 章中所述,再查阅更多参考资料,撰写一篇关于储能技术及其材料的综述性小论文。

3.2 基于第 3.1.1 小节中所述,再查阅更多参考资料,撰写一篇小论文来介绍用流体作为储能介质以实现电能有效储存的具体案例。

3.3 基于第 3.1.2 小节中所述,再查阅更多参考资料,撰写一篇关于化学电池的小论文。

3.4 基于第 3.1.3 与第 3.1.4 小节中所述,再查阅更多参考资料,撰写一篇有关超级电容器以及其他电能储存方法的小论文。

　　3.5　基于第 3.2 节中所述,再查阅更多参考资料,撰写一篇有关储热技术的综述性小论文。

　　3.6　基于第 3.2 节中所述,再查阅更多参考资料,撰写一篇综述储氢技术的小论文。

　　注:上述小论文的格式要符合国家标准 GB/T 7713.2—2022 中关于学术论文的规范要求,而且重点要有:题名(题目)、摘要(中文、英文)、关键词(中文、英文)、正文、参考文献。另外,参考文献的次序按照引用的先后顺序来排列(正文中也要标注序号),参考文献的格式要符合国家标准 GB/T 7714—2015 的要求。

4　节能减排篇

本章的内容分为两大部分:节能技术与环保减排。这两个方面的技术(或措施)都是有利于人类社会的节能减排与可持续发展,从而有利于我国实现双碳目标。

4.1　典型的节能技术

古人云:"天育物有时,地生财有限,而人之欲无极"(引自:白居易《策林二》),这个说法是反映了自然资源与社会所需之间的一对矛盾。为此,人类既要取之有时、用之有度,也需要随源开智、物尽其用。这也就是说,我们应当从有限的可开发资源中,最大化地利用其潜能。

具体到我国的资源现状,我们常说:中国地大物博、物产丰富。然而,请记住:这是对于整体而言。具体到各个地方,我国各种资源的分布并不均匀。以能源为例,尽管我国的能源总量很丰富,但是,可开发的能源却有限,而且人均较低、分布不均、开发较难。为此,国家很重视全社会的节能工作。

按照 2008 年 4 月 1 日起施行的《中华人民共和国节约能源法》,节能是基本国策。节能乃是节约能源的简称,这里说的能源是指煤炭、石油、天然气、生物质能、电力、热力以及其他直接取得或者通过加工与转换而取得有用能的各种资源。节能需要加强用能管理,要采取技术上可行、经济上合理以及环境和社会可承受的措施,从能源生产到能源消费的各个环节,降低消耗、减少损失、减少污染物排放以及制止浪费,从而有效合理地利用能源。任何单位、团体和个人都应当依法履行节能的义务,检举浪费能源的行为,积极地宣传有关节能的法律、法规和政策,即要有自觉行为以及发挥舆论的监督与宣传作用。

由此看来,节能的范围很广、条目较多。节能既涉及节能管理,也覆盖各种能源,还遍及各行各业,亦用到各种技术,因为篇幅所限,本教材无法包含其全部。这里,特选三个典型方面的节能技术加以简介,分别是:建筑节能技术、工业余能利用与节省电能技术。

4.1.1　建筑节能技术

我国大部分地区处于温带,在其建筑物内,冬季需要供热,夏季需要制冷。现在的中国,除了北方在冬季实行集中供热以及一些大单位拥有中央空调以外,更多地方的供热或制冷是利用分散在各家各户的取暖器、暖风机、空调机、电风扇等。基于此,现代建筑物是耗能的(耗燃料、耗热、耗电)。而且,现代建筑物面广、量大,因此,在建筑节能方面的潜力也很大。有关建筑节能方面的技术主要有:建筑物的保温隔热[①],建筑门窗节能,低能耗的供暖、制冷、采光,建筑物光伏发电,建筑物储电等。

4.1.1.1　建筑物本体的保温隔热

在建筑物的表面覆盖保温隔热材料层(参见图 4.1),这是建筑节能的一项基本举措。在冬季,该

---

① 就材料本身而言,保温与隔热没有区别。但是,就建筑物而言,保温与隔热是有区别的:任何建筑物都是夏天隔热、冬季保温,即保温与隔热的传热方向是不同的。

保温层可大大减少建筑物表面的散热,尤其对于北方建筑物,保温效果好可以减少冬季供热的能耗,这不仅经济合算,也能够减少供热站的有害排放,即有利于环境保护。在夏季,建筑物的隔热效果好,可以有效减少空调机的耗电量,这同样有利于节电与环保。

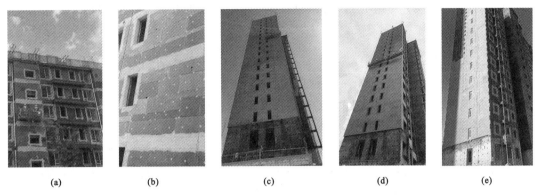

图 4.1　某建筑施工现场正在安装新建楼房的保温隔热层

(a) 正在固定第 1 层(保温砖);(b) 已固定好的第 1 层(保温砖);(c) 大部分安装好的第 2 层(保温板);
(d) 正在安装第 3 层(保温板);(e) 已部分安装好的第 3 层(保温板)

4.1.1.2　建筑门窗的节能

除了建筑物墙体需要有保温隔热措施以外,建筑门窗的节能也同等重要。这是因为,第一,建筑门窗是建筑物必不可少的组成部分,第二,门窗玻璃厚度比墙体薄,因此冬季通过门窗的散热量很大,夏季外界通过门窗传入室内的热量很多。为此,现代建筑行业很重视建筑门窗的节能,即现代建筑物的节能效果在很大程度上取决于建筑门窗的节能效果。从材料角度来看,建筑玻璃(门、窗、幕墙用的玻璃)要采用节能玻璃,这是实现建筑门窗节能的主要途径,常用的建筑节能玻璃包括 Low-E 玻璃、中空玻璃、真空玻璃等。

Low-E 玻璃也叫作:低辐射玻璃,见图 4.2。这是一种特殊的镀膜玻璃,Low-E 膜在可见光波段的透过率很高(以确保 Low-E 玻璃门窗的采光率依然很佳)。然而,Low-E 膜对于红外波段的反射率却很高(这样,在冬天可将室内热量的红外辐射能大部分反射回室内;在夏天,大部分的室外可见光照射到室内照明,而大量热辐射的红外线却被挡在室外)。

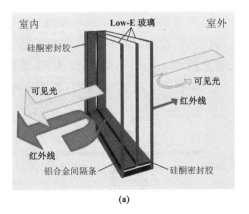

图 4.2　Low-E 玻璃及其应用

(a) Low-中空真空玻璃的结构原理;(b) 武汉市和成中心高楼的 Low-E 玻璃幕墙

中空玻璃是由两层或多层玻璃构成,各层玻璃之间的中间层就是封闭在其内的空气,因为空气的导热性能很差,所以起到了保温隔热的作用。另外,还要将(其内装有干燥剂的)铝合金间隔条使用密封胶固定在中间层的底部,见图 4.2(a)。干燥剂的作用是吸收空气中的水蒸气,以防止因为水汽冷凝在玻璃表面而使中空玻璃"起雾"。

真空玻璃的结构与中空玻璃类似,但是其隔热保温效果却比中空玻璃更优,这是因为真空玻璃的中间层被抽成真空。当然,在真空玻璃的中间层内,还要设置一些透明的微小支撑体,以抵抗外界的大气压。

中空玻璃或真空玻璃若使用 Low-E 玻璃板,其保温隔热效果效果会更好,见图 4.2(a)。

4.1.1.3 低能耗的供暖或制冷

如上所述,就我国而言,在冬季,北方地区要集中供热;南方地区通常利用空调机以及各种各样的取暖器来采暖。在夏季,各地普遍采用空调机来制冷。

实际上,从能耗的角度来看,这些供热采暖措施不尽合理。例如,对于北方集中供热,供给的是 100 ℃ 左右的水蒸气。然而,人们舒适的温度并不是 100 ℃ 左右,而是 20～30 ℃ 的环境温度。

鉴于此,如果在房间地板的下方预埋合理排布的水管(被称为:地暖管),如图 4.3 所示。在冬季需要时,向地暖管中通入温度适当的水来加热地板,再利用热空气上升而冷空气下降的室内对流,便可以保持室内适宜的温度。该供暖技术在英语中被称为:radiant floor heating(地板辐射采暖技术)。有条件的话,还可以采集地下的热水在地暖管内循环流动供暖,这样就更为节能。另外,如果当地的电价较低,也可以用电热管来取代地暖管。

图 4.3 某住房在地板下方合理布置的地暖管

在现代化住房中,普通的空调机纯粹通过消耗电能来制冷,热水供给也是通过耗电来实现。在这方面的电费是每个家庭或每个单位不少的开支。因此,低能耗的制冷或供热水也是一项有效的节能措施。这方面最典型代表就是热泵技术的应用,参见图 4.4。注:热泵中的"泵"不是提高液体势能的那种泵,而是指"泵高"热能的品质(消耗少量的电能,将低品质热能"泵送"为高品质的热能)。

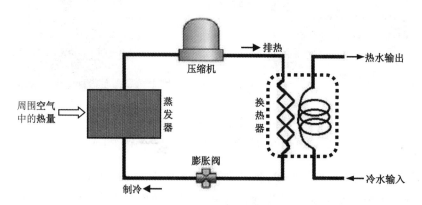

图 4.4 热泵的工作流程

就基本工作原理而言,热泵(heat pump)与压缩式制冷机(空调、冰箱)的工作原理相同,即都是按照逆卡诺循环来工作,既可供暖又可制冷。两者的不同点在于工作温度的范围不一样,另外,热泵更高效、更节能。

按照热源种类的不同,热泵分为:空气源热泵、水源热泵、地源热泵、高温空气能热泵、双源热泵(水源热泵＋空气源热泵)等。

空气源热泵的运行原理参见图 4.4:蒸发器从空气中吸取热量,再传给工质使其蒸发,工质蒸气被压缩机压缩后会升压、升温,然后通过换热器产生热水。关于空气源热泵的工质,常压下的沸点为 -40 ℃,凝固点低于 -100 ℃。实际运行时,该工质的蒸发极限温度约为 -20 ℃,因此,空气源热泵适合于低温供热。

水源热泵是通过消耗少量电能来实现低温水中的热量传向高温水(请参考图 4.4),即水可作为夏季热泵空调的冷源与冬季热泵供暖的热源(夏季将建筑物内空气的热量"取出"后送到水中,从而使室内制冷;冬季从水中"提取"热能,送到建筑物中供暖)。

地源热泵是利用浅层地热资源(浅层地下水、土壤,甚至地表水),这些地热资源可作为冬季热泵供暖的热源与夏季热泵空调的冷源(工作原理可参考图 4.4)。通常来说,每消耗 1 kW·h 的电能,便可以得到 4 kW·h 以上的热量或冷量。

高温空气能热泵的工作原理也见图 4.4。这种热泵可产生超过 60 ℃ 的热水(甚至 85 ℃ 的热水,以用于电镀、消毒、清洗、洗浴、印染等)或超过 80 ℃ 的热风(可用于烘干等工序)。

4.1.1.4 室内引来太阳光照明

光纤(光学纤维,optical fiber)让入射光线在它的芯料(高折射率)与其皮料(低折射率)之间反复地全反射,这样可以实现光的几乎无损耗传播,参见图 4.5。

光纤价格曾经很高,随着光纤产量不断提升,其价格越来越低。于是,(作为光信号传输信息的)光纤也被用到其他行业之中。

现在,高楼大厦遍布在城市之中,有些城市建筑物的间距很密,这些因素严重影响到建筑物的室内自然采光效

图 4.5 光纤几乎无损耗地传播光

果(在地下室内,甚至没有自然光)。鉴于此,在城市建筑物各个室内,现在普遍利用电光源照明,这是城市的主要电耗之一。

若将光纤作为传送太阳光的媒介,在白昼时段,将自然的太阳光引送到(采光困难或者无光可采的)室内,以作为室内照明光源(参见图 4.6),这将会有效地降低城市照明的电耗。

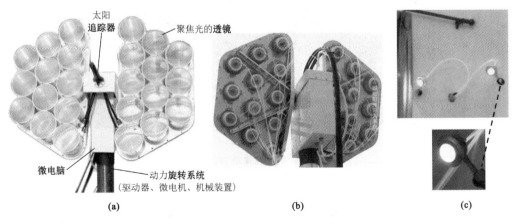

图 4.6 智能阳光导入的自然光照明系统

(a) 室外采光系统的正面;(b) 室外采光系统的背面;(c) 室内的照明效果

[图片来源:CCTV10 于 2020 年 1 月 3 日播放的节目《时尚科技秀》(智能阳光导入系统)]

图 4.6 中所示的太阳追踪器是一个高科技的传感器件,它与该系统中的微电脑、驱动器、微电机、机械传动装置协同工作,能够将太阳光最大程度地聚焦到光纤输入端,从而可以获得最大的太阳光利用率。

显然,图 4.6 所示的采光系统需要高科技。在澳大利亚,某公司还研发了科技含量没有那么高的自然光采集照明系统。该系统的要点是:第一,它的太阳光采集器是一个类似于球形结构的"多面体玻璃球",该"玻璃球"的每个面都是一个菲涅尔透镜(它的聚焦原理参见图 2.44 与图 2.45);第二,其光传输系统也是利用(与光纤传输光原理相同的)全反射传输光原理,即光线在圆筒状的(低折射率的)光疏介质与(高折射率的)光密介质之间几乎无耗损地反复全反射传播;第三,该系统还配备有光伏板与蓄电池,所储存的电能可保证在阴雨天(甚至晚上)仍然能够正常照明。

4.1.1.5　建筑与光伏发电以及储能相结合

建筑物不仅是人类的居住场所、工作场所、储存场所,其本身也拥有可采光的外墙壁、房顶(屋顶)以及一些平台,这些地方是可以摆放或安装光伏组件来实现建筑物自身发电,这便是在第 2.2.1.4 中所介绍的 BMPV 技术。该技术包括 BAPV 技术(建成后的建筑物上面再安装光伏组件)、BIPV 技术(建造建筑物时就安装光伏组件,即建筑与光伏发电实现一体化)。

BMPV 技术让建筑物不仅是耗电场所,也成为发电场所(太阳能光伏发电),参见图 4.7。另外,某些高层建筑上还可以安装一些(安全的、适合于城市环境的)小型风力发电机。

(a)

(b)

图 4.7　会发电建筑物的照片

(a) 建筑物楼顶上安装光伏组件(BAPV);(b) 光伏发电玻璃构成建筑物幕墙(BIPV)

除了发电,现代建筑物还有储电的功能,例如,向混凝土中添加一些炭黑,可使其能够导电,再以不同的钢筋(不同技术处理的钢筋)分别作为正极、负极的集流体,就会使得建筑物成为一个大电池(参见码 3.6)。这样的建筑物能够对电网供电"削峰填谷",从而提高建筑物的用电能效。

关于建筑节能方面的更多资料，如码 4.1 中所述。

4.1.2　工业余能的利用

工业领域的门类众多，因此各个工业领域的节能措施不尽相同，即具体的措施因生产工艺而异。总而言之，凡能够提高各种工业设备运转过程之能量利用效率的［参见式(1.21)以及式(1.22)～式(1.25)］任何举措都是各个工业领域的节能措施。

然而，任何工业设备的能量利用效率都有理论极限(小于100%)，而且，工业设备实际运行中的能量利用效率低于对应的理论极限。这就意味着：供给任何工业设备的能量在助力该设备完成相应的工艺生产任务以后，还会有余能存在，这被称为"工业余能"。对于工业余能的进一步充分利用，乃是各个工业领域节能降耗的共性之一。

对于工业余能的利用，主要体现在这 4 个方面：可燃废弃物的利用、废气余热的利用、工业余汽的利用、工业余压的利用。这四部分内容也就构成了本小节的四个条目，相关的内容如下所述。

4.1.2.1　可燃废弃物的利用技术

可燃废弃物是放错了位置的能源，它们也是可以循环利用的资源。可燃废弃物曾经被填埋处理，后来又实施了焚烧垃圾发电的措施。然而，简单地焚烧垃圾，烟气中会有很多有害物。为此，还需要采取多项环保措施来收尘、吸收有害物质以及脱硫、脱硝等。在工业领域中，处理可燃废弃物的最好方法则是现代水泥厂普遍使用的协同处置(co-processing)技术。

现代水泥厂不仅可以无害化地处置其他工业领域产生的一些可燃废弃物，也能够有效处置社会层面产生的可燃废弃物，而且无有害排放、无二次污染。

具体来说，现代水泥厂是通过新型干法水泥回转窑系统将可燃废弃物做无害化焚烧，以实现协同处置。这样做，水泥回转窑系统不仅烧成了水泥熟料(继而磨制水泥)，也解决了可燃废弃物的环境污染问题，还显著地降低了水泥窑系统的燃料消耗量，从而取得了明显的节能效果。

新型干法水泥回转窑系统之所以能够完全协同处置可燃废弃物，这是因为，在该系统内存在高温(可热解有害物质)、高浓度粉尘(可吸附有害物质)、碱性成分[1](可以中和有害物质)、盐根[2](可固化有害物质)，这样就能够大大降低有害物的浓度。另外，水泥回转窑系统内的负压又使得任何有害物都不会外溢到环境之中，从而避免了"二次污染"。

当然，现代社会产生的可燃废弃物数量巨大，因此，应当采取多重举措来解决，例如，可燃废弃物中含有的大量有机质(尤其是塑料垃圾、生物质垃圾等)，可以利用高温(绝氧)热解、加热(加氢)催化反应等方法将其转换为燃料油或者气体燃料或者化工行业用的合成气$(CO+H_2O)$。

4.1.2.2　废气余热的利用技术

这里所说的废气是指工业生产线尾端排放的那些(工艺生产线不再需要的)中温气体、低温气体。这部分废气仍然含有一定的热量。尽管其工艺生产线不再需要它们，但是，它们可以在其他的方面被再利用，这就是被人们称为的"废气余热梯级利用"，即力求做到"能尽所能、充分利用"。

废气余热的实际用途具体体现在余热发电、余热制冷以及其他方面应用，以下就分别介绍这几个方面的相关技术。

(1) 废气余热发电技术

这里所说的"废气余热"是指工业生产线上各种热工设备所排放废气的余热。废气余热的最主要应用就是通过高效的余热锅炉来实现废气余热发电，即人们常说的"中、低温余热发电技术"。在这个方面的典型案例就是新型干法水泥回转窑系统的中、低温余热发电技术。为此，这里就以水泥厂为例

---

[1]　水泥窑系统内的碱性成分主要是指 $CaCO_3$(水泥原料中所含成分)热分解后产生的 CaO 成分。

[2]　水泥窑系统内的盐根主要是指：硅酸盐、硫酸盐、铝酸盐等。

来对废气余热发电作一概述。

新型干法水泥回转窑系统排放的废气有两种：其一是预热器（preheters，缩写 PH）排放的废气（280 ℃左右）；其二是水泥熟料冷却机（air quenching cooler，缩写 AQC）排放的余风（excess air，250 ℃左右）。

与之相对应，每条新型干法水泥生产线有两个余热锅炉——PH 锅炉与 AQC 锅炉。这两个余热锅炉所产生的高压水蒸气都被送往余热发电站的蒸汽轮机内，之后的流程便类同于燃煤火力发电厂（参见第 2.1.1.1），即高压水蒸气驱动蒸汽轮机运转，再带动发电机的转子转动，从而切割发电机内的磁感线而发电。关于蒸汽轮机发电机组的结构，参见码 2.3 中所示。

在工业领域，除了现代水泥厂普遍利用废气余热发电，现代平板玻璃厂也普遍利用废气余热发电，现代陶瓷厂、化工厂等企业也有很多（利用废气余热发电的）成功案例。

（2）废气余热制冷技术

在现代工业领域，鼓励与引导人们将废气余热加以梯级综合利用，参见国家标准 GB/T 39091—2020《工业余热梯级综合利用导则》，这意味着还要将更多的废气余热加以充分利用。

就中、低温废气余热发电技术而言，对于废气温度仍有一定的要求。而对于那些温度不再适合于余热发电的废气，还可以考虑利用其余热来制冷。在这一方面的成熟技术是吸收式制冷法与吸附式制冷法。这两者相比，前者更为高效。图 4.8 所示便是吸收式制冷系统的构成。

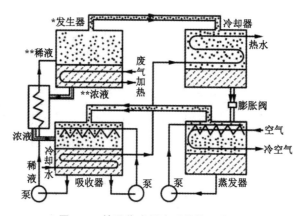

图 4.8　某吸收式制冷系统的工作原理

* 发生器（generator）是产生制冷剂蒸汽的装置；** 稀液指溶剂浓度低，浓液指溶剂浓度高

吸收式制冷系统是利用溶质（制冷剂）和溶剂（吸收剂）组成的溶液来实现制冷。它的工作原理是：当发生器中的该溶液受热后，该溶液的溶解度会降低，从而会蒸馏出溶质蒸汽。该蒸汽在冷却器内被冷却为"冷却剂液体"。该液体流入蒸发器（低压真空室）后，由于低压而蒸发，且因蒸发而吸热，从而产生了制冷效果，同时，也产生了由溶质构成的制冷剂蒸汽。随后，该制冷剂蒸汽被从蒸发器送入吸收器。

在吸收器内，这种（由溶质构成的）制冷剂蒸汽遇到了从发生器回流而来的浓液（溶剂的浓度高），于是，这种（溶质构成的）制冷剂蒸汽被（溶剂浓度高的）浓液所吸收，从而导致了溶质浓度增加、溶剂浓度降低，这便是稀液。然后，这种稀液再被送往发生器内受热，从而再蒸馏出溶质蒸汽。

如此循环往复、周而复始，吸收式制冷系统就能够产生稳定的制冷效果。

与（空调机、电冰箱这样的）压缩式制冷设备相比，吸收式制冷系统的效率较低。尽管如此，它也能够达到 5 ℃左右的降温效果。

吸收式制冷系统常用的工作介质主要有氨（制冷剂）-水（吸收剂，0 ℃以上）、水（制冷剂）-溴化锂（吸收剂）等。

实际上，如图 4.8 所示的就是水-溴化锂吸收式制冷系统的工作原理。在该系统中，作为制冷剂

（溶质）的是水（75～140 ℃的水）蒸发后的水蒸气压强（表压）为 0.1～0.25 MPa；作为吸收剂（溶剂）的 LiBr 能够强烈地吸收水。为了满足该系统管道内的防腐蚀要求（LiBr 水溶液的腐蚀性很强），还要加入少量的缓蚀剂（Li_2CrO_4、LiOH 等）。LiBr 无毒但是有害，因此，要避免 LiBr 水溶液与人体相接触。此外，该系统排出的热水（由冷却水而来），其温度较高，可以作为生活用水。

（3）废气余热在其他方面的应用

关于废气余热的其他方面应用：第一，利用（第 2.2.2 小节中介绍的）热电材料发电，例如，在燃油汽车（或燃气汽车）的排气管内，安装温差发电装置；第二，用于预热原料工序，例如，上述提到的新型干法水泥回转窑系统的生料预热器（preheters，缩写 PH），其他工业也有类似做法（例如，陶瓷隧道窑或陶瓷辊道窑的预热带）；第三，对于那些无法用于发电、制冷、预热的低温废气，还可用于干燥原料、养护砖坯等低温工序。

4.1.2.3　工业余汽的利用技术

对于工业余汽，如果能够用于驱动蒸汽轮机运转，就送往周围的蒸汽轮机发电机组去助力发电。对于那些其主体生产线上无法利用，也无法用于蒸汽轮机发电的低温水蒸气［例如，某些工厂冷却塔排放的水蒸气（或热风）、一些工厂冷却池蒸发的水蒸气］，因其品质较低，在工业中没有再利用价值，但是，可将它们转向民用，例如，用其加热后获得的洁净热水来为周围的宾馆、食堂、住户等提供洗浴热水、厨房热水、饮用热水，也可以为周围的电镀、消毒、清洗、印染等行业提供所需的热水。

4.1.2.4　工业余压的利用技术

工业余压通常是指工业风机（包括：空气压缩机）在满足了生产所需与其他用途所需之外，尚且富余的高压气体以及某些输送管道接收端的高气压。这些高压气或高气压可以用于余压发电机组。也可以用于其他需要高压气或高气压的地方。

关于工业余能利用方面的更多资料，参见码 4.2 中所述。

码 4.2

4.1.3　节省电能

正如第 1.4.2 小节中所述，电能开发利用有三个主要过程：电能产生（发电）、电能传输（输电）与电能分配（配电）。当然，这三个连续过程的最终端就是确保客户电负荷的正常运行（用电）。因此，电力系统的四个关键环节是发电、输电、配电、用电，若再考虑高压输电需要先升压、后输送、再降压（变电），那就是电力行业常说的五大环节：发电、输电、变电、配电、用电。

关于这五大环节，前四个环节属于（电能）供给侧；用电是在（电能）应用侧。以下主要针对"电能供给侧的节能技术"与"电能应用侧的节电技术"加以介绍。

4.1.3.1　电能供给侧的节电技术

关于发电，要通过发电装置来实现。各类发电技术可见第 2 章中的介绍。关于怎样降低发电成本（经济成本、环境成本、生态成本）的问题，需要在能源种类、发电装置、发电材料等方面寻求创新。

关于输电，由电网（electricity grid 或 power grid）来完成。然而，电网只能够输送电能，不能储存电能，而且还要随时保持电网平衡（电网输入总电量＝电网输出总电量）。众所周知，用电负荷的用电量总是有所波动，风光发电（风力发电、太阳能发电）的发电量也会有波动，类似这样的波动则会显著降低发电装置与输电电网的运转能效。为此，电网配套储电装置（参见第 3.1 节）是十分重要的，这也是国家相关政策鼓励与要求的。

请注意：在现阶段，储电成本明显高于发电成本，为了减轻储电的负担，人们还发明了智能电网。智能电网能够每时每刻让上网的电能先在电网用户之间优化配置，做到不限电、不断电，多余的电能再送往储电装置中储存待用。针对智能电网，人们还发明了"虚拟电厂"技术，这是指：先利用专门的软件包以及高速信息通信技术，将众多零散的分布式发电量、众多的储能电量（这包括社会可提供的储电量,例如,电动汽车在晚上充电而白天可以提供的储电量)与可控的电负荷资源聚合起来,再进行电力调度的即时与优化式协调配置,从而实现全部可供电资源、整个电网与全部用电客户之间的最佳供需平衡。另外,我国还提出了"全球电力互联网"的倡议(注:电在输电线中以光速在传送,大约每秒会环绕赤道周长 7 圈半),它的原理是利用各个时区用电峰谷的差异,以求在全球大电网中优化电量的即时分配,这样会大大减轻储电的负担。

关于变电,要减少变压的次数,要选用"节能型的变压器"服务于电网,力图做到既节能、又环保。特别是对于直流高压输电线:在发电侧,低压端要逆变,高压端要整流;在用户侧,先逆变,再降压。因此,在选用直流高压输电线的变压器时,还要优选相应的换流阀(直流换流阀、交流换流阀),以便与变压器优化配置,即柔性直流高压输电技术很重要。

关于配电,要按照用户的实际需要,遵照国家和当地政府的相关政策、法律与法规,科学、合理、优化地向各个电能用户配送电能,还要力求环保效果(优先绿电供应),从而保障整个社会获得稳定的电能供应。

以上分别从电能的"发、输、变、配"这四个环节简述了电能供给侧的节能问题。但是,请读者记住:"这四个环节+储电环节"是一个完整的整体。我们要从全局角度来看待它们、优化它们,这就需要数字化与智能化的支持(即数字化赋能、智能化节能)。

4.1.3.2　电能应用侧的节电技术

电能应用侧的节电技术非常之多,这是因为当今社会的各行各业、各家各户、各个领域都要用电。

在电能应用侧,还分为"动力电线路"与"照明电线路",前者主要向大功率用电设备供电,后者则主要向公共照明、办公场所、家庭住宅、小型商铺等日用电器用户供电。因此,现代社会的各行各业、各家各户、各类人群都应该有节能意识,要掌握一些必要的节电方法与节电技术。本教材限于篇幅,对此不能够逐一介绍。这里,只选择三个方面的节电技术概述之。

(1) 要选购与使用低能耗的电器

这里所说的电器,既包括大型用电设备,也包括小型用电装置,甚至还包括一些个人的电动用品。

任何电器产品都会涉及功能、耗电、价格这三个方面的因素。在购置电器产品时,一定要购买那些功能优良、稳定且低能耗的"绿电"产品(有绿电标志的节能型电器产品)。要避免图暂时的"蝇头小利"而去购买那些高能耗的伪劣电器产品,这是因为,假如那样的话,就意味着:不仅其耗电量大,也忘记了每个人应当肩负的节能责任感。

在具体使用电器时,也要因事制宜、因时制宜地来选择合适的档次,也要适时地开关电器。这样,才能够做到:在保证电器产品功效的前提下,避免过度耗电、减少不必要的耗电。

为此,请记住这几种节能类型:第一,功效不变、能耗降低,这叫作:纯节能;第二,功效提高、能耗不变,这叫作:增值节能;第三,功效提高、能耗降低,被称为:理想节能;第四,功效大幅度地提高,能耗略有提高,这叫作:相对节能;第五,功效略有降低,而能耗大量降低,这叫作:简单节能。第六,功效不变,或功效提高,或功效略有降低、能耗为零(相对为零,例如,直接由太阳能发电装置来供电),这叫作:零点节能(或称:超理想节能)。

在上述六种节能类型中,纯节能、理想节能是国家现在提倡的、鼓励的。有时候,增值节能、简单节能、相对节能也是允许的。零点节能很难做到,尽管也有个别的案例。

(2) 变频技术的应用

变频技术主要是指"直流电与交流电相互转换,从而改变供电频率"的技术:它既可以是"交流电整流为直流电,直流电再逆变为不同频率的交流电",这叫作:交流变频;也可以是"直流电逆变为交流电,交流电再整流为不同频率的直流电",这叫作:直流变频。显然,只有脉动直流电才会有直流变频技术,这是因为就电压稳定的平滑直流电(或称:恒流电)而言,无频率可变。

由上述可知,变频技术的特点是供电频率随用电的需求而变。

变频技术对于电动机运转的节能效果最为显著,这是因为电动机(尤其是交流电动机)的转速与供电的频率成正比。有了变频技术,就可以将用电负荷的变化随时反馈给变频器,变频器会立即作出改变供电频率的响应,从而让电动机因变频而即时变速,这样做可避免"大马拉小车"的浪费现象,也不会产生"小马拉大车"的过载情况。交流电动机在工业领域(工厂用的大多数电动机为交流电动机)以及运转电器(例如,电梯、空调机、冰箱、洗衣机)的应用很广泛,因此,变频技术在电能应用侧的节能贡献很大。

除了电动机以外,变频技术还应用于高频照明设备(高频镇流器)、微波炉、变频电源、不间断电源(uninterruptible power supply,缩写 UPS)等电器设备中,具有较好的节能效果。

(3) 直驱永磁电机的应用

永磁电机是指电机中的定子是永磁体,只有转子是线圈的直流电机。永磁电机具有体积小、质量轻、效率高、特性好等优点。随着大功率半导体器件与微型伺服电机的应用,永磁电机与它们组成了变速同步电机系统。该系统可在很宽的范围内调节电机运行特性,从而可以省去变速箱等机械装置(永磁电机也因此叫作:直驱电机)。鉴于此,永磁电机的噪声低(减少了机械传递环节)、寿命长(机械磨损减少)。现在的风力发电机也使用永磁电机(参见图 2.30)。另外,永磁电动机的输出转矩以及效率会比普通电动机高 $40\% \sim 50\%$。

4.1.3.3　其他方面的节电技术

鉴于以上所述,应用侧的节电工作是很现实、很重要的。至于这里说的"其他方面的节电技术",则是指在工业领域中、在社会生活中的一些特殊节电技术。请记住:在社会实践中,蕴藏着巨大的创造力,这就需要相关科研人员去调查、去发现、去挖掘、去整理、去应用。例如,人们利用强磁材料(参见第 2.2.5.2)制作的磁轴承(或称:磁悬浮轴承[①])可大大降低轴承运转时的耗能与磨损。再比如,由于电力技术、信息技术等方面的需要,在当今的周围环境中,充满着各种电磁波(电磁波是一种能源),对此,人们成功研制了可收集(周围环境中)电磁波能量的装置,收集的这种能量既可以发电做功,也可以助力提升加热设备的升温速率,或者用于其他用途。

有关节电技术的更多资料,参见码 4.3 中所述。

码 4.3

4.2　环保减排与双碳目标

在第 4.1 节中,重点概述了三个方面(建筑、工业、电能)的节能技术。实际上,节能也有益于环保与减排(减排是指减少 CO_2 排放),从而有利于双碳目标的实现,这是因为,就我国当前的发电量构成与供热体系而言,燃煤火力发电与燃煤供热还占较大的份额,即节能在一定程度上就意味着减少化石燃料的消耗。所以说,环保减排与节能技术是不矛盾的,而且是密切相关的。或者说,要辩证地看待"节能技术"与"环保减排"之间的关系,即我们应将相关国家标准对于环境保护与减排 CO_2 的更严格要求作为鞭策节能技术不断发展的动力,而不是一种约束或者负担。

本节(第 4.2 节)将围绕着环保、减排与双碳目标而展开,即本节的内容分为三个部分:环保技术、减排技术、双碳目标。

4.2.1　环保技术

环保是环境保护的简称,环保技术涉及污染物的治理、生态保护、生态修复、人与自然和谐相处等方方面面。

---

① 除了磁悬浮轴承之外,悬浮式轴承还包括气悬浮轴承(气浮轴承,常称为:空气轴承)与箔片轴承(或称:箔轴承)。

在污染物治理方面：随着能源的大规模开发，环境污染物问题越来越严重，例如，NO_x、SO_2、NH_3等气态污染物，污水、（含重金属、有毒的、放射性的）废液等液态污染物，（含重金属、有毒的、放射性的）废料等固态污染物以及雾霾等（有毒、有害的）粉尘、胶体与絮状物。令人欣慰的是，在减少、中和、处理、处置这些污染物的方面，人类已经掌握了相关的技术，而且，已经付诸实践。

另外，塑料袋、塑料薄膜等塑料制品在当今也形成"白色污染"。对此，人们也研发了相关的技术来解决这方面的问题，例如，上海交通大学氢科学中心开展的"金氢工程"，其要点是：先利用加热催化反应的化工方法将（诸如塑料废弃物这样的）有机质废弃物转化为甲烷（CH_4），再利用余热与催化剂的作用让 CH_4 气体中的碳氢化学键断裂，所得到的 H_2 是清洁的能源（他们称其为"金氢"），收获的碳物质可以用于制作新型农业用有机肥——碳肥。

在生态保护方面：第一，尽可能不再新建燃煤火力发电厂；第二，建造水电站也需要考虑鱼类的生存、洄游、繁殖以及重要树木、重要花草的保护等问题。对此，要因地制宜地采取一些切实可行的措施；第三，选择风力发电场、光热电场的地址时，远离鸟类迁徙路线、要远离居民区（以免噪声污染、光污染等）；第四，建造潮汐能发电站、开发海洋能时，要充分考虑海洋的生态保护以及适应海洋生物的生活习性；第五，建造核电站时，要预先考虑核废料的储存与处置，要保证核反应堆运行的绝对安全；第六，开发地热能时，要充分考虑当地的地质与生态等因素；第七，开发能源材料时，要尽可能研发环境友好型材料；第八，开发生物质发电技术时，要充分考虑其对周围环境、周围生态的影响。

在生态修复方面：对于已经弃用的煤矿塌陷区、已经污染的江河湖泊、已经废弃的工厂原址等要做好抢救性、长久性的生态修复。在这个方面，优秀的典型案例是山西省大同市、安徽省淮北市利用建造光伏电站来修复采煤塌陷区的生态环境，西北等地区利用光伏板的遮阳润湿效应来治理沙漠。另外，国家层面的生态修复典型案例就是沿江各级政府对于长江流域的工厂实施拆除、强制污水处置、禁止捕鱼活动、开展环境整治等方面所做的系统性生态修复工作。

码 4.4

总而言之，对于环境与生态的保护、修复与治理，这是一个系统工程。该工程不仅涉及能源的开发、材料的生产，也遍及了山、水、林、田、路等方方面面。只要我们坚持"绿水青山就是金山银山"这一绿色发展理念，坚持人与自然要和谐相处的"天人合一"思想，就一定会有所作为。

有关环保方面的更多资料，参见码 4.4 中所述。

4.2.2 减排技术

我们通常所说的减排是指减少向大气层的 CO_2 排放量，这是因为，CO_2 是最典型的温室气体（greenhouse gas）。温室气体是指"参与热辐射，从而会给地球带来温室效应的那些多原子气体"。

在气体辐射规律中，单原子气体（例如，He、Ar）、对称的双原子气体（例如，O_2、N_2）都不会参与热辐射，不对称双原子气体（例如，CO）的热辐射能力很弱，可以忽略。只有（其分子结构中的原子数目大于 2 的）多原子气体才会明显地参与热辐射。

按照克希荷夫定律（辐射的本质规律之一），善于辐射的物质也善于吸收辐射能。所以，地表大气层中的三原子气体 CO_2、H_2O（水蒸气）会吸收部分热辐射，而且是吸收地球向外太空辐射的红外线，却让太阳光中的可见光透过，参见图 4.9。这样的结果是：太阳光可直接到达地面，而地球向外的红外辐射能却被吸收一部分，这样日积月累，地表大气层的平均温度便会逐渐上升，这就是人们常说的地球变暖现象。

该现象类似于温室（green house，也叫作：暖房，或称为：

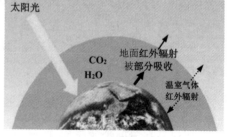

图 4.9　温室效应的示意图
（注：气体没有反射性）
（本图注重原理描述而非真实比例）

花房,俗称:塑料大棚)的透光层,该层能够让太阳辐射的可见光透入,却将地面向外辐射的红外线反射回室内,这样便造成室内温度比室外温度高。基于此,上述地球变暖的现象便被称为:温室效应(green house effect)。

温室气体 CO_2 与 H_2O(水蒸气)相对比,CO_2 浓度增加的影响更大,这是因为,空气中的水蒸气浓度增加会存在限度。若超过限度,就会以露、雾、雨、霜、雪、冰雹等形式从空气中分离,以保持空气中的水蒸气浓度不会"过饱和"。

这里,也提醒读者注意:与其他含碳的多原子温室气体相比,CO_2 的温室效果是最弱的(例如,CH_4 分子温室效果是 CO_2 分子的 $28\sim36$ 倍),所以,其他的这些温室气体必须燃烧为 CO_2 以后,才被允许排放,否则,温室效果会更严重。

该问题的第一个实例是:有时,人们在观看油田的照片或视频时,或者人们到油田去参观时,便会发现某些油田有燃烧的火炬,这样做的理由是:这些油田是油气共生,即石油中含有 CH_4、H_2S 以及一些气相含硫有机物。倘若能够将这些气体从原油中分离,然后再去储存或者使用,那固然最好。然而,考虑到成本等因素,有些油田便将这些气体燃烧后再排放,假若不烧,这些气体的温室效果会更严重,甚至可能发生窒息、爆炸等安全事故。

该问题的第二个实例是:由于担心海底坍塌会造成可燃冰中的甲烷气体发生失控性排放,因此,人类对于开发海底的可燃冰资源,至今仍保持慎重的态度。

鉴于以上所述,人们才将解决温室效应的关注点集中到如何减少 CO_2 排放的问题,这就是人们常说的减排工作。

从历史角度来看,以"燃煤获得动力"为标志的第一次工业革命发生后,人类向大气层中排放的 CO_2 量就在持续加速增加。经过这几百年的累计,大气层中的 CO_2 浓度已经达到人类几乎无法忍受的程度。这就是说,如果人类再不采取适当的措施来减少 CO_2 排放量,后果将是灾难性的,这绝不是危言耸听。

追溯地球大气层中 CO_2 浓度增加的原因,人们发现:这不仅有早期燃煤蒸汽机的贡献,更有后来燃煤火力发电厂以及钢铁厂、水泥厂、玻璃厂、陶瓷厂等传统材料生产企业以及一些化工企业的贡献(尤其是火力发电、钢铁冶炼、水泥生产、煤化工这四个耗煤大户,这是当今社会四大 CO_2 排放源)。除此以外,人类战争等因素也对大气层中 CO_2 浓度的增加有贡献。

关于交通领域,历史发展到现在,燃煤蒸汽机驱动的火车已不存在,但是,还存在着大量燃油汽车、燃 CNG[①] 的汽车。鉴于此,我国正在大力推动氢能汽车、电动汽车的发展。这些方面的技术参见第 2.2.3 小节、第 3.1.2 与第 3.1.3 小节。

对于火力发电(尤其是燃煤发电),一方面要配备高效的 CO_2 捕集装置以及采用煤中掺生物质、煤中掺绿氨等煤与低碳燃料共燃技术,实现低碳化发电;另一方面,要逐渐地减少火力发电厂的数量,将其控制在合理的规模(由于火力发电的发电量稳定、可调,因此还要保留一些火力发电厂来为电网平衡服务),以发挥火力发电的基础保障性和系统调节性。另外,在火力发电机组中,要逐渐增加燃天然气机组的占比,这是因为天然气中的碳含量远低于煤中的碳含量。

对于钢铁企业,高炉和转炉是成熟的炼铁设备与炼钢设备,焦炭在炼铁、炼钢过程中起到了加热、还原、供碳、骨架支撑的作用。现在,很多钢铁企业采用电炉炼钢(电弧炉加热熔炼),就电炉炼钢工艺而言,焦炭不再承担加热的任务,因此其用碳量明显降低。在当今十分重视减排工作这个大背景下,钢铁行业又开始用 H_2 替代焦炭的还原作用,这就是氢冶金技术(hydrogen metallurgy technology)。该技术无疑会大大降低钢铁熔炼过程中的 CO_2 排放量。

在排放 CO_2 方面,水泥生产则有其特殊性:不仅煅烧水泥熟料所需的煤粉燃烧过程会产生 CO_2,

---

① CNG 是压缩天然气(compressed natural gas)的缩写,城市公交车常用该燃料。

水泥生料受热也会释放出 CO_2（例如，$CaCO_3$ 受热分解会释放大量 CO_2）。鉴于此，在减少 CO_2 排放的道路上，水泥行业是任重而道远。当前，水泥企业在减少 CO_2 排放方面所采取的措施主要体现在实施 CO_2 捕集技术、降低煤耗技术、寻找低碳原料等方面。

在热工方面，玻璃、陶瓷的生产与水泥的生产都需要高温阶段，即需要燃料燃烧来加热升温。而有所不同的是：水泥厂常用的燃料是煤；玻璃厂、陶瓷厂则需要用更清洁的燃料。因此，在减少 CO_2 排放方面：第一，玻璃企业、陶瓷企业要像水泥行业那样来实施 CO_2 捕集技术；第二，要选用低碳的清洁燃料（例如，天然气）。至于是否选用氢燃料的问题，受成本与需求量的限制，这方面还有很长的路要走；第三，要鼓励玻璃企业采用玻璃池窑电助熔等新技术来降低燃料的消耗，以助力减排 CO_2。

关于化工企业，应优先选用新工艺、新技术来降低生产过程中的 CO_2 排放量。实际上，煤制氢、煤制油、煤制气等这些煤化工技术都有助于减排 CO_2。

对于上述 CO_2 捕集技术而言，还要采用 CCUS 技术（carbon capture，utilization and storage）与之配套，即对于捕集下来的 CO_2，要能够有效地储存以及高效地再利用。

以上只是针对 CO_2 排放量较大的若干行业，列举了几项重大减排技术的要点。若延伸到人类的社会活动中，既然节能是每个社会人的自觉行为，那么减排 CO_2 也应当是涉及每个人的大事，这方面

码 4.5

的实例不胜枚举，例如，在中国一些地方的冬季，已经用核能供热来替代燃煤锅炉供热，这是显而易见的减排 CO_2 行动。人人为我，我为人人！只要大家有自觉的意识、有效的行为，就一定能够为整个社会的 CO_2 减排做出自己实实在在的贡献。再比如，第 2.1.6.2 中所述的"太阳能转换而来的热量"既可以用于热发电，也可以直接供热[21]；当然，第 2.1.8 中所述的地热能也经常用于供热，这都有助于减排 CO_2。

有关减排技术的更多资料，参见码 4.5 中所述。

4.2.3　双碳目标

2020 年 9 月 22 日，在第 75 届联合国大会的一般性辩论发言中，国家主席习近平代表中国向世界郑重地承诺：我国力争在 2030 年前达到 CO_2 排放的峰值，努力争取在 2060 年前实现碳中和。这就是人们通常所说的双碳目标（双碳＝碳达峰、碳中和）。

双碳目标既是中国作为世界大国面对全球环境与气候的不利变化而做出的主动担当，也是造福于中国人民子孙万代的大布局。其效果将是逐渐减少（因人类活动而排向大气层的）CO_2 量，最终实现"碳中和"。有关这方面的更多资料，见码 4.6 中所述。

码 4.6

请注意，"碳中和"是一个动态目标，也就是说，碳中和将是实现 CO_2 排放与 CO_2 减少的相互平衡，也就是使 CO_2 的净排放量不再增加。

CO_2 排放也叫作：碳源（carbon source），它主要是指：因为工业化生产、现代化生活、战争行为、农业与畜牧业等人类活动所导致的 CO_2 排放量急剧增加，当然，火山爆发等地质活动也对此有贡献。

CO_2 减少也叫作：碳汇（carbon sink），即把所排放的 CO_2 汇入一起处置后，会使 CO_2 排放总量减少，具体的处置措施包括：第一，利用植物光合作用来吸收 CO_2，所以，环境绿化、植树造林①对于实现"碳中和"目标极其有利。当然，地球表面的陆地因素（例如，冻土层保留、土壤残留、某些微生物消耗、一些矿物吸附）以及海洋因素（例如，海水吸收、一些海洋生物消耗）也对于减排 CO_2 有贡献。第二，利用 CCUS 技术（carbon capture，utilization and storage）来捕集、转换、利用与封存 CO_2，从而使其排向大气层的 CO_2 总量减少。

---

　　①　所以说，绿油油的农田与菜地、绿色的树木、茂密的森林、广阔的草原等植被覆盖区以及生机盎然的湿地保护区既是粮库、钱库、水库，也是碳库。

鉴于以上所述,碳中和就是指碳源与碳汇之间的动态平衡,参见图 4.10。

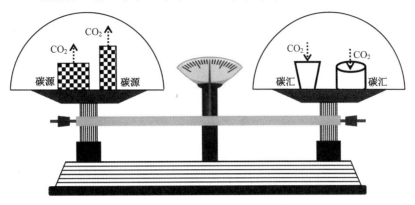

图 4.10 "碳平衡"理念的示意图

由此可知,"碳中和"不是"碳停止"。否则,那就要退回到低效劳动力的原始社会,这显然有悖于人类社会的现代化进程。所以说,"碳中和"并不是要求停止生产、去现代化、禁农家肥、禁止畜牧业,而是要求低碳(甚至零碳)的绿色生产模式、节能型生活方式、环保式农业耕种与适当的放牧。同时,利用增加植被覆盖、尊重自然规律、革新科技手段等措施来大幅度扩大碳汇。

为此,这里列举一个相关案例,也就是第 2 章中曾介绍过的传统火力发电厂(参见第 2.1.1 小节)。火力发电是安全可靠、稳定可调、经济可行的发电方式,而且经过持续的技术革新,它的污染物排放危害问题几乎被根治。基于此,燃烧化石燃料(煤、油或天然气)的火力发电至今仍然在我国占有一定的地位。但是,CO_2 排放量很大却是(燃烧含碳燃料的)火力发电厂所必须面对的严峻问题。

现在,能源界的主流观点是:将来,即便火力发电站被清洁型发电站(例如,水力发电站、风力发电站、太阳能发电站、核能发电站)所替代,也不要将火力发电厂的设备与设施拆除,而是利用氢气替代化石燃料来实现"零碳型"火力发电,或者让火力发电厂与太阳能热发电站联合工作来实现低碳发电。这样,就可以解决安全可靠、经济可行、绿色低碳这个在能源领域中很难同时满足的难题(这被称为:不可能三角难题)。

同时,也要认识到:双碳目标不仅是艰巨且光荣的时代任务,它实质上也是加速第四次能源革命的鞭策力。为此,让我们简单回顾一下:工业化对于大动力的需求催生了第一次工业革命;各行各业对于电力的需求又带来了第二次工业革命,实际上,这两次工业革命的本质都是能源革命。人类对于清洁环境的渴望加速了第三次能源革命,也就是绿色能源革命。同理,治理气候恶化的双碳目标必将会衍生出更新一次的能源革命。若借助于这场能源革命的春风,再结合第四次工业革命中问世的智能化技术,必将迎来人类社会更美好的未来。因此说,我们对于能源领域的未来,还是有着无限的想象空间………

就我国而言,以能源动力化为主要特征的第一次工业革命、以能源电气化为主要特征的第二次工业革命,由于封建社会的各种限制,中国人几乎没有贡献,或者说是完全缺席。而对于以信息化技术为主要特征的第三次工业革命,中国人赶上了"晚席"。现在,以智能化科技、低碳技术为主要特征的第四次工业革命,我国基本上与发达国家是站在同一起跑线上。为此,我们有足够的信心确保能源技术与环境保护的协调发展。在这方面,中国人最终会笑到最后。

全人类共同拥有一个地球,该星球养育着这个世界中的所有生命体,并且给他们/它们提供能量,让他们/它们拥有蓬勃的朝气(vigor),这也给人们的生活与工作带来很大的便利。只是由于前两次工业革命(其本质是能源革命)以及其他人类活动带来的一系列副作用(有害物排放带来的环境污染、CO_2 等温室气体排放所导致的气候变暖等)已经成为当前人类棘手的大问题,所以,人们必须面对现实,采取措施:第一,要对此大力治理;第二,发展清洁能源。只有这样,而且要切实执行、身体力行、持续努力,才会让能源开发利用不断给人类带来福祉的同时,也带来清洁的环境、满意的生活、和谐的社会。

　　我们要珍惜这个唯一拥有生命体的星球——地球,这是我们共同的家园! 也让我们珍惜地球上那些有限的可开发能源,让我们共同创造绿色环保的低碳时代! 这是我们美好的初心,也是子孙万代的希望。

思　考　题

　　4.1　现代建筑都设置有保温隔热层,请问:保温与隔热有什么区别?

　　4.2　对于建筑门窗的节能,Low-E玻璃、中空玻璃、真空玻璃的贡献很大,请问:Low-E玻璃的功效是什么?

　　4.3　地暖管在冬季的取暖效果很好,请问:为什么地暖管安装在地板的下方,而不是安装在天花板下面?

　　4.4　热泵的作用是什么?

　　4.5　光纤为什么能够几乎无损耗地传输光?

　　4.6　你是否认为现代水泥厂对于废气余热以及废弃物的利用率很高?

　　4.7　你是否认为,无论是电能供给侧,还是电能应用侧都要千方百计地节电?

　　4.8　温室效应是否与 CO_2 的排放有关? 在工业领域,哪四个行业对于 CO_2 排放的贡献最大?

　　4.9　环境污染物主要有哪些?

　　4.10　你怎样理解生态修复的重要性?

　　4.11　你是否认为"绿水青山就是金山银山"这一发展理念与中国传统的"天人合一"思想是相统一的?

　　4.12　什么是双碳目标?

　　4.13　什么叫作碳源? 什么叫作碳汇? 什么叫作"碳中和"?

　　4.14　在能源领域中,"不可能三角难题"是什么?

　　4.15　请你从能源的角度来思考:怎样实现双碳目标?

习　　题

　　4.1　基于第 4.1.1 小节中所述,再查阅更多的参考资料,撰写一篇关于建筑节能技术及其材料的综述性小论文。

　　4.2　基于第 4.1.2 小节中所述,再查阅更多的参考资料,撰写一篇小论文来介绍工业余能再利用的具体案例。

　　4.3　基于第 4.1.3 小节中所述,再查阅更多的参考资料,撰写一篇介绍某些节电新技术的小论文。

　　4.4　基于第 4.2.1 与第 4.2.2 小节中所述,还要查阅更多的参考资料,撰写一篇有关减排 CO_2 以及环境保护和生态治理的小论文。

　　4.5　基于第 4.2.3 小节中所述,再查阅更多的参考资料,撰写一篇有关双碳目标的综述性小论文。

　　注:上述小论文的格式要符合国家标准 GB/T 7713.2—2022 中关于学术论文的规范要求,而且重点要有:题名(题目)、摘要(中文、英文)、关键词(中文、英文)、正文、参考文献。另外,参考文献的次序按照引用的先后顺序来排列(正文中也要标注序号),参考文献的格式要符合国家标准 GB/T 7714—2015 的要求。

附录1 关于燃料的部分资料

1 常用燃料的低位发热量

燃料低位发热量的符号为 Q_{net}，关于 Q_{net} 的定义见第 1.2.2 小节的条目(5)。

常用燃料 Q_{net} 的大概值，参见附表 1.1 中的数据[1]。

附表 1.1 常用燃料低位发热量 Q_{net} 的概略值

固体燃料	天然固体燃料/(MJ·kg^{-1})	木材	13.8
		泥煤	15.89
		褐煤	18.82
		烟煤	27.18
	人造固体燃料/(MJ·kg^{-1})	木炭	29.27
		焦炭	28.42
		焦块	26.34
液体燃料	天然液体燃料/(MJ·kg^{-1})	石油(原油)	41.82
	人造液体燃料/(MJ·m^{-1})	汽油	45.99
		液化石油气	50.18
		煤油	45.15
		重油	43.91
		焦油	37.22
		甲苯	40.56
		苯	40.14
		酒精	26.76
气体燃料	天然气体燃料/(MJ·m^{-3})	天然气	37.63
	人造气体燃料/(MJ·m^{-3})	焦炉煤气	18.82
		高炉煤气	3.76
		发生炉煤气	5.85
		水煤气	10.45
		油气	37.65
		丁烷气	125.45

注：该表中的 m^{-3} 表示是以每 1 m^3 为基准。请注意：这里的 m^3 对应标准状态下(1标准大气压,0 ℃)的气体燃料体积。

2 煤的分类

对于主要用煤,按照煤化程度的不同,被分为"褐煤"、"烟煤"与"无烟煤"这三大类。

我国相关的国家标准 GB/T 5751—2009《中国煤炭分类》中,无烟煤再细分为三个小类(WY_1、WY_2、WY_3),烟煤再细分为十一个小类(贫煤、贫瘦煤、瘦煤、焦煤、肥煤、气肥煤、气煤、中黏煤、弱黏煤、不黏煤、长焰煤,这些不同小类的烟煤还被继续细分为若干更小的类别),褐煤再细分为两个小类(HM1、HM2)。

这些分类依据,如附图 1.1 所示(该图中的代号是以具体煤名称的汉语拼音之首写字母来命名,例如,贫煤符号为 PM,意为:Pin Mei)。

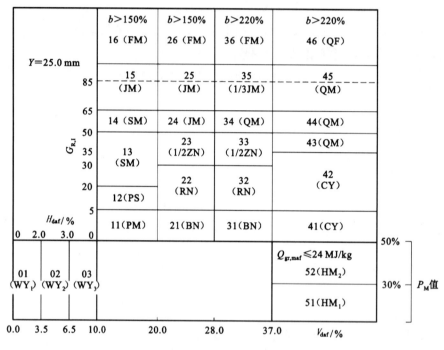

附图 1.1 中国煤的分类图

注:① 关于无烟煤,如果根据 V_{daf} 与根据 H_{daf} 而划分出的小类有矛盾时,则以 H_{daf} 划分出的小类为准。对于已经确定了无烟煤小类的生产厂矿,在日常检测中,可以按照 V_{daf} 来分类。但是,在煤田的勘测工作中,对于新矿区确定小类时或者生产厂矿需要重新核定小类时,应该同时测定 V_{daf} 的值和 H_{daf} 的值,然后,再按照规定来确定煤种的小类。注:V_{daf} 表示煤样中的干燥无灰基挥发分百分含量,%;H_{daf} 表示煤样中的干燥无灰基氢组分百分含量,%。

② 当烟煤的黏结指数 $G_{R,I} > 85$ 时,再用 Y 值(或 b 值)来作为区分气肥煤、肥煤和其他煤种的界限(Y 为煤矿煤层中的胶质层最大厚度,mm;b 为煤矿煤层中的胶质层之奥亚膨胀度,%)。当 $Y > 25.0$ mm 时,若 $V_{daf} \leqslant 37\%$,该煤被划分为肥煤;若 $V_{daf} > 37\%$,则该煤被划分为气肥煤。当 $Y \leqslant 25.0$ mm 时,则需要根据煤的 V_{daf} 大小来划分相应的其他煤种(如附图 1.1 所示,注:V_{daf} 的意义同前所述)。当利用 b 值来划分肥煤、气肥煤以及其他煤种时,如果 $V_{daf} \leqslant 28\%$,则暂定 $b > 150\%$ 的煤为肥煤;若 $V_{daf} > 28\%$,则暂定 $b > 220\%$ 的煤为肥煤。当然,$V_{daf} > 37\%$ 且 $b > 220\%$ 的煤为气肥煤。请注意,当按照 Y 值划分的煤类别与按照 b 值划分的煤类别有矛盾时,以前者为准。

③ 对于 $V_{daf} > 37\%$、$G_{R,I} \leqslant 5$ 的煤(V_{daf}、$G_{R,I}$ 的意义同前所述),则要用 P_M 值来确定其为长焰煤或褐煤(P_M 是区分长焰煤和褐煤时采用目视比色法所得到的透光率,%)。如果 $P_M > 30\%$,需要再测量与计算出 $Q_{gr,maf}$ 值($Q_{gr,maf}$ 表示煤的恒湿无灰基高位发热量,kJ/kg),若 $Q_{gr,maf} > 24$ MJ/kg,则该煤种应该为长焰煤。

$Q_{gr,maf}$ 的计算公式如下：

$$Q_{gr,maf} = Q_{gr,ad} \times \frac{100 \times (100 - M_{HC})}{100 \times (100 - M_{ad}) - A_{ad}(100 - M_{HC})} \qquad (\text{附 } 1.1)$$

式中　$Q_{gr,ad}$——由煤样测得的空气干燥基高位发热量，kJ/kg；

M_{HC}——煤样中的最高内在水分，%；

M_{ad}——由煤样测得的空气干燥基水分百分含量，%；

A_{ad}——由煤样测得的空气干燥基灰分含量，%。

另外，请注意：如果煤样是地质勘测提供的煤样，对于 $V_{daf} > 37\%$、焦渣特征为 1～2 号的煤，则要求是在不压饼的条件下测定，然后，再以 P_M 大小来区分是烟煤还是褐煤。

3　煤的四个基准

关于煤的成分与发热量，还有四个基准的概念，如附图 1.2 所示，它们分别是：收到基（其符号的下角标为 ar，ar＝as received，这是指以"实际收到时的煤组成"作为基准）、空气干燥基（其符号的下角标为 ad，ad＝atmospheric drying，这是指以"煤中的物理水分与周围空气的湿度达到平衡时的煤组成"作为基准。注：化验室中在测定煤的成分之前，都要将其在空气中干燥至水分稳定后再测试，因此，煤化验报告所提供的煤成分与发热量都是煤的空气干燥基成分与发热量）、干燥基（其符号的下角标为 d，d＝drying，这是指以"无水分的绝对干燥煤之组成"作为基准，该基准在用于计算时较为方便）、干燥无灰基（其符号的下角标为 daf，daf＝drying and ash-free，这是指：以"无水分无灰分的煤之组成"作为基准。这是一种假想的煤状态，该基准常用于评价各个煤矿区的煤质如何）。

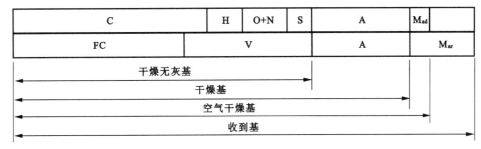

附图 1.2　煤的四个基准与煤成分之间的关系

请记住：煤的成分以及发热量在上述这四个基准之间是可以相互换算的，有关这方面的具体换算公式，请参阅其他相关参考资料[22]。

4　煤的等级划分

在中国，按照不同的划分指标，主要用煤也被划分为若干等级。关于这些等级的划分，如附表 1.2～附表 1.5 中所示[1]。

附表 1.2　煤的硫分等级划分标准

代　　号	等级名称	技术要求，干燥基全硫含量 $S_{t,d}$/%
SLS	特低硫煤	≤0.50
LS	低硫分煤	0.51～1.00

续附表 1.2

代　号	等级名称	技术要求,干燥基全硫含量 $S_{t,d}$/%
LMS	低中硫煤	1.01～1.50
MS	中硫分煤	1.51～2.00
MHS	中高硫煤	2.01～3.00
HS	高硫分煤	＞3.00

注:对于该表中的 $S_{t,d}$,其下角标为 t,d,这表示干燥基煤的全硫含量(这里,下角标 t 表示全硫,total sulfur,即煤中"硫化物中的硫＋有机硫＋硫酸盐中的硫";下角标 d 表示干燥基)。

附表 1.3　煤的灰分等级划分标准

代　号	等级名称	技术要求,干燥基灰分 A_d/%
SLA	特低灰煤	≤5.00
LA	低灰分煤	5.01～10.00
LMA	低中灰煤	10.01～20.00
MA	中灰分煤	20.01～30.00
MHA	中高灰煤	30.01～40.00
HA	高灰分煤	40.01～50.00

注:对于该表中的 A_d,其下角标为 d,这表示干燥基煤的灰分含量。

附表 1.4　煤的挥发分等级划分标准

名　称	低挥发分煤	中挥发分煤	中高挥发分煤	高挥发分煤
V_{daf}/%	≤20.00	20.01～28.00	28.01～37.00	＞37.00

注:对于该表中的 V_{daf},其下角标为 daf,这表示干燥无灰基煤的挥发分含量。

附表 1.5　煤的热值等级划分标准

代　号	等级名称	技术要求,$Q_{net,ar}$/(MJ·kg^{-1})
LC	低热值煤	8.50～12.50
ML	中低热值煤	12.51～17.00
MC	中热值煤	17.01～21.00
MH	中高热值煤	21.01～24.00
HC	高热值煤	24.01～27.00
SH	特高热值煤	＞27.00

注:对于该表中的 $Q_{net,ar}$,其下角标为 ar,这表示收到基煤的低位发热量。

附录 2　英语中烷、烯、炔、醇的命名法以及常用的数字表示法

化石燃料是传统能源的主要提供源,化石燃料中的主要成分是有机物(organic matter)。有机物的组成很简单,那就是三元素——碳(C)、氢(H)、氧(O)。然而,有机物的结构却非常复杂,可以说是千变万化,也可以说是变化无穷。

简单来说,有机物分子有小分子(small molecules)与大分子(macromolecules)之分。前者一般存在于燃料或者化工原料或化工产品中;后者通常是存在于有机高分子材料的结构中。高分子材料通常也叫作:聚合物(polymer)。

1　小分子有机物命名法的有关知识

化石燃料主要涉及小分子有机物,而且主要是烷、烯、炔、醇。这些有机物的早期命名法是较为复杂的,后来,相关国际机构对其命名做了规范化的规定,即新命名法。

在新命名法中,烷、烯、炔、醇的后缀分别是:烷,-ane;烯,-ene;炔,-yne;醇,-anol。它们的前缀如附表 2.1~附表 2.3 所示。

附表 2.1　<甲 ~ 四十>

甲	meth-	十一	undec-	二十一	heneicos-	三十一	hentriacont-
乙	eth-	十二	dodec-	二十二	docos-	三十二	dotriacont-
丙	prop-	十三	tridec-	二十三	tricos-	三十三	tritriacont-
丁	but-	十四	tetradec-	二十四	tetracos-	三十四	tetratriacont-
戊	pent-	十五	pentadec-	二十五	pentacos-	三十五	pentatriacon-
己	hex-	十六	hexadec- 或 cet-	二十六	hexacos-	三十六	hexatriacont-
庚	hept-	十七	heptadec-	二十七	heptacos-	三十七	heptatriacon-
辛	oct-	十八	octadec-	二十八	octacos-	三十八	octatriacon-
壬	non-	十九	nonadec-	二十九	nonacos-	三十九	nonatriacont-
癸	dec-	二十	eicos-	三十	triacont-	四十	tetracont-

附表 2.2　＜四十一 ～ 八十＞

四十一 hentetracont-	五十一 henpentacont-	六十一 henhexacont-	七十一 henheptacont-
四十二 dotetracont-	五十二 dopentacont-	六十二 dohexacont-	七十二 doheptacont-
四十三 tritetracont-	五十三 tripentacont-	六十三 trihexacont-	七十三 triheptacont-
四十四 tetratetracont-	五十四 tetrapentacont-	六十四 tetrahexacont-	七十四 tetraheptacont-
四十五 pentatetracont-	五十五 pentapentacont-	六十五 pentahexacont-	七十五 pentaheptacont-
四十六 hexatetracont-	五十六 hexapentacont-	六十六 hexahexacont-	七十六 hexaheptacont-
四十七 heptapentacont-	五十七 heptapentacont-	六十七 heptahexacont-	七十七 heptaheptacont-
四十八 octatetracont-	五十八 octapentacont-	六十八 octahexacont-	七十八 octaheptacont-
四十九 nonatetracont-	五十九 nonapentacont-	六十九 nonahexacont-	七十九 nonaheptacont-
五十 pentacont-	六十 hexacont-	七十 heptacont-	八十 octacont-

附表 2.3　＜八十一 ～ 一百＞

八十一 henoctacont-	八十六 hexaoctacont-	九十一 hennonacont-	九十六 hexanonacont-
八十二 doctacont-	八十七 heptaoctacont-	九十二 dononacont-	九十七 heptanonacont-
八十三 trioctacont-	八十八 octaoctacont-	九十三 trinonacont-	九十八 octanonacont-
八十四 tetraoctacont-	八十九 nonaoctacont-	九十四 tetranonacont-	九十九 nonanonacont-
八十五 pentaoctacont-	九十 nonacont-	九十五 pentanonacont-	一百 hect-

注:1. 按照以上所述,meth-与-ane 合并后的单词 methane 表示甲烷;eth-与-ene 合并后的单词 ethene 表示乙烯;eth- 与 -yne 合并后的单词 ethyne 表示乙炔;meth- 与 -anol 合并后的单词 methanol 表示甲醇;eth- 与 -anol 合并后的单词 ethanol 表示乙醇,依次类推。另外,请注意:某些有机物中,醇的后缀是-aol 或-ol。

2. 学过英语语法的人都知道,i 与 y 在英语单词中有时可以互换,所以,-ine 也是"炔"的后缀,例如,ethine 也表示乙炔,依次类推。

3. 前缀 n-表示"正",例如,n-butane 表示正丁烷(normal butane);前缀 iso- 或 i-表示"异",例如,isobutane(或 i-butane)表示异丁烷;前缀 cis-表示"顺";前缀 trans-表示"反";前缀 neo-表示"新"。

4. 有机物中,有关的数字表示如下所示:

di-或 -adi-表示"二",例如,butadiene 表示丁二烯,pentadiene 表示戊二烯;tri- 或 -atri-表示"三",例如,butatriene 表示丁三烯;tetra- 或 -antetra-表示"四",例如,butantetraol 表示丁四醇;pent- 或 -it-表示"五",例如,pentitol 表示戊五醇。

5. alk-是烃的前缀,例如,alkane 表示烷烃,alkene 表示烯烃,alkyne 表示炔烃。

6. 另外,有机物中"基"用后缀-yl 来表示,例如,methyl 叫作:甲基(比如,methyl orange 叫作甲基橙),dimethyl 叫作:二甲基;ethyl 叫作:乙基,propyl 叫作:丙基,依次类推。

7. 旧命名法仍然在用,例如,在旧命名法中,乙烯为 ethylene,乙炔为 acetylene,乙烯基为 vinyl。有关此类实例,请读者在阅读有关文献时,注意区分与理解。

8. 其他有机物的命名法较为复杂,例如,"酮"的后缀是-one(比如,ketone=甲酮,dimethyl ketone=乙酮,acetone=丙酮),ether 叫作"醚"(比如,methyl ether=甲醚),ester 叫作"酯"(比如,methyl ester=甲酯),这方面更多的名称,请上网查询。

9. 有机物的命名法十分复杂,更多的知识是需要通过阅读大量的相关资料来获知。

2　学术英语中常用的数字表示法

在上述小分子有机的物命名法之中，涉及拉丁语[①]数字表示法。这里，再补充一些这方面的知识。

在英语（尤其是科技英语）中，表示数字的前缀通常使用拉丁语中的表示法，例如，数字 0.5～10 的表示方法如附表 2.4 所示，用 10 的指数来表示数字的方法如附表 2.5 所示。至于数字 11～100 的表示法，参见上述的附表 2.1～附表 2.3。

附表 2.4　数字 10 以内的数字前缀

大小	前缀	大小	前缀
一半	hemi-（或 semi-）	五	pent-（或 quint-）
三分之二	sesqui-	六	hex-（或 sex-）
一	mono-（或 uni-，或 solo-）	七	hept-（sept-）
二	di-（或 bi-）	八	oct-
三	tri-	九	non-
四	tetra-（或 quart-）	十	dec-

注：在该表中，括号内"或"字后面的表示法，常用于文科英语中（当然，理工科也可以用）。

附表 2.5　国际单位制（SI 制）中 10 的指数表示法

大小	大小	名称	符号	前缀	大小	大小	名称	符号	前缀
一千亿亿亿	10^{27}	珀	B	Bronto-	十分之一	10^{-1}	分	d	deci-
一亿亿亿	10^{24}	尧	Y	Yotta-	百分之一	10^{-2}	厘	c	centi-
十万亿亿	10^{21}	泽	Z	Zetta-	千分之一	10^{-3}	毫	m	milli-
一百亿亿	10^{18}	艾	E	Exa-	百万分之一	10^{-6}	微	μ	micro-
一千万亿	10^{15}	拍	P	Peta-	十亿分之一	10^{-9}	纳	n	nano-
一万亿	10^{12}	太	T	Téra-	万亿分之一	10^{-12}	皮	p	pico-
十亿	10^{9}	吉（京）	G	Giga-	千万亿分之一	10^{-15}	飞	f	femto-
一百万	10^{6}	兆	M	Mega-	百亿亿分之一	10^{-18}	阿	a	atto-
一千	10^{3}	千	k	kilo-	十万亿亿分之一	10^{-21}	仄	z	zepto-
一百	10^{2}	百	h	hect-	一亿亿亿分之一	10^{-24}	幺	y	yocto-
一十	10^{1}	十	da	deca-					

[①]　拉丁语是一种古老语言，该语言属于印欧语系。拉丁语是古代罗马帝国的官方语言，它以复杂的语法和丰富的词汇而著称。拉丁语对于后欧洲的各国语言以及英语都有影响。在中世纪和文艺复兴时期，拉丁语是西方唯一的通用学术语言。

附录 3　无机物有关术语的英语表述规则

1　常用元素名称的英语表述

与"有机物组成简单、但是结构极其复杂"有所不同的是,无机物的结构复杂,其组成也复杂。

组成物质的最基本单元是元素(element)。如果按照原子序数的大小来排列,在当今的地球上,存在 92 种自然的基本元素(不包括同位素)——原子序数最小的是氢($_1$H),原子序数最大的是铀($_{92}$U)。这也就是说,铀是地球上能够常规勘探到的最重元素,原子序数超过 92 的元素就叫作:超铀元素。超铀元素基本上都是人造元素,只有极个别的超铀元素(例如,元素镎)能够以痕量(trace)的"量级"自然存在。

自然界中,元素的有规律排序便构成了元素周期表(periodic table of elements)。

在元素周期表中,经常提到的元素有:第 1～20 元素(氢～钙)、第 21～35 元素(钪～溴)、第 38～42 元素(锶～钼)、第 45～53 元素(铑～碘)、第 55～58 元素(铯～铈)、第 72～83 元素(铪～铋)、第 88～94 元素(镭～钚)。这些元素的英语名称为:

($_1$H)氢—hydrogen(通常指:氕—protium,氕读作 piē)、($_2$He)氦—helium;($_3$Li)锂—lithium、($_4$Be)铍—beryllium、($_5$B)硼—boron、($_6$C)碳—carbon、(7N)氮—nitrogen(或 azote)、($_8$O)氧—oxygen、($_9$F)氟—fluorine(或 fluorin)、($_{10}$Ne)氖—neon;($_{11}$Na)钠—sodium(或 natrium)、($_{12}$Mg)镁—magnesium、($_{13}$Al)铝—aluminum(或 aluminium)、($_{14}$Si)硅—silicon、($_{15}$P)磷—phosphorus、($_{16}$S)硫—sulfur(或 sulphur)、($_{17}$Cl)氯—chlorine、($_{18}$Ar)氩—argon;($_{19}$K)钾—potassium(或 potass 或 kalium)、($_{20}$Ca)钙—calcium、($_{21}$Sc)钪—scandium、($_{22}$Ti)钛—titanium、($_{23}$V)钒—vanadium、($_{24}$Cr)铬—chromium、($_{25}$Mn)锰—manganese、($_{26}$Fe)铁—iron(或 ferrum)、($_{27}$Co)钴—cobalt、($_{28}$Ni)镍—nickel、($_{29}$Cu)铜—copper(或 cuprum)、($_{30}$Zn)锌—zinc、($_{31}$Ga)镓—gallium、($_{32}$Ge)锗—germanium、($_{33}$As)砷—arsenic、($_{34}$Se)硒—selenium、($_{35}$Br)溴—bromine。

($_{38}$Sr)锶—strontium、($_{39}$Rb)铷—rubidium、($_{40}$Zr)锆—zirconium、($_{41}$Nb)铌—niobium(或 columbium)、($_{42}$Mo)钼—molybdenum。

($_{45}$Rh)铑—rhodium、($_{46}$Pd)钯—palladium、($_{47}$Ag)银—silver(或 argentum 或 argent)、($_{48}$Cd)镉—cadmium、($_{49}$In)铟—indium、($_{50}$Sn)锡—tin(或 stannum)、($_{51}$Sb)锑—antimony(或 antimonium 或 stibium 或 stibonium)、($_{52}$Te)碲—tellurium、($_{53}$I)碘—iodine(或 iodin)。

($_{55}$Cs)铯—caesium(或 cesium)、($_{56}$Ba)钡—barium、($_{57}$La)镧—lanthanum、($_{58}$Ce)铈—cerium。

($_{72}$Hf)铪—hafnium、($_{73}$Ta)钽—tantalum、($_{74}$W)钨—tungsten(或 wolfram)、($_{75}$Re)铼—rhenium(或 bohemium)、($_{76}$Os)锇—osmium、($_{77}$Ir)铱—iridium、($_{78}$Pt)铂—platinum、($_{79}$Au)金—gold(或 aurum)、($_{80}$Hg)汞—mercury(或 hydrargyrum)、($_{81}$Tl)铊—thallium、($_{82}$Pb)铅—lead(或 plumbum)、($_{83}$Bi)铋—bismuth。

($_{88}$Ra)镭—radium、($_{89}$Ac)锕—actinium、($_{90}$Th)钍—thorium、($_{92}$U)铀—uranium(或 aranium)、

(₉₃Np)镎—neptunium、(₉₄Pu)钚—plutonium。

在上述元素中,最常用是:第1~3元素(氢~锂)、第5~20元素(硼~钙)、第22~35元素(钛~溴)、锆、第47~53元素(银~碘)以及钡、铂、金、汞、铅这几个元素。

2　化学领域内无机物有关术语的英语表述规则

在化学领域,无机物的形式主要有:化合物、盐类以及一些金属物质。对此,相关术语的英语表述规则如下。

(1) 化合物的英语表述规则

在英语中,表示化合物的后缀是-ide,例如,硼化物—boride、碳化物—carbide、氮化物—nitride、氧化物—oxide、氟化物—fluoride、硅化物—silicide、磷化物—phosphide、硫化物—sulfide、氯化物—chloride、砷化物—arsenide、硒化物—selenide、溴化物—bromide、锑化物—stibide、碲化物—telluride、碘化物—iodide等(注意:若是两个元素的化合物,第一个元素的后缀改为-o,再与第二个元素的化合物相连,例如,氢氧化物的后缀为hydroxide)。另外,需记住的化学基本术语还有:acid—酸、alkali—碱(alkaline—碱性的、碱性、碱度)。

这里,还要指出:在化合物的表述中,往往会用到数字。在自然科学领域,数字往往用前缀来表述,参见附录2中的附表2.4,具体为:一是mono-,二是di-,三是tri-,四是tetra-,五是pent-,六是hex-,七是hept-,八是oct-,九是non-,十是dec-。另外,一半(即1/2)是semi-或hemi-,三分之二是sesqui-。当然,更多数字的英语表述参见附录2中的附表2.1~附表2.3、附表2.5。

按照上述元素的英语名称与有关数字表示法以及化合物的英语表述规则,某些具体化合物的实例为:硼化铝(AlB)—aluminum boride、碳化硅(SiC)—silicon carbide、氮化硼(BN)—boron nitride、氮化硅(Si_3N_4)—silicon nitride、硝酸—nitric acid(王水—aqua fortis)、一氧化碳(CO)—carbon monoxide、二氧化碳(CO_2)—carbon dioxide、氧化铝(Al_2O_3,或称:三氧化二铝)—aluminum oxide(或aluminum trioxide,或aluminum sesquioxide)、五氧化二磷(P_2O_5)—phosphorus pentoxide、二氧化钛(TiO_2)—titanium dioxide、氧化铬(Cr_2O_3,或称:三氧化二铬)—chromium hemitrioxide、氧化锡(SnO_2)—tin oxide或stannic oxide、氧化铀(UO_2)—uranium oxide、氧化金(Au_2O_3)—auric oxide、氟化钾(KF)—potassium fluoride、二硅化钼($MoSi_2$)—molybdenum disilicide、磷化铟(InP)—indium phosphide、硫化镉—cadmium sulfide、硫化亚铁(FeS)—iron monosulfide(或iron protosulfide,或ferrous sulfide)、硫酸—sulphuric acid(vitriol oil—浓硫酸,dilute sulphuric acid—稀硫酸)、氯化钠($NaCl$)—sodium chloride(俗称:食盐＝common salt,或称:石盐＝halite,亦称:岩盐＝rock salt)、氯化钾—potassium chloride(钾盐＝sylvine)、氯化铯($CsCl$)—caesium oxide、氯化金($AuCl_3$)—auric chloride、盐酸—hydrochloric acid(或muriatic acid)、砷化镓($GaAs$)—gallium arsenide、硒化镍($NiSe_2$)—nickelous selenide(或nickelous diselenide)、溴化锂($LiBr$)—lithium bromide、锑化钴($CoSb_3$)—cobalt stibide(或cobalt tristibide或cobaltous antimony)、碲化铅($PbTe$)—lead telluride(或plumbum telluride)、碘化银(AgI)—silver iodide等。

另外,铁氧化物与铜氧化物的表述较为特殊,ferrous oxide为氧化亚铁(FeO)、ferric oxide为氧化铁(或称:三氧化二铁,Fe_2O_3)、ferriferrous oxide(或ferroferric oxide,Fe_3O_4)为四氧化三铁;cuprous oxide为氧化亚铜(Cu_2O)、cupric oxide为氧化铜(CuO)。

(2) 盐类的英语表述规则

在英语中,盐类的后缀是-ate(对于某些盐类的亚盐或者铁酸盐,其后缀为-ite),例如,硼酸盐—borate、碳酸盐—carbonate、硝酸盐—nitrate(亚硝酸盐—nitrite)、铝酸盐—aluminate、硅酸盐—

silicate、磷酸盐—phosphate、硫酸盐—sulfate 或 sulphate(亚硫酸盐—sulfite 或 sulphite)、钛酸盐—titanate、铬酸盐—chromite、铁酸盐—ferrite、锆酸盐—zirconate、铌酸盐—niobate、钽酸盐—tantalate、钨酸盐—tungstate(或 wolframate)。注意:若是两个元素的盐类,则第一个元素的后缀改为-o,再与第二个元素的盐类相连,例如,硫铝酸盐为 sulphoaluminate,氟铝酸盐为 fluoaluminate 等。当然,也有特例,potash silicate—钾硅酸盐。

按照上述元素的英语名称与有关数字表示法以及盐类的英语表述规则,一些具体的盐类实例为:四硼酸钠($Na_2B_4O_7 \cdot 10H_2O$)—sodium borate(硼砂=borax)、碳酸钾(K_2CO_3)—potassium carbonate 或 potash 或 potass、硝酸银($AgNO_3$)—silver nitrate[亚硝酸钠($NaNO_2$)—sodium nitrite]、铝酸钙[$Ca(AlO_2)_2$]—calcium aluminate、铝酸三钙($Ca_3Al_2O_4$)—tricalcium aluminate、硅酸铝(Al_2SiO_5)—aluminium silicate、硅酸二钙(Ca_2SiO_3)—dicalcium silicate(对于矿物:B 矿=贝利特=belite)、硅酸三钙(Ca_3SiO_5)—tricalcium silicate(对于矿物:A 矿=阿利特=alite)、磷酸钙[$Ca_3(PO_4)_2$]—calcium orthophosphate、硫酸钾(K_2SO_4)—potassium sulfate[亚硫酸钠(Na_2SO_3)—sodium sulfite]、ammonium aluminium sulphate—硫酸铝铵(或称:铵矾=ammonia alum)、钛酸钡($BaTiO_3$)—barium titanate、铬酸镧($LaCrO_3$)—lanthanum chromite、重铬酸钾(K_2CrO_4)—potassium dichromate、高锰酸钾($KMnO_4$)—potassium permanganate、铁酸二钙($Ca_2Fe_2O_5$)—dicalcium ferrite、锆酸铅($PbZrO_3$)—lead zirconate、铌酸锂($LiNbO_3$)—lithium niobate、铌酸锶钡固熔体($Sr_{11-x}Ba_xNb_2O_6$)—strontium barium niobate、钽酸锂($LiTaO_3$)—lithium tantalate、钨酸铅—lead tungstate(或 lead wolframate)等。

(3) 有关金属物质的常用英语单词

metal—金属、alloy—合金,一些具体的合金实例为:铁硅合金—ferrosilicon alloy、铁镍合金—ferronickle alloy、铁钽合金—ferrotantalum、铜铝合金—cuproaluminium alloy、铜镍合金—cupronickel alloy、铜硅合金—cuprosilicon alloy、铜锰合金—cupromanaganese alloy 等。

3　无机物有关术语的英语表述规则

(1) 氧化物的简洁英语表述方式

按照上述关于化合物的英语表述规则,在化学领域,关于氧化物的表述,应该用-oxide 表述方式。然而,在矿物学与无机材料学(甚至化学)领域,氧化物则常用更为简洁的英语表述方式,即氧化物的后缀为-a。

按照各个元素的英语名称以及(后缀为-a)命名规则,矿物学或无机材料学中若干氧化物的表述为:氧化锂(Li_2O)—lithia、氧化钠(Na_2O)—soda、氧化铍(BeO)—beryllia、氧化镁(MgO)—magnesia、氧化铝(Al_2O_3)—alumina、二氧化硅(SiO_2)—silica、二氧化钛(TiO_2)—titania、氧化锶(SrO)—strontia、氧化锆(ZrO_2)—zirconia、氧化钡(BaO)—baryta、氧化镧(La_2O_3)—lanthana、氧化铈(CeO_2)—ceria、氧化钍—thoria 等。

(2) 矿物的英语表述方式

矿物是无机材料的基础。在无机材料领域,原料中与材料中都含有很多矿物,而且,从原料到材料往往是矿物发生了变化。所以,研究无机材料(包括无机能源材料)的科技人员都很重视矿物及其相关的矿物岩石。这方面的部分照片等资料,参见附码 3.1 中所示。

关于无机矿物有关术语的英语表述规则如下:

在矿物学与无机材料学领域,关于各种矿物的英语表述规则是:大多数矿物(通常叫作"…石"或"…矿"或"…岩")的后缀是-ite。在这方面的实例非常之多,例如,一些常用矿物

附码 3.1

的英语表述如下：

① 无机非金属类常用矿物的英语表述实例

alaskite—白岗岩、allophane—水铝英石、anatase—锐钛矿、apatite—磷灰石、aplite—细晶岩、aragonite—霰石（或称：文石）、ascharite—硼镁石、azorite—锆石、azurite—蓝铜矿（俗称：大青或石青）、baddeleyite—斜锆石（或称：巴西石）、ballas—工业用半金刚石（或称：玫红尖晶石）、barite—重晶石（或 baryte）、basalt—玄武岩、bentonite—膨润土ᴬ、bort—圆粒金刚石（或 boort 或 boart）、brookite—板钛矿、boronatrocalcite—钠硼解石、bructite—水镁石（或称：氢氧镁石）、calamine—异极矿、calcite—方解石、carbite—金刚石（或 diamond 或 adamas）、carbonado—黑金刚石（black diamond）、cassiterite—锡石、chlorite—绿泥石ᴮ、cordierite—堇青石（或 dichroite 或 iolite 或 steinheilite）、celestite—天青石、corundum—刚玉、cyanite—蓝晶石（或 disthene）、dickite—迪凯石、diapore—水硬铝石（一水软铝石为 cliachite 或 boehmite；三水铝石为 gibbsite 或 hydrorgillite）、dolomite—白云石、epidote—绿帘石、ettringite—钙矾石、feldspar—长石ᶜ、felsite—霏细岩、ferrite solid solution—铁相固溶体（矿物：C 矿＝celite）、fluorite—萤石（或 fluorspar）、galenite—方铅矿（或 gelenite）、garnet—石榴石（或 johnstonotite）ᴰ、gem—宝石ᴱ、gneiss—片麻岩、graphite—石墨、graphene—石墨烯、granite—花岗岩、granulite—白粒岩、greisen—云英岩、hornstone—角岩、hornblende—角闪石（amphibole）ᶠ、halogen rock—盐岩（或称：蒸发岩＝evaporite）、hyalopsite—黑曜岩（或 obsidian）、hydroboracite—水方硼石、iceland spar—冰洲石（冰晶石—cryolite）、illite—伊利石（或称：水白云母）、jarosite—黄钾铁矾、kalioalunite—钾明矾（alunite—明矾石）、kaolinite—高岭石（多水高岭石＝endellite 或 halloysite 或 nerchinskite）、kyanite—蓝晶石（或 cyanite 或 zianite）、lamprophyre—煌斑岩、lazurite—青金石（或 lasurite）、limestone—石灰石、listvenite—滑石菱镁片（或 listwänite）、ludwigite—硼镁铁石、marble—大理石（或 griotte）、marlite—泥灰岩（或 marl）、magnesite—菱镁矿（或称：菱苦土）、mirabilite—芒硝（俗称 salt cake）、malachite—孔雀石、mica—云母ᴳ、migmatite—混合岩、moissanite—碳硅石（或称：穆桑石，为天然碳化硅＝crystolon）、monazite—独居石、montmorillonite—蒙脱石（或称：微晶高岭石＝smectite）、mullite—莫来石（或称：富铝红柱石）、natron—泡碱（俗称：苏打）、nepheline—霞石（或 eleolite，钾霞石＝kaliophilite，六方钾霞石＝kalslite）、nephelinolite—霞石正长岩、oldhamite—褐硫钙石、olivine—橄榄石ᴴ、orthite—褐帘石、pegmatite—伟晶岩、periclase—方镁石、perovskite—钙钛矿（或 perofskite）、perlite—珍珠岩、phonolite—响岩、phyllite—千枚岩、picrite—辉石（或 pyroxene）ᴵ、pitchstone—松脂石、plombierite—温泉滓石（或称：泉石华）、polyhalite—杂卤（或称：光卤石＝carnallite）、porphyrite—玢岩（或称：斑岩）、pyrochlore—烧绿石（或称：黄绿石）、pyrophyllite—叶蜡石、pyrrhotite—磁黄铁矿、quartz—石英ᴶ、pumice—浮石、pyrite—黄铁矿ᴷ、pyrochlore—黄绿石（或称：烧绿石）、rhyolite—流纹岩（或称：liparite）、saltpeter—钾硝石、sandstone—砂岩ᴸ、sellaite—氟镁石、serpentine—蛇纹石ᴹ、shale—页岩、silicolite—硅质岩ᴺ、sillimanite—硅线石（fibrolite）、scapolite—方柱石（或 chelmsfordite）、schist—片岩、skarns—矽喝岩、slate—板岩、soda niter—钠硝石（或称：智利硝石＝Chile-saltpeter）、soapstone—皂石、sphalente—方铝矿、sphalerite—闪锌矿（或 blende，俗称：mock lead）、spilite—细碧岩、spinel—尖晶石（或 spinelle）ᴼ、spurrite—硅方解石、staurolite—十字石、talc—滑石（或 steatite）、taltalite—电气石（或 tourmaline 或 verdelite，也称：巴西贵橄榄石＝Brazinan chrysolite）、titanite—榍石（或 sphene）、trachyte—粗面岩、tronite—碳酸钠石（天然碱）、tuff—凝灰岩、tungsten bronze—钨青铜、turquoise—绿松石、vermiculite—蛭石、witherite—毒重石、wollastonite—硅灰石（或 grammite 或 gillebackite）ᴾ、wurtzite—纤锌矿、zeolite—沸石ᵠ、zirconite—锆英石（或称：锆石、风信子石、曲晶石）、zoisite—黝帘石。

② 金属类常用矿物的英语表述案例

austenite—奥氏体、hematite—赤铁矿（或 haematite）、ilmenite（或 iserite 或 mohsite）—钛铁矿、limonite—褐铁矿、magnetite—磁铁矿、magnetoplumbite—磁铅石、martensite—马氏体、siderite—菱铁矿（或称：陨铁）、taconite—铁燧岩。

③ 关于上述（条目①和②中的）矿物及其英语表述的总注释

A 黏土—clay、蛙目黏土—gairome clay（或 frog-eye clay）、白陶土—argilla（高岭土—kaoline）、球土—ball clay、黄土—loess、红土—laterite、陶土—syderolite、瓷土—china clay、矾土—bauxite（或铝矾土＝alumyte）、钴土—asbolite、钙质料姜石—calcareous doll、土壤—soil 等。

B 叶绿泥石—pennite（或称：绿水云母）、斜绿泥石—clinochlore（或 clinochlorite）、鲕绿泥石—chamosite、硬绿泥石＝chloritold、铁绿泥石＝prochlorite（或称：蠕绿泥石＝oncoite 或 lophaite）、脆晶绿泥石—corundophilite、海绿石—glauconite 等。

C 正长石—orthoclase、斜长石—plagioclase、钾微斜长石—microcline、歪长石—anorthose、透长石—sanidine、钾长石—potash feldspar、条纹长石—perthite、钠长石—albite（或 soda feldspar）、钠钙长石—oligoclasw、钙长石—anorthite、钡长石—celsian、钾钡长石—hyalophane（钡冰长石）、冰长石—adularia、黄长石—melilite、钙黄长石—gehlenite、中长石—andesine、拉长石—labradorite、培长石—bytownite、日长石—sunstone（金沙石）、月长石—moonstone（月光石）、透长石—sanidine、风化长石—weathered feldspar、似长石—feldspathoid（副长石）、正长岩—syenite、霞石正长岩—nepheline syenite、斜长岩—anorthosite、闪长岩—diorite、绿长岩—diabase、二长岩—monzonite、安山岩—andesite、花岗闪长岩—granodiorite 等。

D 镁铝榴石—pyrope、白榴石—leucite、白榴岩—leucitite、铯榴石—pollucite（或称：铯沸石）、钙铝石榴石—grossularite、水石榴石—hydrogarnet 等。

E 红宝石—ruby（或 rubine）、rutile—金红石、sapphire—蓝宝石（或 saphire）、硬玉（或 jadite、俗称：翡翠）—jadeite、软玉—nephrite、黄玉—topaz、红玉（红晶石）—balas、祖母绿（纯绿宝石）—emerald、绿宝石—chlorosapphire（或称：绿柱石＝beryl）、红柱石—andalusite（俗称：菊花石，或称：空晶石＝chiastollite）、雌黄—orpiment、雄黄（俗称：鸡冠石）—realgar 等。

F 普通角闪石—common hornblende、直闪石—anthophyllite、蓝闪石—glaucophane、透闪石—tremolite、阳起石—actinolite（或称：光线石＝clinoclasite）、软玉—nephrite、铁闪石—grunerite、碱镁闪石—richterite（或称：锰闪石）、钠铁闪石—arfvedsonite、镁钠闪石—rhodusite（或称：纤铁蓝闪石）、镁钠铁闪石—magnesian arfvedsonite 等。

G 白云母—muscovite、镁硅白云母—picrophengite、多硅白云母—phengite、水白云母—hydro-mu scovite、黑云母—biotite、水黑云母—hydrobiotite、绿云母—euchlorite（kmaite）、金云母—phlogopite、绢云母—sericite、锂云母—lapidolite（或 lepidolite 或 lithionite）、钠云母—paragonite、镁云母—phlogopite（俗称：金云母）、铬云母—fuchsite、铁锂云母—zinnwaldite、铜铀云母—torbernite、矾云母—roscoelite、铁锂云母—zinnwaldite、珍珠云母—margarite 等。

H 镁橄榄石—forsterite、铁橄榄石—fayalite、钙镁橄榄石—monticellite、贵橄榄石—chrysolite、橄榄岩—peridotite、纯橄榄岩—dunite、镁铝榴石橄榄岩—pyrope peridotite、金伯利岩—kimberlite、苦橄榄岩—picrite 等。

I 普通辉石—augite、透辉石—diopside、铬透辉石—chrome-diopside、硬玉质透辉石—jadeite-diopside、锂辉石—spodumene、顽火辉石—enstatite、斜顽辉石—clino-enatatite、紫苏辉石—hypersthene、蔷薇辉石—rhodonite、辉岩—pyroxenite、辉长岩—gabbro、辉绿岩—diabase、榴辉岩—eclogite 等。

J 脉石英—vein quartz、石英岩—quartzite、硅石—siliceous stone 或 silica stone、石英砂—siliceous sand 或 silica sand、石英砂岩—silicarenite、α-石英—α-quarbtz(同理,还有:β-石英、γ-石英)、方石英—cristobalite、鳞石英—tridymite、耀石英—aventurine quartz(或称:沙金石或金星石)、乳石英—milky quartz、蓝石英—sappire quartz、玻璃质石英—hyaline quartz(或称:燧石＝flint 或 chert)、玉髓(石髓)—chalcedonite、碧玉(碧石)—jasper、蛋白石—opal、硅华—siliceous sinter(或称:间歇泉石＝geyserite)、玛瑙—agate、猫睛石(猫儿眼,cat's eye)—sunstone、虎睛石(虎眼石,tiger's eye)—krocodylite、水晶—quartz crystal、墨晶(墨水晶或墨石英,black quartz)—morion、紫水晶(紫石英或水碧或紫晶)—amethyst、烟水晶(茶晶或烟石英＝smoky quartz)—citrite、黄水晶(黄晶或假黄玉＝pseudotopaz)—citrine、蔷薇水晶(芙蓉石或蔷薇石英＝ rose quartz)—Rozen Kristall、星彩水晶—asteriated quartz(或 star quartz)、发晶(晶发,或发雏晶,或毛晶,或草石英＝grass quartz)—trichite 等。

K 黄铁矿也称:硫铁矿—troilite,俗称:愚人金(fool's gold),同类的还有:白铁矿—marcasite,砷黄铁矿—arsenical pyrite(或 arsenopyrite,俗称:毒砂)等。

L 石英砂岩—silicarenite、长石砂岩—arkose(或 feldspathic sandstone)、硬砂岩—graywacke、粉砂岩—siltstone 等。另外,还有碎屑岩—clastic rock、砾岩—conglomerate rock、角砾岩—breccia 等。

M 硬蛇纹石—picrolite、暗镍蛇纹石(或称:硅镁镍矿)—garnierite、蛇纹岩—serpentinite、蛇绿岩—ophiolite、海泡岩—sepiolite、蛇纹石大理岩—ophicalcite 等。

N 铝质岩—bauxite、磷质岩—phosphate rock、碳酸盐质岩—carbontite 等。

O 铬尖晶石—chrome spinel、富铬尖晶石—picotete 或 chrome-ceylonite、镁铬尖晶石—picrochromite、铝铬铁矿—alumochromite、铁铝尖晶石—hercynite、铬铁矿—chromite、铬矿—chrome ore、铬铁矿—chromite;镁铁尖晶石—magnesioferrite(或称:铁酸镁或镁铁矿)等。

P 假硅灰石—pseudowollastonite、水硅灰石—foshallasite 等。另外,关于硅钙石,还有奥硅钙石—okenite、涅硅钙石—nekoite、硬硅钙石—xonotlite、雪硅钙石—hydrowollastonite(水化硅酸钙,或称:托勃莫来石＝tobermorite,也称:单硅钙石＝riversideite,天然单硅钙石＝crestmoreite)、斜硅钙石—larnite、斜方硅钙石—foshagite(kilchoanite—苏格兰的天然斜方硅钙石)、单斜硅钙石—crestmoreite、布列底格石—bredigite、水硅灰石—foshallasite、水氟硅钙石—bultfonteinite、水碳硅钙石—scawtite(或称:片柱钙石)、球硅灰石—radiophyllite、粒状硅灰石—calico-chondrodite、碳硫硅钙石—thawmasite 等;另外,还有硅酸钙石—afwillite、氢氧硅酸钙石—hillebrandite、水铝钙石—hydrocalumite 等。

Q 方沸石—analcite、钙十字沸石—phillipsite、钠沸石—natrolite、浊沸石—laumontite、菱沸石—chabazite、毛沸石—erionite、叶沸石—zeophyllite、铝白钙沸石—reyerite、白钙沸石—gyrolite、特鲁白钙沸石—truscottite、丝光沸石—mordenite、片沸石—heulandite、斜法沸石—clinoptilolite、辉沸石—stilbite(或称:束沸石＝desmine)等。

附录4 与能源及其材料相关术语的英语表述

能源材料既与能源有关,又属于材料。

材料来源于物质,材料是经过制备加工后的有用物质。这里所说的"有用",就体现在材料的性能。

材料的组分、结构与性能构成了材料的三大基本要素。材料的这三个要素既在宏观世界中有所体现,又在微观世界中有所表征。

以下就是与能源以及能源材料相关的一些典型术语的英语表述:

substance—物质、matter—物质、material—材料、pore—气孔。

molecule—分子、atom—原子、nucleus—原子核、quark—夸克、neutrino—中微子、quantum—量子。

ion—离子、cation—阳离子、anion—阴离子、electron—电子、lepton—轻子、baryon—重子、hyperon—超子、proton—质子、neutron—中子、fermion—费米子、boson—玻色子、gluon—胶子、meson—介子、magnon—磁子、photon—光子、phonon—声子、skyrmion—斯格明子、hopfion—霍普夫子、graviton—引力子。

monocrystaline 或 monocrystal 或 single crystal—单晶体、polycrystalline 或 multi-crystal—多晶体。

semiconductor—半导体、direct band gap semiconductor—直接带隙半导体、indirect band gap semiconductor— 间接带隙半导体、free electron—自由电子、hole—电子空穴(或称:空穴)、carrier—载流子、exciton 或 excition—激子(受约束的电子-空穴对)、majority carrier—多子、minority carrier—少子。

battery 或 cell—电池、electrode 或 pole—电极;anode—阳极、cathode—阴极、negative pole—负极(或 negative electrode)、positive pole—正极(或 positive electrode),electrolyte—电解质、separator 或 membrane 或 diaphragm—隔膜。

参 考 文 献

[1] 黄素逸,高伟. 能源概论[M]. 2版. 北京:高等教育出版社,2013.

[2] 龙研,黄素逸.节能概论[M].2版.武汉:华中科技大学出版社,2017.

[3] 中国社会科学院语言研究所词典编辑室.现代汉语词典[M].7版.商务印书馆,2016.

[4] 王中林,林龙,陈俊,等.摩擦纳米发电机[M].北京:科学出版社,2017.

[5] 王志峰.太阳能热发电站设计[M].2版.北京:化学工业出版社,2019.

[6] 师昌绪,李恒德,周廉.材料科学与工程手册(下)[M].北京:化学工业出版社,2004.

[7] 黄有志,王丽.直拉单晶硅工艺技术[M].北京:化学工业出版社,2009.

[8] 邓丰,唐正林.多晶硅生产技术[M].北京:化学工业出版社,2009.

[9] 中国建筑工业出版社,中国硅酸盐学会.硅酸盐辞典[M].中国建筑工业出版社,1984.

[10] 衣宝廉.燃料电池——原理·技术·应用[M].北京:化学工业出版社,2003.

[11] 韩敏芳,彭苏萍.固体氧化物燃料电池材料及制备[M].科学出版社,2004.

[12] 江东亮,李龙士,欧阳世翕,等.中国材料工程大典.9卷:无机非金属材料工程(下)[M].北京:化学工业出版社,2006.

[13] 任泽霖,蔡睿贤.热工手册[M].北京:机械工业出版社,2002.

[14] 麦立强.纳米线储能材料与器件[M].北京:科学出版社,2020.

[15] Neburchilov V, Zhang J. Metal-air and metal-sulfur batteries[M]. New York:CRC Press,2016.

[16] Jervis R, Brown LD, Neville TP et al. Design of a miniature flow cell for in situ x-ray imaging of redox flow batteries[J]. Journal of Physics D:Applied Physics, 2016(49), DOI:10.1088/ 0022-3727/49/43/434002.

[17] (凤凰新闻)镁客网.探索化学电池:缘起,挑战与机遇|深度研报[EB/OL]. https://ishare.ifeng.com/c/s/v002-_bYtuVB4CZMhWZ5XIt4Yn6I4UVtGOTIpRPfvLDEjWf0, 2022-12-23.

[18] 张正国,方晓明,凌子夜.储能材料及应用[M].北京:化学工业出版社,2022.

[19] 听海临风.氢安全系列之八:储氢安全[EB/OL]. https://zhuanlan.zhihu.com/p/556659925, 2023-2-4.

[20] 中国氢能源网. 如何把氢储存起来?(系列讲座3)[EB/OL]. http://www.china-h2.org/details.aspx?newsId=48990&firtCatgoryId=13&newsCatgoeyId=32, 2019-10-16.

[21] 王革华,艾德生.新能源概论[M].北京:化学工业出版社,2006.

[22] 姜洪舟,田道全.无机非金属材料热工基础[M].2版.武汉:武汉理工大学出版社,2017.

更多的参考文献,见下方的二维码中所示。

更多的参考文献